Wolfram Riedel
Christian Steiner

Ich fahre eine MZ

Maschinenvorstellung
Umgang mit der MZ
Wartung und Reparatur
Störungssuche
und -beseitigung

6., überarbeitete Auflage

transpress
classics

Produkthinweis:
Dieses Buch wurde nach den geltenden Vorschriften der General Product Safety Regulation (GPSR) entwickelt. Bei Fragen oder Problemen wenden Sie sich bitte an den Verlag unter der folgenden E-Mail-Adresse: gpsr@paul-pietsch-verlage.de

ISBN 978-3-613-71775-6

1. Auflage 2025 (unveränderter Nachdruck der 6., überarbeiteten Auflage 1984)

Sie finden uns im Internet unter www.transpress.de

Verlagslektor: Ernst Spahn
Einbandentwurf: Günter Nitzsche
Gestaltung: Ingrid Romanowski
Titelbild: Schwab, Sammlung J. Kuch
Redaktionsschluß: Juli 1983
Druck und Bindung: HUNTER Books GmbH, 63184 Mainaschaff
Printed in Germany

Vorwort

Dieses Buch ist speziell für die Motorradfahrer gedacht, die sich für eine MZ aus Zschopau entschieden haben oder dafür interessieren. Es soll ihnen helfen, die Maschine jederzeit sicher zu fahren, sie in allen Verkehrssituationen ebenso sicher zu beherrschen und auch technisch zu kontrollieren sowie zu warten und zu reparieren.
In dieser wesentlich überarbeiteten sechsten Auflage werden insbesondere die derzeitig in Zschopau gebauten MZ-Modelle vorgestellt. Die fahrpraktischen Tips sowie die Hinweise zur Selbstwartung und -reparatur haben jedoch auch Gültigkeit für alle früheren MZ-Modelle.
Dem Buch sind im Kapitel „Maschinenvorstellung" kurze Charakteristiken der einzelnen MZ-Typen vorangestellt. Im Kapitel „Umgang mit der MZ" werden fahrpraktische Tips z. B. für das Einfahren, für Stadt- und Fernfahrten, für das Gespannfahren, den sparsamen Umgang mit Kraftstoff usw. vermittelt. Das dritte Kapitel „Wartung und Reparatur" enthält eine Fülle von Hinweisen zur Selbstwartung und -reparatur und damit zur ständigen Gewährleistung der Verkehrs- und Betriebssicherheit des Fahrzeugs durch den Fahrer im Sinne von StVO und StVZO. Der beiliegende Schaltplan für die Elektrik soll Wartung und Reparatur der elektrischen Aggregate erleichtern.
Motorradfahren hat seinen besonderen Reiz. Es birgt jedoch auch Gefahren in sich. Der Fahrer sitzt nicht nur recht ungeschützt auf der Maschine, er muß auch noch Balance halten. Sicheres Motorradfahren erfordert darum Disziplin, Zurückhaltung und eine gehörige Portion Erfahrung. Deshalb wird auch der vielen Zweiradfahrern offensichtlich noch fremden Erkenntnis breiter Raum gegeben, daß das Motorrad, eben weil es mit seinem beachtlichen Beschleunigungsvermögen und seiner großen Höchstgeschwindigkeit vielen anderen Kraftfahrzeugen überlegen ist, besonders verantwortungsbewußt gefahren werden muß. Vorsicht, Reaktionsschnelligkeit, fahrerische Erfahrung, Rücksichtnahme gegenüber anderen und ein hohes Verantwortungsbewußtsein sollten darum jedem MZ-Fahrer eigen sein.
Motorräder aus Zschopau zeichnen seit Jahren eine moderne Konzeption und eine hohe Zuverlässigkeit aus. Trotzdem kann es vorkommen, daß Pannen unterwegs ohne fremde Hilfe behoben werden müssen oder auch Reparaturen zu Hause zu erledigen sind. Insbesondere die Wartungs- und Reparaturtips dürften dabei, weil sie die oftmals rauhe fahrerische Praxis berücksichtigen und das ganze Motorrad vom Triebwerk bis zur Elektrik erfassen, eine wertvolle Hilfe sein.
Wir hoffen, daß Ihnen die praxisbezogenen Ratschläge helfen, Ihre MZ stets in verkehrs- und betriebssicherem Zustand zu halten.

Autoren und Verlag

Inhalt

Maschinenvorstellung

Dem Motorrad wird immer wieder die Daseinsberechtigung abgesprochen, weil es, so heißt es, mit dem Pkw – vor allem mit dessen Annehmlichkeiten – nicht konkurrieren könne. Solche Prognosen erweisen sich nun schon seit Jahrzehnten als ein Irrtum. Das Interesse am Motorrad ist nach wie vor groß. Neben den gegenüber dem Pkw weit geringeren Anschaffungs- und Unterhaltungskosten verhelfen ihm die speziellen Einsatzmöglichkeiten stets zu neuem Absatz.
Motorräder brauchen bescheidenen Parkraum und wenig Platz auf den Straßen. Im innerstädtischen Verkehr kommen dem Motorradfahrer geringere Fahrzeugbreite, Wendigkeit und Beschleunigungsvermögen zugute. Darüber hinaus ist das Motorrad für viele nicht nur schlechthin ein wirtschaftliches Beförderungsmittel, sondern es bietet auch die Möglichkeit, die Freizeit sinnvoll zu nutzen, zu reisen oder sich an motorsportlichen Wettbewerben zu beteiligen. Vor allem das Interesse der Jugend am Motorrad hat seine Gründe sicher zu einem großen Teil in diesen Einsatzmöglichkeiten.
Rund 1,5 Millionen Motorräder sind in der DDR zugelassen. Verglichen mit der Zahl der Einwohner ist die DDR in der Tat ein Motorradland. Davon künden insbesondere die Motorräder aus Zschopau. Welcher Motorradliebhaber in der Welt kennt die MZ-Maschinen nicht! Sie genießen international den Ruf, technisch perfekte, ausgereifte und zuverlässige Motorräder zu sein. In Dutzenden außergewöhnlichen Tests, auf touristischen Langstreckenfahrten unter extremen klimatischen Bedingungen ebenso wie bei exakten Leistungsvergleichen mit anderen Motorradtypen traten MZ-Maschinen immer wieder den Beweis an, daß sie diesen Ruf verdienen.

Die MZ-Palette

Seit 1969 verfolgt der VEB Motorradwerk Zschopau mit seinem MZ-Typenprogramm eine betont sportliche Motorradlinie. Die Trophy Sport (ETS 250) war das Startmodell dieser Entwicklung. Ihr folgten 1973 die viergängige TS 250, 1976 die fünfgängige TS 250/1 sowie die kleine TS 125/150 und 1981 die ETZ 250. Die Modellübersicht (Tab. 1-1) macht die weitgehende Identität der Zschopauer Motorräder deutlich.

Welche Maschine für welchen Zweck?

Ein Motorrad ist eine relativ teure Anschaffung. Man überlegt deshalb genau, wozu es dienen soll, soll es sich doch einige Jahre lang bewähren. Aus der Neuproduktion kommen mehrere Modelle. Manch einer findet aber vielleicht auch ein günstiges Angebot bei gebrauchten Maschinen.
Wer mit seiner MZ vor allem täglich zur Arbeitsstelle fahren möchte, wird nicht unbedingt eine 250er Maschine haben müssen. Eine kleine MZ genügt für diesen Zweck vollauf. Anschaffungspreis und laufende Kosten sind bei ihr wesentlich niedriger als bei der ETZ 250.
Wen bei der Wahl des Motorrades mehr die technische Seite des Fahrzeugs interessiert, der findet in Tabelle 1-1 die notwendigen Fakten. Zusätzlich seien hier einige Entscheidungshilfen gegeben.

MZ TS 125: Für die Existenz dieser kleinsten Zschopauer Maschine (Bild 1-1) gibt es eigentlich mehr traditionelle als Kosten-

Tabelle 1-1: Kennziffern der MZ-Modelle des Baujahres 1983/84 und der 1980/81 ausgelaufenen TS 250/1 (Fünfgang)

	TS 125	TS 150	ETZ 250	TS 250/1
Hubraum (cm^3)	123	143	243	243
Bohrung/Hub (mm)	52/58	56/58	69/65	69/65
Verdichtung	10	10	9,5 bis 10	9,5 bis 10
Höchstleistung (kW [PS])	7,35/10	8,45/11,5	15,4/21	14/19
bei Drehzahl (U/min)	6 000 bis 6 300	6 000 bis 6 300	5 500 bis 5 700	5 200 bis 5 500
max. Drehmoment (N·m [kpm])	12,3/1,25	13,7/1,4	27,4/2,8	25,5/2,6
bei Drehzahl (U/min)	5 000 bis 5 500	5 000 bis 5 500	5 200 bis 5 400	4 600 bis 5 200
Vergaser (BVF)	22 N 1-3	24 N 1-1	30 N 2-5	30 N 2-4
HD/ND/SD/LD[1)]	87/65/70/35	92/65/75/40	125/70/110/45[2)]	135/70/100/35
Leerl.-Luftschr. offen	1 bis 2 Umdreh.	2 bis 3 Umdreh.	1 Umdreh.	1 Umdreh.
Zündzeitpkt. (mm v. OT)	2,5 bis 3,0	2,5 bis 3,0	2,5 bis 3,0	2,5 bis 3,0
(Grad)	20°15' bis 22°15'	20°15' bis 22°15'	20°15' bis 22°15'	20°15' bis 22°15'
Kontaktabstand/Unterbr. (mm)	0,3	0,3	0,3	0,3
Zündkerze (Isolator)	M 14-240	M 14-240	M 14-260	M 14-240
Übersetzungen				
1./2./3./4./5. Gang	3,05/1,8/1,2/1,0	3,05/1,8/1,2/1,0	3,0/1,87/1,33/1,05/0,87	3,0/1,87/1,33/1,05/0,87
Motor/Getriebe	2,31	2,31	2,43	2,43
Zweifach-Hülsenkette (Duplex)	A 9,5 × 9,5	A 9,5 × 9,5	Zahnräder	Zahnräder
Getriebe/Hinterrad	3,2	3,0	2,52	2,35
Rollenkette	12,7 × 4,6 × 120	12,7 × 4,6 × 120	12,7 × 7,75 × 130	12,7 × 7,75 × 126
Zähnezahl v/h	15/48	16/48	19/48	20/47
Federung	hydraulisch gedämpft	hydraulisch gedämpft	hydraulisch gedämpft	hydraulisch gedämpft
vorn, Federweg (mm)	Teleskopgabel, 185	Teleskopgabel, 185	Teleskopgabel, 185	Teleskopgabel, 185
hinten, Federweg (mm)	Schwinge, 105	Schwinge, 105	Schwinge, 101 bis 105	Schwinge, 101 bis 105
Räder v/h	1,6 × 18	1,6 × 18	1,60 × 18/2,15 B × 18	1,60 × 18/2,15 B × 16
Reifengröße v/h	2,75 – 18/3,00 – 18	2,75 – 18/3,00 – 18	2,75 – 18/3,50 – 18	2,75 – 18/3,50 – 16
Leermasse, fahrfertig (kg)	114	114	151 (153 m. Scheibenbremse)	144
Nutzmasse (kg)	156	156	179 (177 m. Scheibenbremse)	176
zuläss. Gesamtmasse (kg)	270	270	330	320
Tankinhalt (l)	12,5	12,5	17	17,5
Höchstgeschwindigkeit (km/h)	100	105	125 bis 130	120 bis 130

1) HD = Hauptdüse, ND = Nadeldüse, SD = Startdüse, LD = Leerlaufdüse 2) Nadeldüse (70) mit Querbohrung, Hauptdüse auch 130

Bild 1-1
MZ TS 125/150,
Luxusausführung mit
Flachlenker

Bild 1-2
MZ TS 125/150,
Luxusausführung mit
Hochlenker

gründe. Die 125-cm³-Hubraumklasse ist ganz einfach noch immer der Inbegriff des kleinen Motorrades, mit dem „man anfangen sollte", wie manche Väter ihren herangewachsenen Kindern so gern raten. In einigen Exportländern gibt es für sie sogar steuerliche Vergünstigungen. Im Grunde aber unterscheiden sich Unterhaltungskosten und Fahrleistungen zwischen der TS 125 und der TS 150 (s. Tab. 1-1 und 1-2) so wenig, daß eine Entscheidung kaum Kopfzerbrechen machen dürfte. Die TS 125 wird fast ausschließlich für bestimmte Exportländer gebaut.

MZ TS 150: Die TS 150 baut MZ in Standard- und Luxusausführung, wobei die Luxusausführung mit einem Drehzahlmesser ausgerüstet ist. Beide Varianten gibt es mit Hoch- oder Flachlenker (Bild 1-2).
Motorräder bis 150 cm³ Hubraum können – bei Einverständnis des Erziehungsberechtigten – auch schon von Sechzehnjährigen gefahren werden, die im Besitz des Führerscheines der Klasse A sind.

MZ TS 250/1: Die TS 250/1 – sie wird nicht mehr gebaut – (Bild 1-3) erfordert schon einen beträchtlichen finanziellen Aufwand.

Bild 1-3
MZ TS 250/1, Luxusausführung mit Flachlenker (nicht mehr in Produktion)

Ferner ist sie eine Maschine, die in nicht allzu großen zeitlichen Abständen auch über längere Strecken bewegt werden will. Wird der Motor nicht ab und zu richtig beansprucht, kann es zu Ölablagerungen (Ölkohle) vor allem in der Abgasanlage kommen, was allmählich zu Leistungsverlusten des Motors führt. Ein Kurzstrecken-Motorrad ist die große TS also nicht!
Ob eine TS 250/1 mit Hoch- oder Flachlenker, in Standard- oder Luxusausführung gewählt wird, hängt letztlich vom individuellen Geschmack ab. Technisch und hinsichtlich des Leistungsvermögens sind beide Ausführungen gleich. Es gäbe lediglich zu bedenken, daß sich Maschinen mit Hochlenker auf schlechten Straßen und Wegen besser beherrschen lassen und daß die zahlreichen blanken Teile der de-Luxe-Variante mehr Pflegeaufwand erfordern. Blickfang der de-Luxe-Variante sind jedoch zweifellos die beiden außerhalb des Scheinwerfergehäuses in Lenkernähe angebrachten Rundinstrumente; der Tachometer und – links daneben – der Drehzahlmesser.
Die fünfgängige TS 250/1 hat motorisch einige Verbesserungen erfahren, die dem Betrachter verborgen bleiben. So ist beispielsweise die Fremdschmierung der Kurbelwellenhauptlager durch das Getriebeöl (seit 1962 praktiziert) weggefallen. Der Grund: Bei den heute üblichen langen Ölwechselfristen (verbesserte Ölqualitäten) nimmt der Abriebanteil (Abrieb vom Kupplungsbelag und von den Getrieberädern) im Getriebeöl zu. Das beeinträchtigt die Schmierung der Kurbelwellenhauptlager. MZ ging deshalb wieder zurück zur Schmierung dieser Lager durch den Ölanteil im getankten Kraftstoffgemisch, wobei jedoch im Kurbelraum in Gehäusemitte eine spezielle Ölfangtasche angeordnet wurde, von der das Öl direkt zu den Wellendichtringen und damit zu den verstärkten, weiter zur Mitte gerückten Hauptlagern gelangt. Der große Zylinder mit dem Scheibenkopfdeckel und der zentral eingesetzten Zündkerze verbesserte die thermischen Verhältnisse des Motors.
Im Fahrbetrieb macht sich der überarbeitete Schaltmechanismus angenehm bemerkbar. Das Getriebe schaltet sich – bei kürzeren Schalthebelwegen – leicht und auch geräuschärmer als das Vierganggetriebe.

MZ ETZ 250: Wohl der Traum eines jeden MZ-Interessenten ist die seit mehr als drei Jahren gebaute, inzwischen im Detail mehrfach verbesserte ETZ 250 (Bild 1-4). Augenfälligste Merkmale dieser „großen" MZ sind ihre betont sportlichen konstruktiv-gestalterischen Elemente. Diese Linie kommt vor allem bei der Jugend sehr an.
Was die ETZ in ihrer Erscheinung verspricht, hält sie beim Fahren: Sie ist ein außerordentlich leistungsstarkes, insbesondere spurtschnelles Motorrad. In knapp sieben

Bild 1-4
MZ ETZ 250,
Luxusausführung mit Vorderrad-Scheibenbremse

Sekunden erreicht sie – aus dem Stand gestartet – Tempo 80! Das Fünfganggetriebe erlaubt, die Motorleistung von 15,5 kW (21 PS) immer auch einsetzen zu können, wenn man sie braucht.
Als „Anfängermotorrad" würden wir die ETZ nicht einstufen. Wer sicher mit ihrem Temperament umgehen will, der muß, meinen wir, schon einige Motorraderfahrung gesammelt haben.
Als geradezu ideale Maschine für lange Reisen – auch zu zweit – hat die ETZ 250 verständlicherweise gehörige Anziehungskraft für MZ-Liebhaber mit motortouristischen Ambitionen. Aber dieses zweifellos größte MZ-Vergnügen ist nicht billig. Ihr Anschaffungspreis macht denjenigen, die eben erst ihren Motorrad-Führerschein erwerben konnten, also Achtzehn- und Neunzehnjährigen, sicher zu schaffen. Und auch der Kraftstoffverbrauch dieser ETZ unterscheidet sich deutlich von dem einer kleinen MZ.
Als besonderes Plus dieser derzeit anspruchsvollsten Zschopauer Maschine sehen wir ihre Drehstromlichtmaschine und ihr 12-V-Bordnetz an. Mit dieser leistungsfähigen elektrischen Anlage hat sie alle Voraussetzungen zum Anbau weiterer Stromverbraucher, den viele Motorradfahrer ins Auge fassen (Nebelscheinwerfer u. a. m.).
In der Ausstattung mit Vorderrad-Scheibenbremse, wie sie nun auch zum Angebot der IFA-Zweiradfachfilialen gehört, entspricht die ETZ 250 ganz den Vorstellungen zahlreicher Sportfahrer von einem Motorrad mit rundum sicherem Fahrwerk. Die Scheibenbremse ermöglicht noch kürzere Bremswege als die Trommelbremse im Vorderrad.
Zwei Ausführungen stehen dem ETZ-Interessenten zur Wahl. In der Fahrleistung und im Kraftstoffverbrauch unterscheiden sich die Standard- und die Luxus-Variante nicht.
Wer schon beim Kauf einer ETZ 250 damit liebäugelt, später vielleicht einmal einen Seitenwagen anbauen zu wollen, dem sei gesagt, daß MZ speziell für den Gespannbetrieb vorbereitete ETZ-Maschinen an den Handel liefert. Solch eine Ausführung müßte dann erworben werden.

Zwei Kleine oder ein Gespann?

Erheben in der Familie mehrere Besitzer eines Führerscheins Anspruch auf Motorradfahrerfreuden, lohnt sich vor der Motorisierung die Überlegung, ob nicht statt des MZ-Gespanns doch besser zwei kleine Maschinen gekauft werden sollten. Der Anschaffungspreis (Neuwert) ist ungefähr gleich, die laufenden Kosten sind kaum nennenswert höher (s. Tab. 1-2). Selbst bei einer gemeinsamen Ausfahrt bleibt der Kraftstoffverbrauch beider Maschinen im Rahmen dessen, was für das entsprechend belastete Gespann auch veranschlagt werden müßte. Der Vorteil zweier kleiner MZ anstelle einer großen mit Seitenwagen liegt im unabhängigen Einsatz, einem etwas flotteren Vorankommen (mit den Solomaschinen) und der Einsatzbereitschaft wenigstens einer Maschine, wenn der Familienfuhrpark von einer Panne betroffen wird. Auf Urlaubsreisen kann das sehr beruhigend sein.

Andererseits schaffen es selbst zwei kleine MZ nicht, die speziellen Vorteile des Gespanns aufzuwiegen. Kleine Passagiere sind im Seitenwagen immer besser aufgehoben. Die Mitnahme von Kindern auf Solomotorrädern bleibt immer ein Notbehelf, der ein besonderes Verantwortungsbewußtsein voraussetzt.

Für andere wiederum ist der abschließbare

Tabelle 1-2: Unterhaltungskosten einiger MZ-Typen in Abhängigkeit von bestimmten Fahrleistungen in Mark bzw. Pfennigen/Kilometer

Kostenart	TS 150	ETZ 250	ETZ 250 mit Seitenw.
Kaufpreis (M)	2 700,–[1]	4 150,–[2]	5 494,–[3]
Kfz-Steuer	24,–	36,–	36,–
Haftpflicht-	21,–	34,–	34,–
Versicherung[4]	(26,–)	(43,–)	(43,–)
Abschreibung[5]	270,–	415,–	550,–
Garagenmiete	120,–	120,–	240,–
Feste Kosten	435,–	605,–	860,–
Mark/Jahr[4]	(440,–)	(612,–)	(867,–)
Kraftstoffverbr. (l/100 km)[6]	3,6	4,5	6,0
Kraftstoffkosten	5,5	6,9	9,2
Reifen/Öl	0,7	0,9	1,4
Reparatur	2,0	2,3	3,5
Wartung	0,3	0,3	0,4
Betriebskosten (Pf/km)	8,5	10,4	14,5
Gesamtkosten (M/Jahr)			
bei 5 000 km	860,–	1 125,–	1 585,–
bei 10 000 km	1 285,–	1 645,–	2 310,–
bei 20 000 km	2 135,–	2 685,–	3 760,–

1) Kaufpreis für Luxusausführung mit Hochlenker; Stand März 1983
2) Kaufpreis für Luxusausführung; Stand März 1983 (ohne Scheibenbremse)
3) Kaufpreis für Luxusausführung mit Seitenwagenübersetzung und Luxusseitenwagen (ETZ 250 = 4 264,– Mark, Seitenwagen = 1 230,– Mark), Lastenseitenwagen = 990,– Mark, ETZ 250 Standard mit Seitenwagenübersetzung = 4 005,– Mark; Stand März 1983 (ohne Scheibenbremse)
4) Summen in Klammern gelten für Berlin
5) Als Abschreibung wurden 10 % je Jahr gerechnet
6) Testwerte der Redaktion „Der Deutsche Straßenverkehr"

Gepäckraum mit der den Kofferträger ergänzenden Gepäckbrücke das Argument für ein MZ-Gespann-. Auch Unterbringungsmöglichkeiten (in der Garage) können eine Rolle bei der Maschinenwahl spielen. Es gilt also zu überlegen, abzuwägen und zu rechnen, ehe in der Familie die Würfel endgültig für oder wider die eine oder andere Motorisierungsvariante fallen.

Gespann: Wer sich mit einem Motorrad angefreundet hat, sieht der Familiengründung mit einem lachenden und einem weinenden Auge entgegen. Die Solofahrerei begeistert auf die Dauer weder die Ehefrau noch die Kinder. Ist man sich grundsätzlich aber darüber einig, daß das Motorradfahren keine Ersatzlösung (für das teurere Auto), sondern ein herrliches Vergnügen ist, berät man sehr bald über den Kauf eines Gespanns. MZ hat auch an Motorradfamilien gedacht. Vom Motorradwerk Zschopau werden Gespanne bzw. für den Seitenwagenanschluß vorbereitete Maschinen an den Handel geliefert.
Der 1983 in veränderter Ausführung erschienene MZ-Superelastik-Seitenwagen gehört unbestritten (auch im Ausland) zur Spitze (Bild 1-5). Da paßt alles zur Maschine – Form, Federungskomfort, ja selbst die Farbe. Das MZ-Gespann bietet den Seitenwagenpassagieren nicht nur ausreichend Platz, sondern auch bequemes Ein- und Aussteigen. Unter Beachtung der zulässigen Achslasten bzw. Nutzmasse des Gespanns dürfen maximal drei Personen (Erwachsene) befördert werden. Im Seitenwagen selbst darf nur eine erwachsene Person sitzen (nach der StVO gelten auch Kinder, die das 12. Lebensjahr vollendet haben, als erwachsene Personen). An Stelle dieser Person bzw. auch zusätzlich können im Seitenwagen Kinder bis zu 12 Jahren unter der Voraussetzung mitgenommen werden, daß der Fahrer nicht behindert, die zulässige Achslast nicht überschritten und kein Kind gefährdet wird. Aber gerade daraus erwächst bei der Mitnahme von Kindern im Seitenwagen die Verantwortung des Gespannfahrers. Er hat z. B. dafür Sorge zu tragen, daß die Kinder nicht herausfallen können. Dabei werden Alter, Größe und Gespannerfahrung der Kinder immer eine wesentliche Rolle spielen. Ein verschließbarer Gepäckraum mit zusätzlicher Gepäckbrücke unterstreicht die Universalität des Seitenwagens.
Trotz des dritten Rades bleibt die Gespannmaschine auch als Solomaschine voll einsatzfähig, denn innerhalb weniger Minuten läßt sich der Seitenwagen ab- oder wieder anbauen. Allerdings muß derjenige, der einen speziellen Gespannreifen (z. B. K 29) auf das Hinterrad der Maschine aufgezogen hat, statt dessen ein Rad mit Solo-Bereifung einbauen (K 33/K 34). Der K 29 hat eine Sicher-

Bild 1-5 MZ ETZ-Gespann mit neuem Seitenwagen

heitsschulter (einem Pkw-Diagonalreifen ähnlich), die bei Kurvenschräglage der Solomaschine für die schlechte Haftung des Reifens auf der Straße verantwortlich ist.
Eine Solomaschine mit Gespannübersetzung erreicht natürlich nicht die Höchstgeschwindigkeit einer Solo-MZ. Dafür gewinnt man bei dieser Übersetzung aber weiteres Temperament und mehr Beschleunigungsvermögen.
Daß das dritte Rad nicht nur auf sommerlichen Straßen, sondern vor allem bei winterlicher Glätte eine sicherere Straßenlage garantiert, als sie ein Auto je erreicht, trifft im Prinzip zwar auf jedes Gespann zu, es gilt erst recht aber für die MZ mit dem auf die Maschine abgestimmten Superelastik-Seitenwagen.
Daß es eine fahrerische Umstellung bedeutet, von der Solomaschine auf das Gespann und umgekehrt überzuwechseln, erklären wir im Abschnitt "Gespannfahren".

Gespannmaschinenausstattung

– Lenkungsdämpfer (Flatterbremse)
– Getrieberitzel (Kettenrad) mit 16 Zähnen
– vorbereiteter Rahmen

Superelastik-Seitenwagen

Fahrgestell: geschweißter Blechpreßrahmen mit drei Schnellanschlüssen, Stabilisator zwischen Hinterrad- und Seitenwagenradschwinge
Federung/Dämpfung: Schwinge mit hydraulisch gedämpftem Federbein, 100 mm, verstellbare Federhärte
Rad: Hinterrad 3,50-16
Bremse: vom Maschinen-Fußbremshebel mitbediente hydraulische Bremse
Sitzbreite: 450 mm (Mitte)
Fußraumbreite/-höhe/-länge: 370/380/1 100 mm
Kofferraum (verschließbar): 485/400/500 m
Eigenmasse: 85 kg
Nutzmasse: 115 kg
Breite des Gespanns: 1 650 mm (mit Spiegel)
Höhe des Gespanns: 1 185 mm
Länge des Gespanns: 2 100 mm

Unterhaltungskosten

Wer vor dem Kauf einer MZ wissen möchte, mit welchen Unterhaltungskosten er jährlich zu rechnen hat, der möge sich Tabelle 1-2 genau ansehen. Obwohl sie für einige Faktoren, z. B. Garagenmiete, Reifenverschleiß, Reparaturkosten usw., nur Durchschnittswerte enthält, dürfte sie dennoch einen guten Anhaltspunkt für die Kostenplanung darstellen.

Umgang mit der MZ

„Motorradfahren ist kreuzgefährlich". Viele, die das behaupten, saßen nie auf einem Zweirad. Aber so unrecht haben sie dennoch nicht, denn wenn etwas schiefgeht, ist eine Zweiradbesatzung zumeist böse dran.

Vor allem Sicherheit! Die größte Gefahr für sich ist der Motorradfahrer selbst. Das unterscheidet ihn zwar nicht von anderen Verkehrsteilnehmern, aber die Praxis beweist: Der Motorradfahrer hat unter eigenen und fremden Fehlern besonders zu leiden. Das kann beispielsweise der Fall sein, wenn er den Umständen entsprechend zu schnell fährt oder sich zu sehr auf das pflichtgemäße Verhalten eines anderen verläßt. Scharfes Bremsen, Rutschen, Stürzen sind die Folgen. Diese Erfahrung lehrt, daß beim Motorradfahren ein gesundes Mißtrauen angebracht ist; denn zuerst zählt Sicherheit. Damit kommt man in der Tat am weitesten!

Kein Risiko: Nach einem Unfall nützt die Feststellung, daß man ja die Vorfahrt hatte, herzlich wenig. Der eigentlich Schuldige am Unfall ärgert sich vielleicht über eine harmlose Blechbeule an seinem Fahrzeug, wir dagegen müssen mit Knochenbrüchen ins Krankenhaus. Pochen wir also nie auf irgendwelche „Rechte"!
Falsche Vorbilder sind besonders von Übel. Zieht ein Schnellerer an uns vorbei, sollte das in uns nie gefährlichen Ehrgeiz wecken und Aufforderung sein, das Gas aufzudrehen. Lassen wir uns nicht dazu hinreißen, uns mehr zuzutrauen als wir tatsächlich können! Wer weiß denn, welche Vorteile ein überholender Schnellerer hat? Vielleicht fährt er schon viel länger Motorrad, hat mehr Erfahrungen oder detaillierte Streckenkenntnis, ist womöglich ausgeruhter, fährt mit weniger Gepäck oder hat eine fahrerfahrenere Sozia. Und – die schnellsten Fahrer sind durchaus nicht immer die besten!
Risiken darf es in unserem Verhalten als MZ-Fahrer nie geben! Wir dürfen nicht probieren, ob vielleicht irgendein Fahrmanöver noch klappt, sondern müssen wissen, daß alles in Ordnung geht wie geplant, beispielsweise ein Überholvorgang.
Wer als Motorradfahrer in jeder Situation aufmerksam, rücksichtsvoll und diszipliniert ist, erfüllt nicht nur die prinzipiellen Forderungen der StVO, sondern erweist sich selbst den größten Dienst, fährt er doch auf Nummer Sicher!

Fehlern vorbeugen: Die besonderen Probleme des Motorradfahrers beim Umgang mit seinem Balancefahrzeug werden von anderen Verkehrsteilnehmern oft falsch gedeutet. Das Schräglegen in Kurven beispielsweise ist ja weder Angabe noch Leichtsinn, sondern eine physikalische Notwendigkeit. Wir Zweiradfahrer wissen das und verhalten uns entsprechend. Andere Verkehrsteilnehmer aber kennen solche Zusammenhänge nicht und nehmen deshalb häufig keinerlei Rücksicht darauf, daß z. B. ein stark abgebremstes Zweirad nicht nur rutscht, sondern auch umfällt, wenn die Balance nicht mehr zu halten ist, oder daß wir tiefliegende Straßenbahnschienen mit größter Vorsicht und darum langsam fahrend passieren müssen, eben weil sie die schmalen Motorradreifen regelrecht festhalten. Wer außer uns macht sich darüber im dichten großstädtischen Berufsverkehr schon Gedanken? Deshalb kommt es für uns Motorradfahrer so sehr darauf an, besonders vorsichtig und vorausschauend zu reagieren.
Seien wir in jeder Situation vorbildlich und rücksichtsvoll. Das dient unserer Sicherheit und hilft auch, Vorurteile gegenüber den Zweiradfahrern abzubauen!

Drehzahl – Leistung – Temperament

Mit dem MZ-Motor umgehen heißt in erster Linie, seine Leistung sinnvoll einsetzen. Als Leistungsangaben findet man in der Betriebsanleitung der Maschine bei der ETZ 250 beispielsweise folgende Werte: 15 kW bzw. 21 PS bei 5 500 bis 5 700 U/min und 27,4 N · m (2,8 kpm) bei 5 200 U/min.

kW und PS: Kilowatt (kW) als Leistungsangabe entspricht dem Internationalen Einheitensystem (SI). Wir müssen uns auch als Motorradfahrer daran gewöhnen. In technischen Dokumentationen, Prospekten usw. ist die Leistungsangabe nur noch in kW zu finden. Die PS-Angabe wird aber vorerst noch parallel dazu mitverwendet. In unserem Buch halten wir das auch so.
Der PS-Wert ist jeweils das 736fache des Watt (75 kpm/s). Angelpunkt unserer Rechnungen rund um die Motorleistung werden also immer folgende Werte sein:

1 PS = 0,736 kW = rund 75 kpm/s

1 kW = 1,36 PS = rund 100 kpm/s

kpm/s: Wirkt eine Kraft längs einer Wegstrecke, dann ist das Produkt davon Arbeit. Beim Motor ist es nicht anders. Der Kolben unserer MZ bewegt sich unter dem Verbrennungsdruck vom oberen zum unteren Totpunkt, und auf diesem Wege (dem Kolbenhub) verrichtet es Arbeit. Kraft (Kilopond) und Kolbenweg (m) ergeben zusammen mit dem Zeitraum (s), in dem diese Arbeit wirksam wird, die für die Leistungsangabe verwendeten kpm/s.
Ein PS ist also die Kraft, die es vermag, 75 kg in einer Sekunde einen Meter hochzuheben; oder „moderner" ausgedrückt: 1 kW ist die Kraft, die in einer Sekunde 100 kg einen Meter hochheben kann.

Drehmoment: Bei den Leistungsangaben eines Motors ist aber nicht nur von PS und kW die Rede, sondern auch vom maximalen Drehmoment. Als Drehmoment bezeichnet man das Produkt aus der Kraft und der Entfernung des Kraftangriffs von der Drehachse. Im Falle unseres Motors ist die Drehachse die Kurbelwelle. Da logischerweise die Kraft nicht direkt im Mittelpunkt der Kurbelwelle abgenommen und gemessen werden kann, sondern nur mehr oder weniger weit vom Achsenmittelpunkt entfernt, ergeben Kraft mal Hebelarm einen Drehmoment (kp · m = kpm) Diese Motorarbeit – man könnte das Drehmoment auch mit Durchzugskraft bezeichnen – wird heute nicht mehr in kpm, sondern entsprechend SI in N · m (N steht für Newton) angegeben. Die bisher übliche Angabe des Drehmoments steht aber meistens noch in Klammern dabei. 1 kpm = 9,81 N · m (angenähert 10 Nm; die zweiprozentige Fehlerquote nimmt man in Kauf).
Das Drehmoment ist in bestimmten Drehzahlbereichen am größten; dort nämlich, wo ein günstiger Gaswechsel mit entsprechend optimaler Zylinderfüllung (Frischgas) und wirksamstem Verbrennungsablauf zustande kommt. In den technischen Daten z. B. der ETZ 250 erscheint dieser Wert so: Max. Drehmoment = 27,4 N · m (2,8 kpm) bei 5200 bis 5 400 U/min. Kommt der Motor aus diesem Drehzahlbereich heraus, „zieht" er nicht mehr kraftvoll; sein Drehmoment läßt nach.
Das Drehmoment, das an der Kurbelwelle auftritt, ist also die eigentliche Kraft, die unsere MZ in Bewegung hält bzw. bringt!

Leistung: Die Leistung des Motors – wir bleiben bei der ETZ 250 – wird nach folgender Formel ermittelt:

$$\text{kW (früher PS)} = \frac{\text{Drehmoment (N·m)} \cdot \text{Drehzahl (U/min)}}{973}$$

Was wir beim Fahren merken und an Leistungskurven ablesen können, zeigt auch diese Formel: Die Motorleistung steigt mit anwachsender Drehzahl! Das Drehmoment aber ist nur in einem bestimmten Drehzahlbereich am größten. Bei der ETZ 250 fällt es beispielsweise bei Drehzahlen über 5 400 U/min wieder ab, obwohl die Gesamtleistung des Motors durch anwachsende Drehzahlen durchaus noch weiter ansteigen kann. Die

Zunahme der Drehzahl, so wird allgemein formuliert, überspielt dann die Abnahme des Drehmoments.
Und so wird die Leistung eines Motors errechnet (Beispiel ETZ):

max. Leistung

$$= \frac{27{,}4\ \mathrm{N \cdot m} \cdot 5500\ (\mathrm{U/min})}{973} = 15{,}5\ \mathrm{kW}$$

Die Leistung der ETZ 250 ist also gleichfalls drehzahlabhängig.
Bei 3 200 U/min (entspricht Tempo 55 im 4. Gang oder Tempo 45 im 3. Gang; s. Bild 1-6) steht gerade einmal die Hälfte der maximal erreichbaren Leistung zur Verfügung (7,6 kW bzw. 10,5 PS). Das gilt es zu beachten, damit einerseits mögliche Leistungsentfaltung bewußt ausgenutzt, andererseits aber auch nicht mehr Leistung als nötig eingesetzt (und mit zusätzlichem Kraftstoff bezahlt) wird. Auf den richtigen Gang in der konkreten Situation (Verkehrsdichte, Streckenprofil, Geschwindigkeit) kommt es also an. Gangdiagramm und Leistungskurve können dazu viele Erkenntnisse vermitteln.

Gangdiagramm: Will man die Geschwindigkeiten ermitteln, die bei einer bestimmten Motordrehzahl in den einzelnen Gängen erreicht werden können, hilft dabei die Formel:

$$v = \frac{n \cdot d \cdot \pi \cdot 60}{i_A \cdot i_G \cdot 1\,000\,000}$$

v = Geschwindigkeit (km/h)
n = Drehzahl
d = Durchmesser des Rades (hinten) in mm (dyn. Reifenhalbmesser × 2)
i_A = Übersetzung Motor/Getriebe
i_G = Gangübersetzung (d. h. Getriebegang und Getriebe/Hinterrad).

Für die ETZ 250 lautet die Formel dann (und zwar für die Geschwindigkeit, bei der im fünften Gang die maximale Leistung zur Verfügung steht):

$$v = \frac{5\,600 \cdot 618 \cdot 3{,}14 \cdot 60}{2{,}43 \cdot 2{,}52 \cdot 0{,}87 \cdot 1\,000\,000} = 121\ \mathrm{km/h}.$$

Wer den Gangstrahl errechnen möchte, muß zumindest drei Bezugspunkte haben. Die Formel wird deshalb zweckmäßigerweise mit drei markanten Drehzahlen gerechnet; mit 1 000, mit der Drehzahl des maximalen Drehmoments und mit der der maximalen Leistung (oben ausgeführt). Die gefundenen und auf Millimeterpapier aufgetragenen Punkte müssen durch eine Gerade verbunden werden können, sonst ist die Rechnung fehlerhaft.
In gleicher Weise – wiederum mit diesen drei markanten Drehzahlen – ist dann die Formel mit den Übersetzungen der übrigen

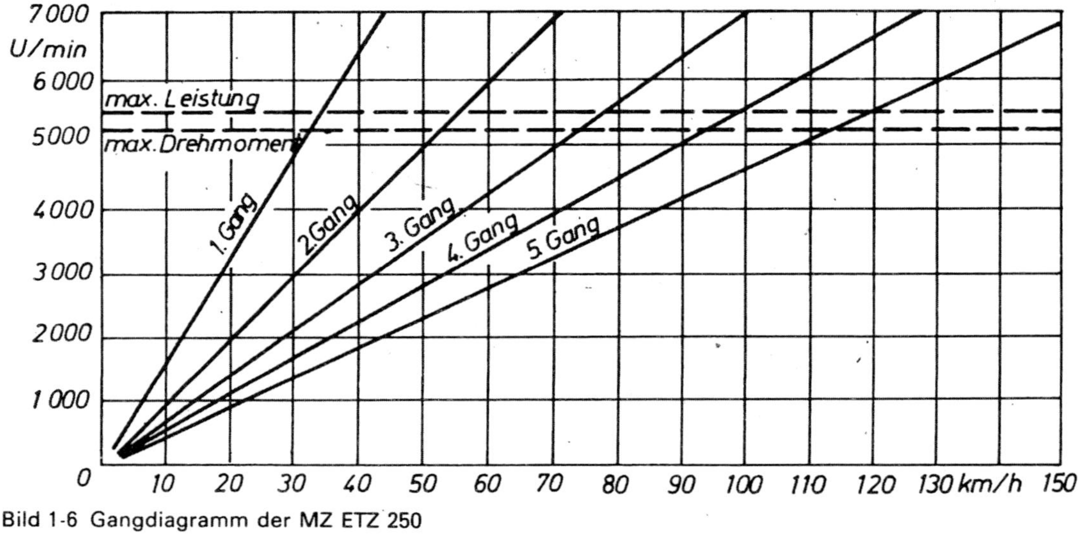

Bild 1-6 Gangdiagramm der MZ ETZ 250

Gänge zu rechnen (Angaben dazu s. Tab. 1-1). Das Ergebnis, als Gangdiagramm gezeichnet, sieht dann so aus, wie in Bild 1-6 dargestellt.

Sparsam fahren

Sparsam fahren – wer will das nicht! Falsch angepackt wird's aber meistens. Drei Dinge gilt es zu berücksichtigen: Mit zunehmender Fahrgeschwindigkeit wächst der Luftwiderstand von Maschine und Besatzung an, und zwar nicht linear, sondern im Quadrat zum Tempo. Kein Wunder also, wenn die Kraftstoffverbrauchskurve bis ungefähr 80 km/h verhältnismäßig flach bleibt. Dann jedoch bremst die Luft enorm. So kostet beispielsweise ein Tempozuwachs von 10 km/h – etwa von 85 auf 95 km/h – bei der 250er MZ möglicherweise bereits einen Verbrauchszuschlag von einem ganzen Liter Kraftstoff, bezogen auf 100 km Fahrstrecke. Ähnlich bei der kleinen MZ (TS 125/150). Sie läßt sich mit 3 l/100 km fahren, wenn im vierten Gang nicht mehr als Tempo 75 angeschlagen wird. Tempo 100 löst – bezogen auf die 3 Liter – einen sechzigprozentigen Verbrauchsanstieg aus!
Der Luftwiderstandseinfluß ist aber nur e i n Faktor des Kraftstoffverbrauchs. Motordrehzahl und Gangwahl bestimmen den Grad der Sparsamkeit mit, denn der Zschopauer Einzylinder-Zweitakter entwickelt bei der Leistungsabgabe – wie jeder Verbrennungsmotor – drehzahlabhängig mehr oder weniger großen „Durst". Am sparsamsten laufen kleine wie große MZ-Motoren in Nähe des maximalen Drehmoments. Um zu einem niedrigen Streckenverbrauch zu kommen, muß der Fahrer auf diese Drehzahlen achten, sie nicht überschreiten, gleichzeitig aber auch versuchen, parallel dazu eine möglichst lange Übersetzung (4. Gang) zu wählen, sofern das die jeweils anliegenden Fahrwiderstände (Gegenwind, Steigung, Beschleunigungszwang, Belastung der Maschine) zulassen.
Wenn der Motor auf sparsamen Drehzahlen gehalten wird, aber in einem kleinen Gang bleibt oder bleiben muß (Fahrsituation), kommt zwar ein niedriger Verbrauch, aber eben auch ein dürftiger Kilometergewinn heraus. Getriebestufe und Drehzahl müssen also sozusagen eine sparsame Einheit bilden.
Wer den Motor im dritten Gang mit spürbarem Leistungsüberschuß für die konkrete Situation in höchsten Drehzahlen „jubeln" läßt, vergeudet Kraftstoff. Ebenso zahlt der

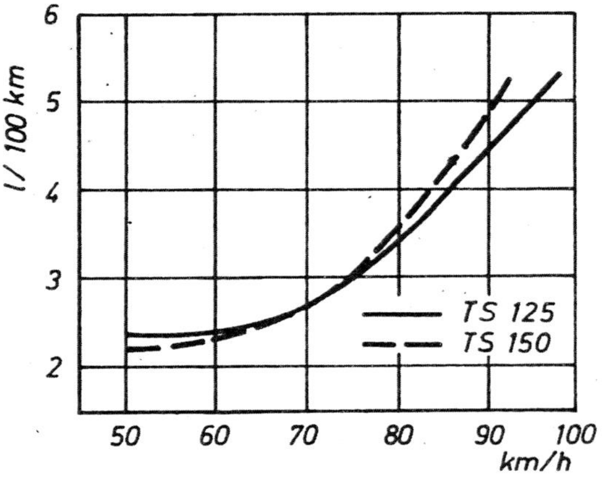

Bild 1-7 Kraftstoffverbrauch der MZ TS 125 und 150

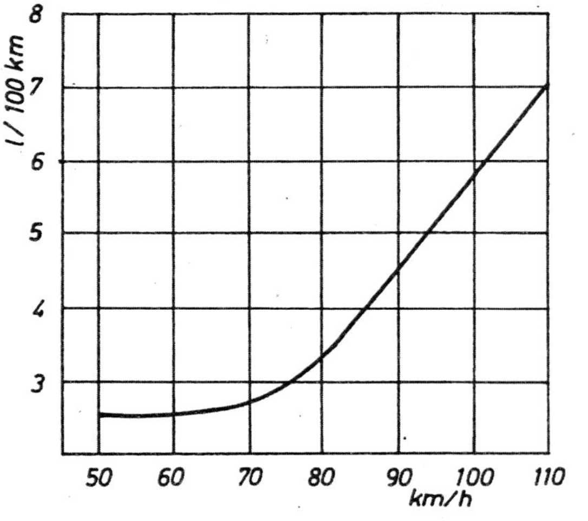

Bild 1-8 Kraftstoffverbrauch der MZ TS 250 (Viergang)

Zuschlag, der versäumt herunterzuschalten, wenn die Fahrwiderstände stark zunehmen, und versucht, die Situation nur mit viel Gas zu meistern und den Berg so vielleicht doch noch im 4. Gang zu bezwingen.
Niedrige Drehzahlen bei annähernd Vollgas (zu großer Gang) sind nicht nur unwirtschaftlich, sondern auch schädlich für den Kurbeltrieb. Manch einer bevorzugt diesen Fahrstil, weil Motor und Auspuffgeräusch dann relativ leise bleiben. Aber der Motor nimmt auf die Dauer Schaden.
Die von Natur aus Schnellen sollten auf Ferntouren nicht vergessen, daß sie der höhere Kraftstoffverbrauch unterwegs öfter zwingt, eine Tankstelle aufzusuchen. Dieser Zwischenstopp läßt ursprünglichen Zeitgewinn rasch wieder verloren gehen. Besonneneres Fahren mit Geschwindigkeiten, die sich nicht unablässig hart an der Grenze des Zulässigen (StVO!) bewegen, macht häufiges Bremsen überflüssig. Und so ist das nun mal: Indirekt kostet auch jeder Bremsvorgang Kraftstoff, indem mit Kraftstoff aufgebaute Bewegungsenergie in Wärme umgewandelt und an die Umwelt (Fahrtwind) abgegeben wird. Schade ums Geld.
Die Bilder 1-7 und 1-8 verdeutlichen übrigens den Kraftstoffverbrauch der MZ.
Gespannfahrer können bei leerem Seitenwagen den Kraftstoffverbrauch der Maschine deutlich senken, wenn sie die Scheibe am Seitenwagen umlegen.

Das Einfahren

Nichts falsch machen möchte, wer zur ersten Fahrt mit einer neuen Maschine oder auch mit einem neuen Motor startet. Ängstlichkeit und Zaghaftigkeit sind hierbei jedoch von Übel, weil sie kaum den Mut verleihen, den Motor so drehen zu lassen, wie das nun einmal ratsam ist, wenn sein Temperament allmählich – vorsichtig, aber konsequent – geweckt und zu bester Güte gebracht werden soll. Wir haben viele MZ-Maschinen eingefahren, alle nach dem gleichen Rezept, und nicht eine nahm uns unsere Einfahrmethode übel oder quittierte sie später mit dürftigen Fahrleistungen. Im Gegenteil!
Wer neue Schuhe einläuft und zu diesem Zweck gleich einen Gewaltmarsch unternimmt, holt sich mit Sicherheit Blasen an den Füßen, aber laufen muß er; bei zaghaftem Trippeln passen sich die Schuhe nie den Füßen an. Ähnliches gilt für das Einfahren eines neuen Motors, bei dem sich Lauf- und Lagerflächen der sich bewegenden Teile glätten und aneinander anpassen müssen. Die Oberflächenbearbeitung ist heute jedoch schon so einwandfrei, daß die Einfahrerei keineswegs eine Wissenschaft darstellt. Während der ersten Betriebsstunden wird die gegenseitige Anpassung bewegter Teile, insbesondere von Kolben, Kolbenringen und Zylinderwandung, eigentlich nur vollendet. Optimale Voraussetzungen dazu bringt der nach modernen Gesichtspunkten konstruierte und montierte Motor (einschließlich der für ihn verwendeten Materialien) bereits mit.
Ein MZ-Motor ist solch ein Triebwerk, mit dem man ohne weiteres gleich auf eine größere Tour gehen kann. Das ist sogar außerordentlich nützlich und dem Kurzstreckenbetrieb während der Einfahrzeit unbedingt vorzuziehen. Allerdings muß man sich auf einer solchen Fernfahrt Zeit zum Einfahren lassen können. Es darf keine Rolle spielen, wann man am Fahrtziel ankommt. Jede Hast verführt dazu, dem Motor mehr als ihm dienlich ist abzuverlangen. Am besten ist es deshalb, wenn man sich mit der Maschine am Wochenende aufmacht, ohne ein festes Ziel zu haben. Nur richtiges Einfahren sollte auf dem Programm stehen, dann geht auch nichts schief.

Wie beginnen?

In der Betriebsanleitung für MZ-Motorräder steht es: Das Einfahren eines neuen Motors geschieht nicht automatisch durch das Absolvieren einer bestimmten Anzahl von Betriebsstunden oder Kilometern! Das „Wie" hat also den größeren Einfluß. Untersuchen wir das näher.

Man rollt im zweiten Gang und fragt sich: Wann darf auf den dritten oder vierten Gang geschaltet werden? Welche Drehzahlen schaden bzw. wie hoch sind die Drehzahlen überhaupt, wenn beispielsweise mit der ETZ 250 im dritten Gang eine Geschwindigkeit von 50 km/h erreicht ist?

Wer eine Maschine mit Drehzahlmesser besitzt, braucht die Drehzahl nur abzulesen. Anderenfalls orientiert man sich gerade in der Einfahrzeit anhand des Gangdiagramms der MZ (s. Bild 1-6), welche Geschwindigkeit in den einzelnen Gängen bei etwa 4 000 U/min erreicht wird. Nicht viel mehr als diese 4 000 U/min soll der Motor in der Einfahrzeit als Dauerbelastung hinnehmen müssen.

Blättern wir noch einmal zurück zum Gangdiagramm der ETZ 250 in Bild 1-6. 50 km/h im dritten Gang bedeuten hiernach rund 3 500 Kurbelwellenumdrehungen! Mit dieser Drehzahl richtet man noch keinen neuen Motor zugrunde.

Bei 5 200 bis 5 400 U/min wird erst das maximale Drehmoment (Durchzugsvermögen) dieses Motors erreicht. Die dazugehörenden Tempomarken in den einzelnen Gängen sollte man sich einprägen; denn man muß beim Einfahren wissen, in welchem Gang und bei welcher Geschwindigkeit es unser Motor bei zusätzlichen Fahrwiderständen am leichtesten hat. Bei der ETZ 250 ist das der Fall im ersten Gang ab 32 km/h, im zweiten Gang ab 53 km/h, im dritten Gang ab 75 km/h und im vierten Gang ab 95 km/h.

Sinkt die Geschwindigkeit an einer starken Steigung oder wegen stürmischen Gegenwindes in den einzelnen Gängen unter diese Marken, fängt der Motor an zu „schuften"; er „quält" sich. Selbst Vollgas macht die Maschine unter diesen Bedingungen nicht schneller. Der Motor kann das ihm reichlich angebotene Kraftstoff-Luft-Gemisch nicht verdauen, weil die Getriebeübersetzung nicht stimmt, d. h., den auftretenden Fahrwiderständen nicht angepaßt ist.

Fährt man mit einem Rennrad einen Berg hinauf, läßt nur schnelles Treten mit einer kurzen Übersetzung den Berg erklimmen, eine lange Übersetzung zehrte ungeheuer an den Kräften. Dem Motor geht es nicht anders. Seine Kraft kann er erst entwickeln, wenn er im Drehzahlbereich zwischen den Marken für das maximale Drehmoment und der Höchstleistung gehalten wird. Also: runterschalten! Passenden Gang wählen!

Drei Einfahrregeln

Aus diesen Erkenntnissen ergeben sich drei Einfahrregeln.

1. Einfahrregel: Den Motor niemals untertourt fahren! Das heißt, mit Drehzahlen, die unter dem maximalen Drehmoment liegen, geht man keine Steigung an oder beginnt Überholvorgänge.

2. Einfahrregel: Konstante Drehzahlen vermeiden! Wer auf der Autobahn fährt, hat keine guten Einfahrvoraussetzungen. Der Wechsel zwischen niedrigem und höherem Tempo, wie er auf einem Landstraßenkurs erforderlich wird und deshalb zu häufigem Schalten zwingt (Kurven, Berge, Gefälle, Ortschaften), bekommt dem Motor bedeutend besser.

3. Einfahrregel: Die Drehzahlen allmählich, am besten mit immer länger werdenden Zwischenspurts, erhöhen! In der Praxis sieht das so aus: Man fährt beispielsweise auf einer neuen TS 150 nun schon rund 100 km im vierten Gang 70 bis 80 km/h und schaltet immer vom dritten auf den vierten Gang, wenn die Tachonadel reichlich 60 km/h anzeigte. Nun ist der Zeitpunkt gekommen, wo der Motor vorsichtig an höhere Drehzahlen gewöhnt werden muß. Schließlich soll die Maschine ja später z. B. fast 90 km/h im dritten Gang erreichen. Und das macht man so:

Der Gasgriff wird probeweise etwas mehr als bisher aufgedreht – vor dem Hochschalten auf den nächsten Gang und auch „oben" im vierten Gang –, um beispielsweise von der ersten Tempospitze 75 auf Tempo 80 zu kommen. Zunächst geschieht das nur jeweils 100, 200 m lang, dann immer wieder und für längere Zeit. Man spürt hierbei, daß der Wechsel zwischen Tempospurts und zwischendurch eingeschobenen Verschnaufpausen bei niedrigeren Drehzahlen den Motor merklich drehfreudiger macht. Hatte man anfangs das Gefühl, als nähme der Motor das ihm angebotene „Mehr"-Gas nicht an, so reagiert er schon nach sechzig, achtzig Kilometern sehr feinfühlig auf die Drehung am Gasgriff! Das ist ein Zeichen dafür, daß die Kraftverluste durch die Reibung der bewegten Teile im Motor geringer geworden sind.

Jetzt aber kommt der Punkt, der unserer Meinung nach zum eigentlichen Einfahrrisiko bei Motorrädern wird: Die Versuchung, dem so vorbereiteten Motor Vollgas anzubieten, ist groß! Was wird er „bringen", fragt man sich, und schon läßt man die Tachonadel klettern. Wer jetzt nicht aufpaßt wie ein Luchs, kann nicht nur dem Motor, sondern auch sich selbst Schaden zufügen. Man achtet darum sehr genau auf den Ton des Motors und beobachtet auch, ob er bei zunehmendem Gas seine Drehzahl willig erhöht oder nur dumpfer brummt, oder ob er vielleicht sogar zu „zwitschern" (klingeln) anfängt. Vernimmt man diese Zeichen, muß der Vollgasversuch abgebrochen und nach einigen Kilometern Fahrt erneut unternommen werden.

Läßt man in der eben beschriebenen Situation das Gas aufgedreht, frißt sich der Kolben binnen weniger Sekunden im Zylinder mit schrillem, kreischendem Geräusch fest; und wenn man das nicht vorher spürt, landet man auf der Fahrbahn! Solch ein Klemmer kommt blitzschnell, indem der Kolben durch zu starke Erwärmung „wächst" und im Zylinder nicht mehr genug Bewegungsfreiheit hat. Begünstigt wird das urplötzliche Festgehen des Kolbens durch abruptes Gaswegnehmen. Das ist besonders dann der Fall, wenn der Motor vorher stark gefordert wurde. Das plötzliche Gaswegnehmen bei hoher Motordrehzahl führt dazu, daß Innenkühlung (durch das fast wegbleibende Kraftstoff-Luft-Gemisch) und Schmierung (kaum Kraftstoff, kaum Öl) nicht mehr ausreichen. Dann packt der Klemmer zu, und wer da nicht im gleichen Augenblick (besser noch vorher) auskuppelt, macht eine Bruchlandung; ein bei vielleicht 90 oder 100 km/h blockierendes Hinterrad läßt keinen im Sattel!

Oberstes Gebot beim Einfahren: Zwei Finger immer griffbereit auf den Kupplungshebel legen (Zeige- und Mittelfinger), um gegebenenfalls schnell auskuppeln zu können! Bei einer Gespannmaschine ist das nicht einfach, weil auch die linke Hand den Lenkergriff kraftvoll umschließen muß, um Kurs halten zu können. Das asymmetrische MZ-Gespann mit rechts angeschlossenem Seitenwagen neigt zum Ziehen nach rechts. Zumindest bei Kurvenfahrt gehören deshalb alle Finger an den Griff!

Bei Verdacht auf einen sich ankündigenden Kolbenklemmer greift man schnell zu und zieht den Kupplungshebel! Selbst wenn bei getrennter Kupplung der Motor ausgeht, der Kolben also schon mehr oder weniger stark klemmt, hat man durch das blitzschnelle Auskuppeln meist einen direkten Schaden verhindert. Die Maschine muß in diesem Falle mit dem vorhandenen Schwung weiterrollen. Die Abkühlung des Zylinders auf dieser kurzen Strecke genügt fast immer, um leichte Klemmer zu lösen und den Motor mit vorsichtigem (!) Einkuppeln wieder in Gang zu setzen. Anschließend freilich muß man erst einmal jeden Belastungstest unterlassen. Ganz allmählich nur darf man dem „angekratzten" Motor wieder mehr zumuten; denn zunächst müssen sich die vorhandenen Druckstellen vom Klemmer bei relativ vorsichtiger Fahrweise verlieren. Die Einfahrphase verlängert sich natürlich durch einen derartigen flüchtigen Klemmer. Daran hat unbedingt zu denken, wen das Vollgasfieber packt. Etwas Zurückhaltung zahlt sich aus.

Eine Frage steht bei Motorradfahrern allgemein im Raum: Kann man einen MZ-Motor durch schaltfaules, drehzahlarmes Fahren tatsächlich verderben bzw. bringen zu zahm eingefahrene Motoren später wirklich keine volle Leistung? In der Tat: Das richtige Einfahren läßt sich nicht nachholen!

Wichtigster Prozeß bei einem neuen Motor ist die Glättung der Kolbenlaufbahn im Zylinder. Der Kolbenhub – begrenzt vom oberen und unteren Totpunkt – bleibt aber über den gesamten Drehzahlbereich nicht konstant. Der Umkehrpunkt des Kolbens liegt, bedingt durch die auftretenden Fliehkräfte und Massenträgheitsmomente, bei sehr hohen

Drehzahlen um Millimeterbruchteile höher als bei niedrigeren Drehzahlen. Da sich aber mit zunehmendem Verschleiß am Umkehrpunkt eine fühlbare Stufe in der Zylinderwandung bildet, sorgen wir eben durch das richtige Einfahren dafür, daß die obere Kolbenkante auch bei höchsten Drehzahlen genügend Bewegungsfreiheit behält und nicht etwa an eine Verschleißstufe stößt, die ausschließlich von niedrigeren oder mittleren Drehzahlen (zu vorsichtiges Einfahren) fixiert worden ist.

Daß Zweitaktmotoren, denen über längere Zeit nie die volle Leistung abverlangt wurde, auch deshalb müde werden, weil Ölüberschuß und ungenügende Betriebswärme selbst bei einem Gemisch von 50:1 zu erhöhter Rückstandsbildung im Auslaßsystem führen, kommt noch hinzu.

Fahren nach Drehzahlmesser

Wer eine MZ gewählt hat, die einen Drehzahlmesser (Bild 1-9) besitzt, will dieses zusätzliche Anzeigeinstrument verständlicherweise auch zum besseren Fahren nutzen. Dem allerdings muß eine rechnerische und fahrpraktische Übung vorausgehen. Erstens muß man sich einprägen, bei welcher Drehzahl der Motor am besten zieht (maximales Drehmoment), und zweitens sollte man wissen, bei welcher Drehzahl er seine maximale Leistung abgibt. Älteren Drehzahlmessern fehlt noch eine entsprechende farbige Markierung. Aber auch wer die Drehzahlmarken kennt, muß dennoch fahrpraktisch trainieren, wie man den Drehzahlmesser einen Augenblick lang mit den Augen streifen kann, ohne hierbei den Blick gänzlich von der Fahrbahn zu nehmen. Das geht tatsächlich. Gerade MZ-Fahrer, die zum ersten Mal nicht nur die Tachometernadel, sondern auch die Drehzahlmesseranzeige beobachten, fesselt die Anzeige des zweiten Instruments während der Fahrt oft viel zu lange. In diesem Falle ist die Gefahr groß, das Verkehrsgeschehen oder den Sraßenverlauf nicht exakt zu erfassen. Tourenzähler-Training muß also sein!

Bild 1-9 Der Drehzahlmesser – hier bei der MZ ETZ 250 – kann helfen, die Motorleistung besser auszunutzen, wenn der Fahrer die notwendigen Zusammenhänge kennt

Der Drehzahlmesser läßt gut erkennen, wie Drehzahl und Spurtvermögen beim Überholen sowie Drehzahl und Kletterqualität an Steigungen unmittelbar zusammenhängen. Bald hat man heraus, wann jeweils hinauf- oder herunterzuschalten ist, wenn alle Motorreserven gebraucht werden. Dafür ein Beispiel. Überholvorgänge sollen in kürzester Zeit abgewickelt werden. Das ist nur mit maximaler Beschleunigung, d. h. mit Hilfe aller Kraftreserven des Motors, möglich. Der Blick auf den Drehzahlmesser läßt den Fahrer in einer solchen Situation nun sofort erkennen, wieviel Drehzahl- bzw. Kraftreserven im gerade gefahrenen Gang noch zur Verfügung stehen. Er weiß, ob es genügt, nur mehr Gas zu geben oder ob es notwendig ist, einmal oder vielleicht sogar gleich zweimal herunterzuschalten, um die benötigte Kraft zu gewinnen.

Pendelt die Nadel des Drehzahlmessers noch deutlich unterhalb der Marke des maximalen Drehmoments des Motors (z. B. weit unter 5 200 U/min bei der ETZ 250), so nützt das weitere Gasgeben nichts; der Motor würde die Maschine nicht flott genug beschleunigen. Man kann nur herunterschalten und auf diese Weise für Drehzahlzuwachs sorgen. Erst nahe 5 500 U/min entwickelt der Motor die Kraft, die für ein zügiges

Überholen gebraucht wird. Ist der richtige Gang „drin", dreht der Motor dann auch kraftvoll hoch, wenn der Gasdrehgriff entsprechend aufgedreht wird. Hat die Nadel des Drehzahlmessers aber die Tourenzahl der maximalen Leistung oder gar schon Überdrehzahlen (z. B. 6 000 bis 7 000 U/min denkbar!) erreicht, so ist der Zeitpunkt zum Hochschalten gekommen. Der nächsthöhere Gang findet in diesem Falle mit Sicherheit Anschluß.

Vom guten Fahrstil

Motorradfahrer sind durch Sattel (oder Sitzbank), Lenker und Fußrasten zu einer mehr oder weniger günstigen Sitzposition verurteilt. Krampfhafte Haltung macht unsicher; denn es gilt ja, die über 100 kg schwere Maschine im öffentlichen Straßenverkehr gut zu dirigieren. Richtige Haltung fördert die Beherrschung der Maschine bzw. das ermüdungsfreie Fahren (Bild 1-10).
Schnelle Leute ducken sich gern auf ihren Maschinen, schwenken die Ellenbogen nach außen, verdrehen dabei die Handgelenke und verspüren dann auch bald Rückenschmerzen, Ziehen am Hals und an den Handgelenken. Auch die Beine leiden unter dieser Rennfahrerhaltung; sie neigen zum Einschlafen. Bei längeren Fahrten kann das zu Durchblutungsstörungen führen.

Wie man sitzt, so fährt man

Wie sitzt man richtig auf dem Motorrad? Die Ellenbogen werden leicht angewickelt, damit sie federn können, wenn es holprig wird. Dadurch kommt schon eine natürliche, leicht nach vorn geneigte Haltung zustande. Wenn dann noch die beiden Knie dort sind, wo sie hingehören, und dort auch bleiben, wenn es brenzlig wird, ist im Prinzip eigentlich alles in Ordnung. Wer jedoch fast auf dem Tank sitzt, braucht sich beispielsweise nicht über einen flatternden Lenker zu wundern; die Lastverteilung ist ungünstig.
Wer gern eine Sozia mitnimmt (der gewöhnlich nicht nur der Schutzhelm, sondern auch jegliche Mitfahrerpraxis fehlt), um ihr fahrerisches Draufgängertum zu zeigen, der treibt die Gefährdung der Besatzung auf die Spitze. Viel besser ist, unerfahrene Mitfahrer einzuweisen; denn sicher über die Runden kommt man nun mal auf zwei oder drei Rädern nur, wenn Fahrer und Mitfahrer immer das Richtige für die Balance tun. Und das nicht nur bei Geradeausfahrt und in Kurven, sondern auch in Situationen, die ein plötzliches Ausweichmanöver oder andere

Bild 1-10
Das ist keine gute Sitzposition, auch nicht beim Start

Blitzreaktionen erfordern. Kurz: Man kann als Fahrer keinen Mitfahrer brauchen, der sich weder richtig festhält, noch mit dem Fahrer bei Kurvenneigung mitgeht, ja der womöglich auf die letzten Zentimeter der Sitzbank gerutscht ist, sich weit nach hinten hinauslehnt und sich zur Krönung des Ganzen in Kurven auch noch genau nach der falschen (kurvenäußeren) Seite neigt.
Haltung auf dem Motorrad ist eine Tugend für Fahrer und Mitfahrer. Die komplette Besatzung muß sich bewähren!

Bild 1-11 Wenn Fahrer und Maschine in Kurven eine Einheit bilden, ist hinsichtlich der Fahrsicherheit schon viel gewonnen

Im Prinzip könnte es unberührt lassen, wenn manche MZ-Fahrer einen individuellen Fahrstil demonstrieren, solange sie vorsichtig und rücksichtsvoll sind. Aber auch falscher Umgang mit einem Motorrad ist unfallträchtig! So manche MZ fährt mit ihrem Fahrer – nicht umgekehrt. Diesen Fahrern sieht man die Hilflosigkeit direkt an. Sie hängen verkrampft und ängstlich am Lenker, entschlossen, heikle Situationen tunlichst zu vermeiden. Aber gerade überängstliche Abwehrhaltung birgt Unsicherheiten und Anwartschaft auf einen Sturz in sich (Bild 1-11).

Konzentriert sein

Man muß grundsätzlich immer auf alles gefaßt sein. Deshalb fummelt man eben nicht mit der Linken während der Fahrt hinten am Gepäckträger herum, um festzustellen, ob Koffer oder Campingsack noch fest genug am Riemen hängen. Auch den Austausch von Zärtlichkeiten mit der Sozia verschieben wir bis zur nächsten Rast. Wenn wir fahren, konzentrieren wir uns voll auf die Fahrt, um alle Situationen nicht irgendwie, sondern schnell, sicher und souverän zu meistern.
Wer in sogenannter Erwartungshaltung fährt, also immer reaktionsbereit ist und sich durch nichts ablenken läßt, gewinnt Sicherheit. Er kann z. B. viel spontaner bremsen, weil nicht erst eine sprichwörtlich „lange Leitung" überwunden werden muß.

Blitzstarts

Unter Blitzstarts, bei denen das Vorderrad vom Boden abheben kann (Gefahr!), leidet die Kette, aber auch sehr noch manches andere Antriebsteil, beispielsweise die Kupplung, das dämpfende Mitnehmerstück aus Gummi am Hinterrad, der Hinterradreifen. Sogar Sozias gingen bei Blitzstarts schon „verloren"!
Wir sind dafür, daß eine MZ flott bewegt wird. Ihr Leistungsvermögen soll ja nicht nur Prospektwert behalten. Aber ihre volle Kraft darf man erst dann wecken, wenn sich die Räder bereits drehen.
Schon manch einem ist bei hohem Tempo unvermittelt die Kette gerissen, weil vorausgegangene Blitzstarts immer und immer wieder an ihr zerrten und schließlich ihre Glieder brachen. Bei nasser Fahrbahn nimmt das Davonkatapultieren der Kette dem Hinterrad überdies die Bodenhaftung. Bei der großen MZ kann es selbst noch im zweiten oder dritten Gang passieren, daß das Antriebsrad auf nassem Pflaster durchrutscht. Akute Sturzgefahr!

Fahrt zu zweit

Wer nicht über eigene Soziuserfahrung verfügt, kann nie für sich in Anspruch nehmen, ein versierter Motorradfahrer zu sein. Eine längere Tour im Rücken eines Fahrers mitzuerleben, macht fahrerische Unsitten oder direktes Fehlverhalten deutlich und kann zur kritischen Überprüfung der eigenen Fahrgewohnheiten veranlassen.

Der gute Fahrer zeichnet sich auch durch seine Rücksichtnahme auf den Mitfahrer aus. Sie fängt an beim Start – er wird weniger schwungvoll absolviert, weil dem Sozius oder der Sozia ja der breite Lenker zum Festhalten fehlt – und hört auch mit öfter eingelegten Fahrtpausen noch nicht auf.

Mitfahren ist anstrengender als Fahren! Eine Non-Stop-Fahrt über 200 km ist für einen Sozius (oder eine Sozia) schon eine echte sportliche Leistung, die so viel Zähigkeit, Geduld und Disziplin verlangt wie eine doppelt so lange Tour für den Fahrer. Daran sollte jeder denken, der jemanden hinter sich hat (Bild 1-12).

Bild 1-12 Wenn die Sozia öfter die MZ besteigt, sollte sie ebenso zweckmäßig gekleidet sein wie der Fahrer; Schutzhelm und Sonnenbrille reichen nicht aus

Federhärte: Wie sitzt der Mitfahrer? Wenn seine Sitzposition grundsätzlich auch abhängig ist von der Sitzgelegenheit und prinzipiell nicht beeinflußt werden kann, denn an der MZ lassen sich die Fußrasten nicht verstellen, so erleichtert es das Mitfahren, wenn die Federhärte der hinteren Federbeine und der Innendruck im Reifen der Belastung des zweiten Sitzes angepaßt werden. Bei zu weichen Federn und zu geringem Reifeninnendruck gibt es nicht nur Durchschläge, sobald die Fahrbahn sehr uneben wird, sondern auch der Mitfahrer rutscht ständig, vor allem beim Anfahren und Beschleunigen, zum Sitzbankende, weil das Heck der Maschine zu sehr eintaucht. Stimmt diese Anpassung nicht, kann der Lichtkegel des Scheinwerfers nachts außerdem den Gegenverkehr blenden.

Übrigens: Der Haltebügel der ETZ verführt einen Mitfahrer leicht dazu, sich nach hinten hinauszulegen und Berührungskontakt mit dem Fahrer zu meiden. Das aber beeinträchtigt die Fahrstabilität.

Beobachtungserfahrungen

Ein Motorradfahrer muß immer alles im Auge haben, was sich vor der Maschine abspielt oder zusammenbraut. Ein Auge erfaßt das Geschehen unmittelbar vor der Maschine (Nahbereich – Schlaglöcher, Pfützen, Ackerklumpen u. a. m.), während das andere bereits den Horizont abtastet, um aus Straßenverlauf, Voraus- und Gegenverkehr, Verkehrszeichen, Richtungspfeilen und Wegweisern bereits die ersten Schlußfolgerungen zu ziehen. Dieser vorausschauende Blick ist ebenso wichtig wie die Orientierung auf das Geschehen unmittelbar vor dem Vorderrad. Erst wenn beide Blicke ein umfassendes Bild der Verkehrssituation vermitteln, wozu auch der Blick zurück in den Spiegel gehört, und die Verkehrsverhältnisse es gestatten, kann man das Beschleunigungsvermögen seiner MZ nutzen (Bild 1-13 und Bild 1-14).

Bild 1-13 Sicher, die beiden Fußgänger haben den MZ-Fahrer gesehen, aber bleiben sie auch stehen? Der vorsichtige Fahrer rechnet nicht damit und bremst für alle Fälle

Sprinten und Überholen

Wir können schnell sein mit unserer MZ! Aber nicht Höchstgeschwindigkeit ist damit gemeint, denn „aufdrehen" können auch Pkw-Fahrer. Wenn ihnen keine gesetzlichen Schranken gesetzt wären, gäben sie uns bei einem Tempovergleich häufig das Nachsehen. Selbst die große MZ würde einen Tempovergleich mit dem 50-PS-Wartburg auf der Autobahn kaum für sich entscheiden. Darauf lassen wir es also gar nicht erst ankommen. Dafür gibt es andere Gelegenheiten, bei denen wir Motorradfahrer besser dran sind.

Bleiben wir beim Beispiel Wartburg/MZ. 920 kg Leermasse und 50 PS stehen beim Wartburg zu Buche; das sind 18,4 kg/PS. Demgegenüber brauchen die 19 PS der TS 250/1 nur mit 130 kg fertig zu werden. Das sind 6,8 kg/PS; also weniger als die Hälfte. Bei der kleinsten MZ, der TS 125, sieht das Angebot so aus: 109 kg und 10,0 PS; also 10,9 kg/PS. Selbst sie ist also dem Wartburg, der schon zu den Sprintern unter den Alltagsautos zählt, im Masse-Leistungsverhältnis überlegen. Diese Überlegenheit zeigt sich beim Beschleunigen. Aus dem Stand heraus erreicht die kleinste MZ nach 12 bis 13 s eine Geschwindigkeit von 80 km/h; der großen MZ genügen dazu 7,3 s; stets natürlich unter der Voraussetzung, daß die Gänge richtig ausgefahren werden, so daß die einzelnen Getriebestufen (1. bis 3. Gang) optimalen Anschluß finden. Kuppeln und Schalten müssen in diesem Falle blitzschnell erfolgen. Und der Wartburg? Er schafft Tempo

80 erst nach 15 s. In der Praxis verliert er durch die mögliche Zuladung von vier Personen plus Gepäck noch mehr an Temperament.

Das vergleichsweise raketenhafte Beschleunigungsvermögen der MZ-Maschinen gegenüber den Pkw macht uns fahrerisch überlegen, wenn wir es klug nutzen. Anderenfalls wird uns das Temperament dieser Maschinen augenblicklich zum Verhängnis. Wer das nicht glaubt und vielleicht sogar meint, ihm sei ein besonderes fahrerisches Talent mitgegeben, der sollte sich an die Realitäten des Physikunterrichts erinnern: Wunder gibt es nicht, und wunderbare Fahrer werden nicht geboren, sondern wachsen nur mit Klugheit, Beherrschung, Selbstkontrolle und Erfahrung in eine solche Rolle hinein.

Überholen: Beim Überholen können wir einen unserer Trümpfe ausspielen: das gute Beschleunigungsvermögen der MZ; denn ein zügiges Überholen fördert die Sicherheit im Straßenverkehr.

Können wir nicht aus der Fahrt heraus zum Überholen ansetzen, sondern müssen erst auflaufen, abbremsen, um uns nach vorn zu orientieren, brauchen wir danach viel Beschleunigung zum Vorbeifahren. Sie aber gewinnt man nicht mit „langer“ Übersetzung (4. bzw. 5. Gang), sondern nur mit einem Startgang, der schon Motordrehzahlen nahe dem maximalen Drehmoment sichert. Von diesem Punkt aus dreht der Motor dann kraftvoll hoch, sorgt für den gewünschten raschen Tempozuwachs und erlaubt auch ein Hochschalten. Dem Motor schadet es nicht im geringsten, wenn wir während des Überholvorgangs in einem Gang einige Zeit lang Vollgas geben und die Höchstdrehzahl erreichen. Auf diese Art ist der Überholvorgang aber schnell abgeschlossen; denn alle Leistung, die wir für einen schnellen Überholvorgang brauchen, gibt die MZ erst in den oberen Drehzahlbereichen her.

Wieviel PS bietet beispielsweise die Fünfgang-TS 250 an, wenn sie mit 60 km/h im fünften Gang bewegt wird? 9 PS – mehr nicht! Wo soll da eine blitzschnelle Beschleunigung herkommen, wenn zum Überholen nur mehr Gas gegeben und nicht heruntergeschaltet wird? Im Prinzip ist das bei allen MZ-Typen so.

Dank dem guten Beschleunigungsvermögen unserer MZ können wir also auch dort noch gefahrlos überholen, wo das Pkw-Fahrern nicht mehr möglich wäre. Das Beschleunigungsvermögen ihrer Fahrzeuge ist zu gering. Beobachten sie uns jedoch, gibt es verständnisloses Kopfschütteln. Nähren wir solche Reaktionen, die auf Unkenntnis basieren, nicht durch Wagnisse, indem wir uns gerade noch „vorbeiquetschen“, sondern demonstrieren wir durch kluge, präzise und sichere Überholmanöver, wie überlegen unsere MZ mit ihrem Temperament gegenüber

Bild 1-14 Schon beim Losfahren bringt ein kurzer Blick nach hinten den besseren Überblick als ein Blick in den Rückspiegel

den Vierrädrigen ist. Wir sagten es schon einmal: Sicherheit zählt, sonst nichts! Das gilt sinngemäß auch, wenn wir überholt werden.

Kurvenfahren

Ausgerechnet dort, wo Motorradfahren den meisten Spaß macht – in Kurven –, versagen viele. Über ein Drittel aller Motorradunfälle haben eine unbewältigte Kurve zur Ursache. Kaum ein Motorradfahrer aber wird wohl zugeben, das Kurvenfahren nicht im Griff zu haben. Offensichtlich werden unbewußt Fehler gemacht.
Worauf kommt's an? Ohne uns zu sehr mit physikalischen Zusammenhängen beschäftigen zu wollen, muß allen MZ-Fahrern klar sein: Damit die beiden Reifen in der Kurve den gewünschten, vom Kurvenverlauf bestimmten Kurs halten können, wird Haftreibung zwischen dem Reifenprofil und der Fahrbahn gebraucht. Je mehr, desto besser. Die Haftreibung ist es, die Fliehkräfte abfängt, die Lenkkorrekturen zuläßt, Brems- oder Beschleunigungskräfte überträgt. Hört sie auf, kommt es zur Gleitreibung. Motorradfahrer sprechen vom Rutschen. Wenn das mitten in einer Kurve passiert, ist der Traum aus, ein Sturz kaum noch vermeidbar.
Die Haftreibung gilt es unter allen Umständen zu erhalten. Also müssen Kurvenradius (eng oder weit) und Kurvengeschwindigkeit zueinander passen. Wer mit zu großem „Dampf" in eine Kurve „sticht", die sich dann als überraschend eng erweist, muß den aufkommenden Fliehkräften mit recht beachtlicher Schräglage begegnen. Sie aber hat ihre Grenzen in der Griffigkeit des Fahrbahnbelags. Auf trockener, griffiger Rauhbeton- oder Asphaltdecke mögen es die Profilstollen des Reifens noch schaffen, sich fest genug zu verkrallen und die Haftreibung zu erhalten. Auf blanken Pflastersteinen, selbst trockenen, klappt das vielleicht schon nicht mehr, und ganz tückisch wird's eben auf allen Fahrbahnbelägen, wenn zusätzlich Staub und Feuchtigkeit oder auch nur Nässe im Spiel sind. Solche Zwischenlagen mögen Reifen gar nicht. Da geht die Post schon bei harmlosen Schräglagen ab – eine physikalische Normalität. Kurventalent ändert daran gar nichts (Bild 1-15).
Der erfahrene MZ-Pilot läßt es auf Überraschungen in Kuven gar nicht erst ankommen. Er kalkuliert ein, daß der Fahrbahnbelag gerade mitten in der Kurve, deren Verlauf er überdies meist nicht kennt, wechselt.

Bild 1-15
Belagwechsel in Kurven ist keine Seltenheit; Fahrgeschwindigkeit und Schräglage – beide voneinander abhängig – müssen die möglicherweise schlechteren Bedingungen berücksichtigen

Selbst ausgebesserte Stellen können zur Tücke werden. Der Trick mit mehr Schräglage, den manche für mutig und meisterhaft halten, klappt nicht, wenn der Grad der Griffigkeit des Belags, der unter die Reifen kommt, mehr oder weniger zu wünschen übrig läßt. Die Haftreibung kann um weit mehr als die Hälfte (trockene Fahrbahn als Ausgangspunkt genommen) sinken, wenn die Fahrbahn naß oder in irgendeiner Form schmierig ist (Resthaftreibung bis zu 20 Prozent!). Solche Restbestände an Haftreibung werden dringend für die Seitenführung der Reifen gebraucht. Vielleicht reichten sie noch, die sich aufbauenden Fliehkräfte abzufangen. Wehe dem aber, der in solch angespannter Situation einer bereits recht labilen Schräglage noch „den Anker wirft" und bremst, weil ihm die Sache zu ungemütlich wird! Bremskräfte können bei stark reduzierter Haftreibung mitunter noch nicht einmal andeutungsweise übertragen werden, ohne zu Fall zu kommen. Ähnlich sieht's mit dem Beschleunigen aus.

Wer sich also in Kurven tempomäßig übernommen hat, sollte bei kritischem Fahrbahnzustand die Bremsen aus dem Spiel lassen und lieber versuchen, die Kurve auf möglichst weitem Radius (rechte Fahrbahnhälfte nie verlassen!) vielleicht doch noch zu kriegen. Und wenn schon gebremst werden muß (da ist oft die Angst auslösendes Moment), dann bitte aber nicht schroff, sondern äußerst sanft und mit beiden Bremsen! Die Blockiergefahr ist groß, wenn die Reifen nur vom Rest der Haftreibung zehren können.

Das sicherste Kurvenrezept ist immer noch, mißtrauisch zu sein, vor der Kurve ausreichend Tempo zu opfern und erst ab Kurvenscheitelpunkt wieder zu beschleunigen, wenn die Luft rein ist.

Merken sollten wir uns, daß die Reifen der MZ nicht alle ihnen zugedachten Aufgaben gleichzeitig mit maximalem Erfolg lösen können. Entweder beanspruchen wir sie bei einer Notbremsung voll zur Übertragung der Bremskräfte, oder aber wir muten ihnen eine größte Kurvenschräglage zu und nehmen ihre Seitenführungskraft voll in Anspruch.

Maximales gleichzeitig von den Reifen zu verlangen, wäre eine Fehlspekulation. Der Kraftschlußkreis (Bild 1-16) macht das deutlich. Auf diesem Bild ist aus der linken Skizze abzulesen, wie große Bremskräfte geradezu bedingen, daß die Seitenführungskraft der Reifen in solchen Augenblicken starker Bremsverzögerung erheblich abnehmen muß. Die rechte Skizze veranschaulicht, daß sich die Verhältnisse bei nasser Fahrbahn generell und ganz beträchtlich verschlechtern. Die Reifen sind dann von vornherein gehandicapt, weil sie eben nur noch 60, 50 oder gar nur 40 Prozent der ihnen übertragenen Aufgaben – je nach Art der Nässe bzw. des regennassen Fahrbahnbelages – erfüllen können. Das ist ganz objektiv bedingt und basiert auf physikalischen Zusammenhängen (Haftreibung!). Mit fahrerischem Talent lassen sich die Verhältnisse nicht verbessern. Ein Könner ist vielmehr derjenige, der rechtzeitig bemerkt, daß und wie sich die Bedingungen fürs Bremsen und Kurvenfahren verschlechterten und der

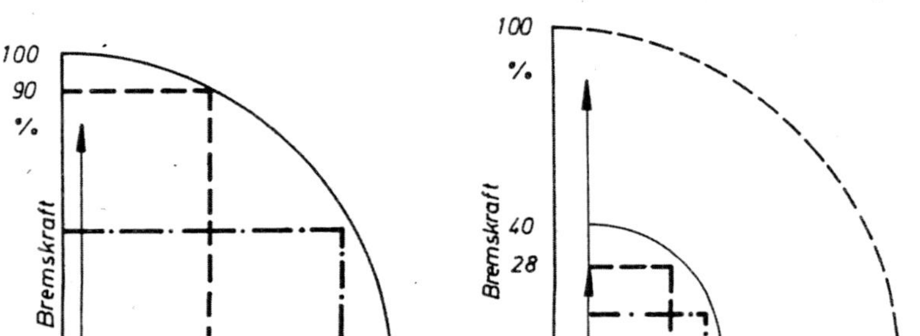

Bild 1-16
Seitenführungs- und Bremskräfte der Motorradreifen bei griffigem, trockenem (links) und nassem Fahrbahnbelag (rechts)

diese frühe Erkenntnis in einen dementsprechenden Fahrstil umsetzt. Konkret heißt das: Vorsichtig runter mit der Geschwindigkeit, in Kurven weniger Schräglage, gefühlvolleres Beschleunigen und ebensolches Bremsen!

Das bessere Tempo

Als Fahrer eines flinken Motorrades sollten wir uns immer wieder vor Augen halten, daß unser eigenes Verhalten unterwegs auf den Straßen ganz wesentlich mit dazu beitragen kann, ob andere Verkehrsteilnehmer – Motorisierte, Radfahrer, Fußgänger – mit Fingern auf alle Zweirädrigen zeigen oder ob sie uns Anerkennung zollen.
Unser Ruf ist nicht der beste. Motorradfahrer gelten gemeinhin als leichtsinnig, ehrgeizig und wenig rücksichtsvoll. Und sie sind, so heißt es, immer die Schnellsten. Sicher, oft ist Voreingenommenheit im Spiel, wenn solche Bilder von Motorradfahrern gezeichnet werden. Aber noch gibt es eine ganze Menge schwarzer Schafe unter uns, und das sollte jeden von uns veranlassen, deren kritikwürdigen Fahrstil mit eigenem guten Beispiel einigermaßen wettzumachen. Das kann mit betonter Rücksichtnahme gegenüber anderen Verkehrsteilnehmern geschehen, vor allem aber mit gezügeltem Tempo, mit der vielzitierten angepaßten Geschwindigkeit.
Was heißt das? Zuerst wohl, daß die jeweils zulässige Höchstgeschwindigkeit keine verbindliche Norm ist. Wo Tempo 80 erlaubt ist, müssen wir nicht unbedingt auch mit dieser Geschwindigkeit fahren. Solche Praxis ignorierte die Grundvoraussetzung für jedes Tempolimit, nämlich, daß die entsprechenden Bedingungen gegeben sein müssen: guter Fahrbahnzustand, ausreichende Sicht, eine klare Verkehrssituation, ein normal beladenes Motorrad, genügend Fahrpraxis, Ausgeruhtsein des Fahrers, ein Mindestmaß an Motorraderfahrung beim Mitfahrer und anderes mehr.
Auch Vorbilder taugen nicht unbedingt zur Nachahmung. Der Schnellere, der uns irgendwo überholt, hat vielleicht eine viel umfassendere Fahrerfahrung, ist womöglich noch wesentlich besser fit, weil er noch nicht seit Stunden unterwegs ist wie wir. Das sollte uns alles durch den Kopf gehen. Blinder Eifer, das Hinterrad eines Überholers nur ja nicht aus den Augen zu verlieren, schadet, beeinträchtigt die Konzentration und läßt leicht etwas Wichtiges übersehen. Und dann ist – keiner will's recht fassen – der erste Unfall da!
Reue kommt in der Regel zu spät. Wir sollten uns v o r h e r zum Prinzip machen, immer nur so schnell zu fahren, wie wir es absolut vertreten können, denn das von der StVO zugebilligte Tempo kann unter konkreten Fahrbedingungen in der Tat viel zu schnell sein. Lassen wir die Schnelleren ruhig ziehen. Selten sind es die besseren Fahrer.

Grundregel: Nie die von der StVO fixierten Tempogrenzen überschreiten (auch beim Überholen anderer nicht) und immer bedenken, daß wir unsere Maschine in jedem Falle, bei jedem Wetter und jedem Fahrbahnzustand, auf jenem Fahrbahnabschnitt sicher zum Stehen bringen müssen, den wir einsehen können und der als frei erkannt worden ist. Wenn der Bremsweg länger als der Sichtweg sein würde, wäre unsere Rechnung ein Wagnis. Sie ginge irgendwann einmal nicht auf.

Richtig bremsen

Autofahrer brauchen die Handbremse ihres Wagens nur dazu, ihn gegen Wegrollen zu sichern. Sie ist eine Feststellbremse. Die Handbremse unserer MZ ist die eigentliche Betriebsbremse und mit der Fußbremse beim Auto zu vergleichen, auch wenn sie eben nur auf e i n Rad der Maschine wirkt.
In der Annahme, daß man mit dem rechten Fuß ganz andere Bremskräfte auslösen könne als mit der rechten Hand, bremsen viele Motorradfahrer vorwiegend mit der Fußbremse. Die Handbremse wird vernachlässigt. In schwierigen Situationen rächt sich dieser grundsätzliche Fehler im Um-

Tabelle 1-3: Bremsverzögerungswerte (BV) und Bremswege (BW) einiger MZ-Typen bei einer Ausgangsgeschwindigkeit von 40 km/h

Fahrzeugtyp	Vorderradbremse		Hinterradbremse		beide Bremsen	
	BV (m/s^2)	BW (m)	BV (m/s^2)	BW (m)	BV (m/s^2)	BW (m)
TS 125/150	5,8	10,6	4,0	15,3	7,3	8,5
TS 250/1	7,9	7,0	4,0	14,0	9,3	6,0
TS 250 Gespann	4,6	13,3	4,9	12,5	9,0	6,5

gang mit beiden Bremsen, denn wer die Handbremse nur für den Notfall in Reserve hält (zur gelegentlichen Unterstützung der Hinterradbremse), kann niemals perfekt mit ihr zu Werke gehen. Ihm fehlt's an Training, an dem nötigen Feingefühl in der rechten Hand, das eben gerade immer dann gebraucht wird, wenn der Fahrbahnzustand kritisch ist (Nässe, Schmiere). Wer die Handbremse selten einsetzt, verschenkt Sicherheit! Die Tabelle 1-3 verdeutlicht das.

Woran liegt's, wenn mit der konstruktiv gleichen Trommelbremse im Vorderrad so überzeugend kürzere Bremswege erreicht werden? Während das Hinterrad beim Bremsen mit der Fußbremse entlastet wird, deshalb relativ schnell blockiert und wie ein Radiergummi rutscht (keine Spursicherheit mehr), wird das abgebremste Vorderrad kräftig auf die Fahrbahn gepreßt. Man spürt's am Eintauchen der Teleskopgabel. Unter dieser Voraussetzung kann man der Vorderradbremse bedeutend mehr „anbieten", ohne Gefahr zu laufen, das Rad zu blockieren. Die anwachsende Radlast verbessert die Haftreibung und läßt auf nasser Straße noch beträchtliche Bremskräfte übertragen. Blockieren darf das Vorderrad aber nie!

Intervall-Bremstechnik: Trotz angepaßter Fahrgeschwindigkeit kommt es bei Nässe und Glätte vor, daß wir relativ stark bremsen müssen, um beispielsweise nicht auf ein aus der Spur geratenes Auto aufzufahren oder auch einen möglicherweise unmittelbar vor uns zu Fall gekommenen Zweiradfahrer nicht anzufahren. Ausweichen ist manchmal nicht möglich. Wir brauchen dann beide Bremsen. Und damit wir bei der reduzierten Haftreibung zwischen Reifen und Fahrbahn (Regen, Schnee, Schmiere) die abgebremsten Räder nicht blockieren, lassen wir Hand- und Fußbremshebel zwischendurch immer wieder ganz kurz los, um gleich danach erneut zu bremsen. Diese Intervall-Bremstechnik ist die einzige Rettung in Situationen, in denen Rutschgefahr droht. Sie muß man trainieren, sonst regiert im Ernstfall nur die Angst, nicht das Können.

Bremsen mit dem Motor: Beim Gaswegnehmen bremst auch ein Einzylinder-Zweitaktmotor, obwohl er in dieser Hinsicht mit Viertaktmotoren nicht konkurrieren kann. Das Bremsen mit dem Motor kann bei glatter Fahrbahn und bei Bergabfahrten eine Hilfe sein. Gaswegnehmen reicht allerdings fast nie aus, man muß auch herunterschalten, eventuell mehrmals.

Störend wirkt bei Zweitaktmotoren das Nachschlagen, sobald mit Leerlaufgas gefahren bzw. der Motor vom Schwung der Maschine geschoben wird. Ursache sind vereinzelt zustandekommende Zündungen. Aus diesem Grunde plädiert MZ für eine Gasschiebereinstellung, die keinen Leerlauf, dafür aber ein besseres Bremsen mit dem Motor sichert. Der Drehgriff wird dabei so eingestellt, daß der Motor ausgeht, wenn man ihn bis zum Anschlag zudreht. Der völlig geschlossene Gasschieber verhindert die Füllung des Brennraumes mit zündfähigem Gemisch. Die Zündkerze funkt gewissermaßen ins Leere. Da der Kolben bei jeder Kurbelwellenumdrehung aber trotzdem gegen

die erhebliche Kompression ankämpfen muß, wird der Motor – vor allem in den unteren Gängen – zu einer nützlichen Zusatzbremse.
Beim Anhalten mit laufendem Motor ist natürlich immer ein wenig Gas zu geben, damit der Motor nicht ausgeht. Der Gasdrehgriff läßt sich über eine Klemmschraube aber so einstellen, daß die rechte Hand auch vom Griff genommen werden kann, ohne daß dieser sich zudreht. Unnötig ist es auf jeden Fall, vor roten Ampeln oder bei anderen Zwischenstopps nervös am Gasdrehgriff zu spielen, als drohe der Motor auszugehen. Das kostet nur mehr Kraftstoff und belastet die Umwelt mit zusätzlichem Geräusch und Abgas.
Anhaltendes Bremsen mit dem Motor (kilometerlange Gefällestrecke) darf freilich nicht vergessen lassen, daß die Kolbenlaufbahn Schmierung braucht. Wenn das Frischgas fehlt, fällt der Ölnachschub aus. Der Motor zehrt von den in ihm vorhandenen Schmierreserven. Wenn er aber unmittelbar zuvor stark gefordert worden ist (schnelle Fahrt mit hohen Drehzahlen), stark erhitzt ist und nun mit einem Schlag in Sachen Öl auf Magerration gebracht wird, nimmt er das eventuell übel. Kolbenklemmer sind nach strammer Fahrt bei völligem Gaswegnehmen selbst bei längst eingefahrenen Motoren nicht auszuschließen. Und weil man lange nach der Einfahrphase gar nicht mehr mit solchen Möglichkeiten rechnet, können sie besonders gefährlich werden.

Bremslichtsignale: Daß bei der Intervall-Bremstechnik der nachfolgende Verkehr auffälliger gewarnt wird, ist von Vorteil. Ein mehrfach aufleuchtendes Bremslicht signalisiert viel deutlicher, daß die MZ abgebremst wird. Aber der Bremslichtkontakt saß bei den bisherigen MZ-Modellen nur in der Hinterradbremse. Er schloß den Stromkreis für die Bremslichtlampe also nur, wenn die Fußbremse betätigt wurde. Wer nur die Handbremse einsetzte, was wir in vielen Situationen für durchaus normal und absolut ausreichend ansehen (sie ist ja die eigentliche Betriebsbremse eines Motorrades), ließ den Nachfolgeverkehr ungewarnt. Sicher dachten viele MZ-Fahrer an solche Folgen nicht.

Bild 1-17 Bremslichtkontakt in der Vorderradbremse einer MZ TS 250; Vorbild zum Nachbauen

Warum auch, existiert doch keinerlei Bestimmung, die verlangt, in jedem Falle immer auch die Fußbremse mit einzusetzen.
Endlich gibt's den Bremslichtkontakt in der Vorderradbremse nun auch serienmäßig bei MZ. Erstmalig wurde die ETZ 250 in Luxusausführung 1983 damit ausgerüstet, und die mit Scheibenbremse ausgestattete ETZ erfüllt diesen Wunsch ohnehin.
Wer sich in seine MZ nachträglich einen solchen nützlichen Vorderradbremskontakt (Bild 1-17) einbauen möchte, kann die konstruktive Lösung im Hinterrad als Muster nehmen. Am Bremsschlüssel ist also eine Kontaktzunge anzuschrauben (Bohrung anbringen, nicht vorhanden!), der Bremsgegenhalter muß (wieder nach dem Vorbild beim Hinterrad) durchbohrt und mit der Bremslichtkontaktschraube versehen werden. Über den Bremslichtstecker (Serienteil) und möglichst flexibles Kabel bekommt das Bremslicht einen zweiten Anschluß (Masse). Über Klemme 54 des Zündschlosses bezieht die Bremslichtlampe den Strom. Sobald der Kontakt einer der beiden Bremsen geschlossen wird, leuchtet die Lampe auf (Kontakt stellt Masseverbindung her). Exakte Kabelverlegung ist wichtig. Das Ein- und Ausfedern der Telegabel muß Berücksichtigung finden. Einen Stiftkontakt im Handbremshebel (serienmäßige Lösung) halten wir für praktischer. Nachbauen läßt er sich nicht.

Gespannfahren

Der Führerschein der Klasse A – also für Motorräder aller Hubräume – berechtigt zwar auch, ein Gespann zu fahren, doch selbst wer jahrelang auf Solomaschinen fuhr und hierauf ein versierter Fahrer wurde, ist noch längst kein Gespannfahrer; eine Maschine mit Seitenwagen macht ihn wieder zum Anfänger. Bietet einem also jemand sein MZ-Gespann zu einer Probefahrt an, dann lehne man besser ab, wenn es nicht möglich ist, die Gespannbekanntschaft auf einem stillen Platz (ohne Gegenverkehr und Bordkanten) zu machen. Ein Gespann – auch das von MZ – fährt sich völlig anders als eine Solomaschine. Wer das nicht glaubt, kippt womöglich schon in der ersten Rechtskurve um. 10 000 km müssen wohl erst absolviert sein, ehe man die drei Räder wirklich einwandfrei beherrscht. Daran ändert selbst die längste Solopraxis nichts. Ehemalige Solofahrer sind anfangs bestrebt, jede Gefahrensituation mit Soloerfahrungen zu meistern; und das geht beim Gespann garantiert schief!

Kurvenfahrt: Das MZ-Gespann ist ein asymmetrisches Fahrzeug. Da nur das Hinterrad der Maschine angetrieben wird, das Seitenwagenrad zwar abgebremst werden kann, sonst jedoch nur auf der rechten Maschinenseite mitläuft, erfordert Gespannfahren eine spezielle Kurventechnik (Bild 1-18).

Links herum: Logischerweise schiebt die Masse des Superelastik-Seitenwagens (leer schon 85 kg, voll beladen 225 kg) das Gespann nach links, wenn das Gas plötzlich weggenommen wird. Der seitliche Schub muß mit dem Lenker ausgeglichen werden; sonst würde sich das Gespann dem linken Straßenrand nähern. Diese Eigenheit des Gespanns mit rechts angeschlossenem Seitenwagen kommt dem Fahrer bei Linkskurven entgegen. Am Kurvenbeginn braucht er nur das Gas wegzunehmen und den Lenker entsprechend dem Kurvenverlauf mehr oder weniger stark einzuschlagen. Der massenträge Seitenwagen versucht dann, gewissermaßen um die MZ herumzulaufen. Mit Linkskurven wird der MZ-Gespann-Neuling also geringeren Kummer haben.

Bodenberührung: Nachdem man mehrfach mit Schwung Linkskurven genommen hat, ohne daß es hierbei irgendwie brenzlig geworden wäre – vielleicht schob es nur die Maschinenräder etwas zur Seite –, kommt eines Tages der Moment, wo man ganz mutig wird. Beim Versuch, aus scharfer Anfahrt heraus das Gespann auf der Stelle nach links zu wenden, steckt der Superelastik-Sei-

Bild 1-18
MZ-TS-Gespann in einer Rechtskurve; Fahrer und Seitenwagenpassagier demonstrieren die richtige Körperhaltung

tenwagen seine Nase in den Sand; es gibt Bodenberührung an der Spitze des Seitenwagenaufbaus. So etwas hinterläßt zumindest Kratzer, im ungünstigsten Falle – aber da muß man schon enormes Tempo beim Wenden vorlegen oder vor Angst (völlig falsch!) bremsen – kommt es zu einem Überschlag. Bei solchen brutal-kurzen Wendemanövern hebt das Hinterrad der Maschine mehr oder weniger stark vom Boden ab. Man läßt es besser nicht darauf ankommen. Und wenn es schon geschieht, dann rettet kurzes, betontes Gegenlenken. Schaden hingegen kann es nicht, auf einem freien Platz, möglichst mit Grasnarbe (wegen eventueller Bodenkontakte des Seitenwagens), diese Grenzbereiche abzutasten oder zumindest zu erahnen.
Gespannfahrer müssen wissen, wann was passiert! Da helfen nicht allein theoretische Informationen, viel wertvoller sind eigene praktische Erfahrungen.

Rechts herum: Beim Durchfahren von Rechtskurven muß die Maschine um den Seitenwagen herumlaufen. Das geht glatt, wenn die Kurve nur mit so viel Geschwindigkeit angefahren wird, daß in der Kurve selbst noch Gas gegeben werden kann. Diese zunehmende Beschleunigung der Maschine und der durch seine Massenträgheit zurückbleibende Superelastik-Seitenwagen unterstützen den Lenkereinschlag. Dabei hat das Seitenwagenrad jedoch das Bestreben, vom Boden abzuheben; denn auch beim dreirädrigen Gespann wirken Fliehkräfte, wenn es plötzlich in eine Kurve gezwungen wird (Bild 1-19).

Hochkommender Seitenwagen: Ein hochkommender Seitenwagen erschreckt, solange der Fahrer aufgrund mangelhafter Fahrpraxis nicht damit rechnet. Aber gerade hierbei gilt es – um Schlimmeres zu verhüten – richtig zu reagieren. Sind zum Gegenlenken keine Voraussetzungen da (enge Kurve, Gegenverkehr usw.), hilft nur kräftigeres Beschleunigen (herunterschalten) und weitgehende Verlagerung des Körpergewichts in Richtung Seitenwagen. Konkret kann das bedeuten, daß man mit dem Allerwertesten in engen, zu schnell angefahrenen Rechtskurven sehr weit nach rechts rutschen muß. Sitzbankkontakt hat dann eventuell nur noch der linke Oberschenkel.
Dazu gehört, daß man sich mit dem rechten

Bild 1-19
Erste Bekanntschaft mit den Eigenheiten des Gespanns läßt sich am besten auf einem freien Platz schließen; rechts herum sieht's dann oft so aus

Knie nicht am Tank festklemmt, auch wenn die Fliehkräfte veranlassen können, dort mit dem Knie Halt zu suchen. Dadurch nähme die Neigung zum Hochkommen des Seitenwagens (Kippen) nur noch zu. Gewichtsverlagerung und Schenkeldruck müssen allein in Richtung Seitenwagen gehen. Und diese spezielle Kurvenhaltung – das sei noch einmal ganz dick unterstrichen – nimmt man nicht erst ein, wenn das Gespann schon anfängt zu kippen, sondern stets v o r der Kurve! Es ist eine Angelegenheit der Gespannerfahrung, v o r h e r richtig einschätzen zu können, was eine Kurve an Tempo verträgt bzw. mit welcher Fahrerhaltung sie sich sicher bewältigen läßt. Das muß man lernen. Um diese Lehrzeit kommt niemand herum. Noch einmal betont sei: Zuflucht im Bremsen zu suchen, wenn's brenzlig zu werden scheint, ist grundfalsch. Das Bremsen könnte das schon spürbare Kippmoment nur noch verstärken. Statt dessen sollte man sich an Schwerpunktverlagerung und Zugkraftreserven erinnern.
Wird ein vielleicht nur durch die unebene Fahrbahn abhebendes Seitenwagenrad angebremst (Schreckreaktion!), um dann blokkiert wieder auf die Fahrbahn aufzusetzen, kann es das ganze Gespann verreißen. Und das verschlimmert die Situation noch.

Anfänger-Fehler: Wer anfängt, so heißt es, muß Lehrgeld zahlen. Wir wollen das den Gespann-Neulingen ersparen. Deshalb unser Rat: Man fährt auf drei Rädern zuerst ohne Seitenwagenpassagier, dafür aber mit einem Sandsack oder ähnlichem Ballast im Seitenwagen (50 kg sollten's schon sein). Am besten ist es, wenn man den Ballast auf dem Sitz verstaut, um die künftigen Verhältnisse mit Seitenwagenpassagier zu imitieren. Im Kofferraum hätte beispielsweise auch ein 20-l-Kanister Platz.
Leichtsinniger noch als mit leerem Seitenwagen zu fahren ist die Mitnahme eines Passagiers auf dem Sozius der Maschine bei unbesetztem Boot. Die hierbei gegebenenfalls auftretenden Kippmomente sind nur schwer zu beherrschen.
Beim Umsteigen von einem anderen Gespann auf ein MZ-Gespann ist die Versuchung groß, von Kilometer zu Kilometer schneller zu fahren. Die in der Tat hervorragend aufeinander abgestimmten Fahrwerke von Maschine und Seitenwagen mit den großen Federwegen lassen leicht alle Fahrbahnmängel vergessen. Und in den Kurven fehlt die sonst übliche starke Neigung nach der einen oder anderen Seite, weil die Schwingen von Hinterrad und Seitenwagenrad miteinander durch einen Querstabilisator verbunden sind, der sozusagen beide Schwingen synchronisiert. Schnell entsteht der Eindruck, daß man ja gar nicht zuviel Tempo hat. Und doch ist das der Fall. Man testet das MZ-Gespann langsam und fährt erst dann schneller. Außerdem fährt man nie mit Soziusbelastung, ohne die Federbeine hinten auf „hart" umgestellt zu haben. Die Straßenlage des Gespanns verschlechtert sich anderenfalls beträchtlich.

Seitenwagenbremse: Neigt das Gespann beim Bremsen plötzlich zum Ausbrechen nach links, so fängt man nicht gleich an zu bauen. Man versucht erst, die Flügelmutter am Bremsgestänge für die Hinterradbremse der Maschine um ein, zwei Windungen herauszudrehen. Dadurch spricht die Hinterradbremse später und die Seitenwagenbremse vergleichsweise früher an. Das hilft meist schon. Setzt die Bremse am Seitenwagen dagegen zu früh an, bleibt ein Drall in Richtung rechte Fahrbahnkante kaum aus. Man reguliert das an der Hinterradbremse der Maschine, die generell etwas früher einsetzen soll.
Ausschlaggebend ist immer die Belastung des Gespanns. Grundsätzlich muß es selbst bei einer Notbremsung in der Spur bleiben. Es empfiehlt sich darum auch, vor Antritt der Fahrt eine Bremsprobe mit der kompletten Startmasse des Gespanns – einschließlich Mitfahrer – zu machen, um die Bremse richtig einstellen zu können. Hierbei achtet man auch darauf, daß der Fußbremshebel der Maschine bei einer Vollbremsung nicht zu weit nach unten getreten werden muß. Ein abgeknicktes Fußgelenk läßt keine Feinfühligkeit, kein Dosieren der Bremskraft zu. Die Stellung des Fußbremshebels wird deshalb gegebenenfalls korrigiert.
Die verstellbare Druckstange am Seitenwagen-Radbremszylinder läßt die Grobabstim-

mung zwischen Maschinen- und Seitenwagenbremse zu. Die Feinabstimmung (Beladezustand) erfolgt per Flügelmutter am Bremsgestänge der Maschine!

Reifenprobleme

Reifen sind die Bindeglieder zwischen Maschine und Fahrbahn. Sie übertragen Antriebs- und Bremskräfte. Ihre Seitenführungskraft auf der Grundlage der Haftreibung hält das Motorrad auf Kurs, in der gewünschten Spur. Trotz dieser „tragenden" Rolle, die die Reifen beim Motorradfahren übernehmen, behandeln viele die so wichtigen Reifen ausgesprochen stiefmütterlich. Da wird wochenlang nicht geprüft, wie's um den Innendruck bestellt ist, und Profilverschleiß halten manche nur für einen Mangel, den die VP bei Kontrollen hoffentlich nicht entdeckt. Daß er für sie selbst Sicherheitsverlust bedeutet, weil er die Haftreibung beeinträchtigt, scheint Nebensache zu sein. Wohl dem, der nicht erst durch Schaden klüger wird!

Reifenverschleiß: Das Tempo des Reifenverschleißes wird weniger von den gefahrenen Geschwindigkeiten bestimmt. Das haben genaue Prüfungen ergeben. Profilausbrüche kommen z. B. in erster Linie auf das Konto starker Beschleunigung. Wer sanfter beschleunigt, wird den Reifen auch auf dem Antriebsrad einer großen MZ bis zu 12 000 km fahren können.
Wie weit darf man das Profil abfahren? Fehl am Platze wäre der Ehrgeiz, unbedingt die gesetzlich zulässige Mindestprofilhöhe von 1 mm an jeder Stelle der Lauffläche erreichen zu wollen (s. dazu § 8 Abs. 3 StVZO). Für einspurige Balancefahrzeuge mit ihrer so bescheidenen Reifenaufstandsfläche von nur wenigen Quadratzentimetern dürfte diese Millimetergrenze schon recht riskant sein. Wir würden die Reifen schon früher wechseln.
Das Erkennen der Verschleißgrenze ist neuerdings recht einfach. Anlehnend an internationale Praxis haben die Motorradreifen aus

Bild 1-20 Abriebindikator an einem Pneumant-Motorradreifen des Typs K 31; dieser Reifen ist „runter"

Heidenau sogenannte Verschleißmarken bekommen, die dem Fahrer anzeigen, wann der Reifenwechsel fällig ist. An sechs Stellen der Profilmittelrille sind diese Marken – kleine Querstege – zu sehen. Ein eingegossenes Dreieck an der Reifenschulter mit den Buchstaben TWI (= Tread Wear Indicator; Abriebindikator) weist auf die Lage der Warnmarkierung hin. Der Reifen muß unbedingt gewechselt werden, wenn seine Lauffläche bis zur Oberfläche des erwähnten Querstegs abgefahren ist (Bild 1-20).

Reifeninnendruck: Zwei Dinge müssen uns veranlassen, den vorgeschriebenen Reifeninnendruck unter Kontrolle zu halten. Das ist einmal der Umstand, daß Motorradfahrer ein Luftdefizit im Reifen früher und deutlicher zu spüren bekommen als ein Autofahrer. Walkt der Reifen mehr als konstruktiv vorgesehen, weil's ihm an Luft fehlt, wird er nicht nur heiß, sondern er macht das Spuren der Räder auch labil. Was das vor allem bei Kurvenfahrt bedeutet, läßt sich ausmalen (Tab. 1-4).
Andererseits hängt vom Reifeninnendruck die Tragfähigkeit des Reifens ab. Ein Beispiel: Der Reifen der Dimension 3.50-16 (Hinterrad der TS 250/250/1) trägt bei einem Innendruck von 120 kPa (1,2 kp/cm²) nur

Tabelle 1-4: Reifeninnendrücke für MZ-Motorräder

	TS 125/150	TS 250/1	ETZ 250
Solomaschine			
– vorn	2,75 – 18/150 (1,5)	2,75 – 18/160 (1,6)	2,75 – 18/175 (1,75)
– hinten	3,00 – 18/190 (1,9)	3,50 – 16/190 (1,9)	3,50 – 18/190 (1,9)
– mit Sozius	270 (2,7)	250 (2,5)	250 (2,5)
Gespann (hinten)			
– ohne Sozius	–	210 (2,1)	250 (2,5)
– mit Sozius und bes. SW	–	250 (2,5)	250 (2,5)

Erste Ziffer = Reifendimension, zweite Ziffer = Innendruck in kPa (kp/cm²)

110 kg. Die Leermasse der Maschine zusammen mit vielleicht 75 kg schwerem Fahrer ergäbe schon stattliche 230 kg. Verteilten sich die Achslasten zu gleichen Teilen auf Vorder- und Hinterrad (doch das ist Theorie), wäre der Hinterradreifen bereits leicht überlastet. Tatsächlich resultiert aus der Lage des Motor-Getriebeblocks und der Sitzbank aber eine Lastverteilung zu Ungunsten des Hinterrades. Ein nur mit 120 kPa (1,2 kp/cm²) gestützter Hinterradreifen wäre also in der Praxis erheblich überlastet und nähme Schaden.

Besonders rasch ist ein zu weicher Reifen am Ende, wenn der Maschine noch Mitfahrer und Gepäck zugemutet werden. Die Schäden treten nicht unbedingt gleich zu Tage. Es können sich zuerst Fäden vom Cordgewebe lösen, das Innengewebe kann brechen, der Gummi aber erst später reißen. Solche Spätfolgen – womöglich in voller Fahrt – sind gefährlich.

Da sich ein Reifen, dem es an Luft fehlt, bei scharfem Bremsen (oder auch Beschleunigen – Antriebsrad!) sogar auf der Felge verschieben kann, wobei immer auch der Luftschlauch in Mitleidenschaft gezogen wird, stellt sich das Schlauchventil schief. Im Extremfall kann es abreißen. Die Folgen schlagartigen Luftverlustes aus einem Reifen mitten in voller Fahrt lassen sich vorstellen (Bild 1-21).

Da Reifen im Augenblick der Berührung mit der Fahrbahn immer walken (der Walkbereich wandert gewissermaßen immer um den Reifen herum), entsteht Wärme. Das ist normal. Daraus resultiert ein leichter Druckanstieg. Auch daran ist nichts Besonderes. Ja, dieser Druckanstieg beugt sogar einer immer stärkeren Erwärmung des Reifens und Schlauches vor, hält das Walken in den unschädlichen Grenzen. Nach schneller Autobahnfahrt bei sommerlichen Außentempe-

Bild 1-21 Wer mit zu geringem Reifeninnendruck fährt, riskiert, daß das Schlauchventil bei scharfem Bremsen oder Beschleunigen (Hinterrad) abreißt; Vorstufe dazu ist das Schrägstehen des Ventils infolge des Wanderns des Reifens auf der Felge

raturen also keinesfalls den etwas angestiegenen Reifeninnendruck ablassen! Solch ein Druckplus von vielleicht 30 kPa (0,3 kp/cm²) schadet auf keinen Fall. Im Gegenteil! Der normale Druck stellt sich mit dem Abkühlen des Reifens von ganz allein wieder ein. Den Druckprüfer sollte man deshalb immer nur bei abgekühltem Reifen ansetzen, wenn man einen wirklich exakten Wert ermitteln will.

Gespannreifen: Der Gespannbetrieb setzt dem Hinterradreifen der Maschine erwartungsgemäß mehr zu als im Solobetrieb. Ein normaler Reifen kann – bei scharfer Fahrweise – schon nach einigen tausend Gespannkilometern profillos sein. Unsere Reifenindustrie stellte deshalb vor Jahren zum ersten Male einen speziellen Gespannreifen zur Verfügung, passend für die damals gebaute MZ TS 250, also in der Dimension 3.50-16 (Bild 1-22). Dieser Reifen mit breiterem Protektor nutzt sich langsamer ab. Das Gespann läßt sich mit einem so bereiften Hinterrad der Maschine besser beschleunigen (weniger Schlupf) und auch wirksamer abbremsen. Die Vorteile dieser Reifenkonstruktion liegen in einer größeren Profilverdichtung, die aber trotzdem eine ausreichende Drainagewirkung (bei regennasser Straße) sichert. Die Profiltiefe wuchs von sonst 7 auf 9 mm. Eine besondere Sicherheitsschulter erlaubt dem Gespann z. B. ein besseres Überfahren von kantigen Längsrinnen (Straßenbahnschienen!). Gerade diese Schulter aber, die dem Reifen den Charakter eines Pkw-Reifens verleiht, macht ihn untauglich für Solomaschinen, die ohne Schräglage ja nicht auskommen. Auf dem Seitenwagenrad kann der Reifen aber verwendet werden. Seine Laufleistung auf dem Hinterrad einer Gespannmaschine liegt um rund 50 Prozent höher als die eines normalen Reifens.

Bild 1-22 Spezieller Pneumant-Gespannreifen aus Heidenau

Für die ETZ 250 mit ihrem 18er Hinterrad gab es bei Redaktionsschluß für dieses Buch einen speziellen Gespannreifen nach Vorbild des 16er K 29 noch nicht.
Reifen zweiter Wahl kann man übrigens durchaus fahren. Diese Reifenqualität hat lediglich Schönheitsfehler. Sie ist nicht nur voll einsatzfähig (keine Geschwindigkeitsbegrenzung), sondern kann auch uneingeschränkt reklamiert werden, falls es dazu einen Grund geben sollte. Reifen zweiter Wahl sind preiswerter.
Beachten müssen Gespannfahrer, daß alle Reifen eines Gespanns „eckig" werden, sich anders abnutzen als die auf einer Solomaschine. Das hat seine Ursache in der fehlenden Kurvenschräglage. Für die Wiederverwendung auf einer Solomaschine eignen sich also auch an sich ganz normale Reifen eines Gespanns nicht wieder, wenn erst solch typischer Verschleiß eingetreten ist.

Reifenunwucht: Die Unwucht eines Rades, das sich schnell dreht, kann die von ihm ausgehende Unruhe auf die Maschine übertragen. Vor allem im Lenker ist das oft deutlich zu spüren. In kritischen Situationen kann das Motorrad in Schwingungen geraten, die die Lage zusätzlich verschlimmern. Möglicher Unwucht muß man also vorbeugen.

Um einen gewissen Ausgleich für die Masse des Metallventils am Schlauch zu schaffen, muß der Reifen so montiert werden, daß dessen leichteste Stelle über dem Luftschlauchventil liegt. Gekennzeichnet ist diese Stelle mit einer Rotpunktmarkierung (ein roter Farbpunkt bedeutet größere Unwucht als zwei Punkte!). Läßt man nun das Rad mit dem montierten Reifen (aufgepumpt!) – aufgesteckt auf eine Achse – auspendeln, erkennt man die „schwere" Stelle. Sie liegt unten. Ihr genau gegenüber ist ein Ausgleichsgewicht zu befestigen. Ein Stück Bleidraht – in Nippelnähe um eine Speiche gewickelt – eignet sich für diesen Zweck. Seine Länge (und damit Masse) kann leicht variiert werden, bis das Rad in jeder Anhalteposition beim Auslaufen „steht", ohne nachzupendeln. Der Bleidraht wird zum Schluß, wenn alles stimmt, mit einer Flachzange auf der Speiche festgedrückt, damit er auf ihr nicht hin- und herrutscht. Notfalls hält ihn auch Lenker- oder Isolierband. Das verlangt aber schon wieder entsprechenden Massenausgleich.

Nur 20 g statische Unwucht (wirksam beim Auspendeln) sind zum Beispiel beim 16er Vorderrad der TS 250 (3.00-16) die oberste zulässige Grenze. Mehr Unwucht, die sich ja mit der Umdrehungsgeschwindigkeit des Rades enorm steigert (aus Gramm werden Kilogramm), muß unbedingt ausgeglichen werden, wenn Schwingungen bei höherer Geschwindigkeit unterdrückt bleiben sollen. Bei der Reifenmontage im Pannenfalle ist deshalb immer darauf zu achten, daß der Reifen wieder wie vorher auf die Felge kommt, d. h., die mit dem roten Punkt markierte Stelle des Reifens muß genau am Ventil liegen. Bei Reifenwechsel wird das beschriebene Auswuchten erneut fällig (siehe auch Kapitel „Räder und Reifen").

Wohin mit dem Gepäck?

Wer ein Motorrad besitzt, möchte darauf auch das eine oder andere Gepäckstück mitnehmen. Sehr oft wird aber die Grenze des Erlaubten überschritten. Motorräder können nicht zu Lasteneseln gemacht werden! Viel Gepäck beeinträchtigt die Fahrstabilität, weil es immer mehr oder weniger außerhalb des Schwerpunktes der Maschine angebracht ist, und das ist eben von Nachteil.

Tragfähigkeit: Die möglichen Kilogramm, die auf einem Motorrad mitgenommen werden dürfen, sind in der Betriebsanleitung unter „Tragfähigkeit" angegeben. Manchmal ist auch von „Nutzmasse" die Rede. Wer kann diese Kilo auf Anhieb nennen? Kaum einer. Zwei korpulente Personen können nämlich für eine kleine MZ schon zu schwer sein – von zusätzlichem Gepäck ganz zu schweigen.

Hier die Tragfähigkeiten (zulässigen Nutzmassen) einiger MZ:

MZ TS 125/150	= 161 kg
MZ TS 250/1	= 190 kg
MZ ETZ 250	= 177 kg (bei Scheibenbr.)
	= 179 kg (bei Trommelbr.).

Soll auf einer Solomaschine Gepäck verstaut werden, überschlägt man zuerst, was Fahrer und Sozius (Sozia) auf die Waage bringen. Bei normalgewichtigen Personen (Körpergröße um 1,70/1,80 m) ist es nämlich kaum möglich, beispielsweise eine Zeltausrüstung zusätzlich auf der Maschine zu verstauen. Man rechnet:

Fahrer (mit voller Ausrüstung)	= 75 kg
Mitfahrer (mit voller Ausrüstung)	= 65 kg
	140 kg

Bei der kleinen TS verbleibt also ein Spielraum von 21 Kilogramm, bei den großen MZ ein solcher von 37 bis 50 kg. Eine an sich korrekte Rechnung. Aber was wird Solomaschinen – vor allem auf Urlaubstouren – nicht alles aufgebürdet!

Hecklast: Selbst wenn die Grenzen der Tragfähigkeit nicht überschritten sind, lassen sich hecklastige Maschinen bedeutend schlechter dirigieren. Schon ein gewichtiger Sozius, der sich womöglich noch nach hinten lehnt (der Haltebügel der ETZ 250 verführt sogar ein bißchen dazu), kann den Fahrer in Schwierigkeiten bringen, weil das Vorderrad beim zügigen Anfahren (schnelles Einkuppeln bei hoher Drehzahl) den Kontakt mit der Fahrbahn verliert.

Grundregel: Gepäck immer gut auf der Maschine verteilen! Je weiter man Gepäckstücke an den Schwerpunkt der MZ heranbringt, um so mehr bleibt die vom Solofahren bekannte gute Straßenlage der MZ erhalten. Jedes Kilogramm hinter der Hinterachse ist der Fahrstabilität abträglich. Aus diesem Grunde können wir uns auch nicht so recht mit den traditionellen Heckgepäckträgern anfreunden. Sie dürfen ohnehin nur mit maximal 8 kg belastet werden.

Seitenlast: Vorteilhafter ist das Befestigen von Lasten (bis 15 kg) an den Seiten der Maschine. Dazu eignen sich Seitengepäckträger, die es sowohl für die kleine wie auch für die große TS, aber ebenso für die ETZ 250 gibt. Auf ihnen liegt das zusätzliche Gepäck neben bzw. vor der Hinterachse und damit weiter in Schwerpunktnähe der Maschine. Das verbessert die Fahrstabilität spürbar.
Eine einseitige Belastung der Maschine (z. B. Koffer auf nur einem Seitengepäckträger) ist ohne weiteres möglich, und auch der Mitfahrer auf dem Soziussitz kann seine Füße völlig normal auf die Fußrasten setzen, wenn der Koffer nicht zu groß ist (Bild 1-23). Anbauhinweise enthält der Abschnitt „Nützliches Zubehör".
Auch seitlich angebrachte Packtaschen sind vorteilhafter als der Standardträger über der Heckleuchte. Entsprechende Behälter aus Plaste, mit staubdichtem Deckel und regensicher, fertigen sich manche MZ-Besitzer aus „Hobby-Plast" an. Leider wird solch praktisches Zubehör bisher nicht serienmäßig hergestellt. Wie ein Plastbehälter mit Tragegriff und verschließbarem Deckel aussehen könnte, zeigen die Bilder 1-24a und 1-24b.

Tanklast: Eine gute Lastverteilung erreicht derjenige, der einen Tankrucksack verwendet und in ihm all die Kleinigkeiten unterbringt, die er immer zur Hand haben und beim Rasten mit in die Gaststätte nehmen möchte (Wertsachen!). Zwei Riemen nur halten den Tankrucksack auf dem Kraftstoffbehälter der Maschine fest. In Sekundenschnelle ist das Auf- oder Abschnallen erledigt. In der kalten Jahreszeit erweist sich solch ein Tankrucksack außerdem noch als hervorragender Schutz vor eisigem Fahrtwind für die Bauch- und Beckenpartien des Fahrers.
Übertreiben darf man die Gewichtigkeit eines Tankrucksackes freilich nicht. Die Tankauflage kann die zusätzliche Belastung womöglich nicht verkraften (Tankrisse nicht ausgeschlossen).

Packen: Damit man unterwegs nicht suchen muß, wenn z. B. der Regenanzug schnell gebraucht wird, weil der Himmel seine Schleusen öffnet, sollte sich jeder Motorradfahrer systematisches Packen angewöhnen: Regenbekleidung, Ersatzschlauch usw. gehören immer obenauf. Natürlich muß alles auch staubgeschützt und regendicht verpackt sein.
Zum Packen und Aufladen gehört, die Federhärte der Federbeine der höheren Belastung

Bild 1-23 Auch ein nur auf einer Seite der Maschine befestigtes Gepäckstück (Seitengepäckträger) beeinträchtigt die Fahrstabilität nur geringfügig

Bild 1-24 So könnten praktische Seitenkoffer aussehen, die sich mit einem Handgriff aus der Arretierung herausnehmen lassen, wenn das Deckelschloß geöffnet ist

anzupassen. Das ist für das Gespann genauso wichtig wie für die Solomaschine. Wer „weich" fährt, fährt wacklig, wenn die Maschine voll belastet ist. Auch das Scheinwerferlicht ist dann nicht dort, wo es sein sollte, und es blendet Entgegenkommende.

Nützliches Zubehör

Nützliches Zubehör vergrößert die Motorradfreuden. Sehr viele Dinge gibt es im Fachhandel freilich nicht, die nach solchem Gesichtspunkt entwickelt worden sind. Selbsthilfe führt in den meisten Fällen aber auch zum Ziel.

Seitengepäckträger: Seitengepäckträger sind für alle neueren Maschinen aus Zschopau entwickelt worden. Beim Kauf ist auf die passende Ausführung für die jeweilige Maschine zu achten. Für die TS 250/TS 250/1 kamen noch Seitenträger in den Handel, deren untere Tragbügel hochgeklappt werden konnten, wenn sie unbenutzt blieben. Schon die für die kleine TS 125/150 vorgesehenen Seitenträger ähnlicher Konstruktion, die auch für die älteren Modelle ES 125/150 passen, hatten keine hochklappbaren Tragbügel mehr, und nun wurden die feststehenden Tragbügel auch für die Seitenträger der ETZ 250 übernommen. Das ist nicht unbedingt ein Vorteil, denn abgesehen vom Optischen behindert der abstehende untere Tragbügel auf der linken Maschinenseite den Fahrer, wenn er die ETZ mal ein längeres Stück schieben müssen sollte. Der Bügel stößt beim Laufen dicht neben der Maschine an die rechte Fahrerwade. Viele ETZ-Fahrer verzichten aus diesem Grunde auf einen linken Seitengepäckträger und montieren nur den rechten. MZ verweist darauf, daß die starren Seitengepäckträger bei einem Unfall mehr Sicherheit für den Fahrer böten. Ob das eine Vermutung oder eine praktische Erfahrung ist, wissen wir nicht (Bilder 1-25 und 1-26).

Befestigungsmittel: Ein Kapitel für sich ist die zuverlässige und schnelle Befestigung des Gepäcks auf den Kofferträgern. Der Le-

Bild 1-25 Seitengepäckträger an der MZ TS 125/150 mit feststehenden unteren Tragbügeln

Bild 1-26 Seitengepäckträger mit hochklappbarem Tragbügel (MZ TS 250)

derriemen, den schon der Großvater benutzte, wenn er auf dem Gepäckrost seiner DKW etwas festschnallen wollte, sollte endlich ausgedient haben. Es gibt Praktischeres. Ein Lederriemen kann nämlich noch so straff geschnallt werden, das Gepäck springt und rüttelt sich dennoch allmählich locker. Außerdem wird unter dem Druck des Lederriemens so manche Kofferkante weich, und er beschert den Gepäckstücken unterwegs völlig neue Konturen.

Wir raten MZ-Fahrern, sich eine im Kfz-Fachhandel angebotene sogenannte Gepäckspinne für Autodachgepäckträger zu kaufen. Diese Spinne besteht aus bleistiftdicken Gummischnüren, deren Längen sich verstellen lassen und die an ihren Enden kleine, aber sehr stabile Haken haben. Für unsere Zwecke eignet sich dieses Zubehör hervorragend, auch wenn wir nur die einzelnen Schnüre (ohne zentralen Ring) brauchen, die aber leicht auszufädeln sind. Die Haken müssen wir eventuell noch etwas aufbiegen oder durch etwas größere ersetzen. Die mit solchen elastischen Schnüren befestigten Gepäckstücke werden nicht zerdrückt, halten aber garantiert über ganze Tagestouren und bei schlechter Wegstrecke alles Geschnürte fest. Nichts löst sich, nichts springt oder rüttelt sich locker. Und im Handumdrehen lassen sich die Gummischnüre ein- oder aushaken.

Geeignet für den genannten Zweck sind übrigens auch die Gummischnüre eines ausgedienten Kinderexpanders. Im Notfall lassen sich Lederriemen mit dazwischengehakten Gummiringen (aus einem alten Autoluftschlauch geschnitten) elastisch machen. Damit erreicht man einen ähnlichen Effekt, der das Losrütteln von Gepäckstücken vermeidet.

Seitenstütze: Abseits befestigter Wege und Straßen ist es oft schwierig, der Maschine mit dem Kippständer einen sicheren Stand zu verschaffen. Einfacher geht's dann mit einer Seitenstütze, die sich nachträglich an jeder MZ anbauen läßt. Sie kommt an die Stelle des Distanzstückes auf der Hinterachse, das zwischen dem linken Schwingenarm und dem Bremsgegenhalter eingebaut ist.

Eine Warnung ist angebracht: Wer vergißt, den Seitenständer hochzuklappen, bevor er losfährt – in großer Eile könnte das passieren –, begibt sich in Gefahr. Schon in der ersten leichten Linkskurve kann die abstehende Seitenstütze daran hindern, die notwendige Kurvenschräglage einzunehmen. Wenn es die Stütze beim Aufsetzen auf die Fahrbahn nicht zurückschlägt, ist ein Sturz kaum zu vermeiden. Solche Vergeßlichkeit kann ganz schlimm ausgehen.

Sportverkleidung: Nach der Dritten Durchführungsbestimmung zur StVZO müssen Verkleidungen für Krafträder einer genehmigten Bauart entsprechen. Serienmäßig werden für MZ-Maschinen in der DDR noch keine Verkleidungen hergestellt. Aber es gibt zahlreiche Eigenanfertigungen, die zum Teil durchaus Chancen haben dürften, genehmigt zu werden. Notwendig dazu ist zumindest ein entsprechendes Gutachten des Kraftfahrzeugsachverständigen der Deutschen Volkspolizei.
Eine Sportverkleidung darf den Fahrer beim Lenken, Bremsen, Kuppeln, Schalten oder Gasgeben in keiner Weise beeinträchtigen. Auch alle Schalter müssen mit einem normalen Griff erreicht werden können. Eine Scheinwerfereinstellung muß möglich sein.
Ein Wort noch zum Sinn einer Sportverkleidung. Wer mit solchem Zubehör für seine MZ liebäugelt, sollte daran denken, daß es keineswegs darum gehen kann, „verkleidet" Temporekorde zu brechen. Die Straße ist keine Rennstrecke. Auf abgesperrten Rennkursen gibt es weder Vorfahrtsschilder noch Gegenverkehr oder Fußgänger. Rennfahrergepflogenheiten taugen nicht fürs Fahren auf öffentlichen Straßen. Mit einer Ausnahme: Sicherheit und Disziplin zählen in beiden Fällen.
Vorteil einer Sportverkleidung ist der größere Schutz für Fahrer und Mitfahrer vor Schmutz und Fahrtwind, weniger vor Wasser (nasse Fahrbahn/Regen). Von den Abrißkanten der Verkleidung läuft das Wasser bei höheren Geschwindigkeiten sogar recht gezielt in Richtung Fahrer (z. B. auf die Armbeuge). Angenehm ist, daß der Oberkörper des Fahrers – einschließlich Gesicht – fast im Windschatten bleibt, wenn die Kanzel der Verkleidung aerodynamisch gut geformt ist. Nachteilig sind die von der Verkleidung aufgefangenen und verstärkt ans Fahrerohr geleiteten Triebwerksgeräusche. Auch die Seitenwindempfindlichkeit der Maschine kann zunehmen.
Die beschriebenen Plus- und Minuspunkte treten bei den einzelnen Ausführungen von Sportverkleidungen unterschiedlich hervor. Bild 1-27 zeigt eine Sportverkleidung an einer MZ ETS (Trophy Sport), die gut gestaltet, stabil befestigt und sauber verarbeitet ist (Material: Polyester, glasfaserverstärkt). Die Kanzel besteht aus Kunstglas.

Kindersitz: Für MZ-Motorräder gibt es keine zugelassenen Kindersitze. Hergestellt werden sie nur für Kleinkraftfahrzeuge (Mo-

Bild 1-27
Keine Wünsche offen läßt diese Sportverkleidung

kicks, Kleinroller). Nach der schon erwähnten Dritten Durchführungsbestimmung zur StVZO aber müssen Kindersitze für alle Fahrzeuge einer genehmigten Bauart entsprechen.
Mitgenommen werden dürfen Kinder auf MZ-Motorrädern nur, wenn sie das siebente Lebensjahr vollendet haben. Jüngere Kinder können nur im Seitenwagen eines Gespannes sitzen.
Wir halten generell nichts davon, daß Kinder von sieben oder acht Jahren auf Solomotorrädern mitgenommen werden – selbst wenn sie einen Schutzhelm tragen würden, der richtig paßte (Spielhelme bieten keinen Schutz). Nie ist ein Sturz auszuschließen. Auch bei allergrößter Vorsicht des Fahrers kann die Maschine zu Fall kommen, weil vielleicht ein anderer einen unverzeihlichen Fehler machte. Was passiert dann mit dem mitfahrenden Kind? Es liegt also in der Verantwortung des Fahrers (der Eltern), ob der gesetzliche Spielraum ausgenutzt und ein vielleicht erst siebenjähriges Kind bereits als Sozius mitgenommen wird. Streckenlänge, Witterung und Verkehrsdichte sollten bei der Entscheidung ebenso Berücksichtigung finden wie Mentalität und körperliche Verfassung des Kindes. Auch bestimmte Erfahrungen im Umgang mit einem Balancefahrzeug können den Ausschlag geben (Fahrradpraxis des Kindes).

Bild 1-28 Beinschutzbleche sind von großem Vorteil, denn die Füße des Fahrers bleiben warm und trocken

Beinschutzbleche: Beinschutzbleche, wie sie für die früheren ES- und ETS-Typen angeboten wurden, gibt es für die heutigen TS- und ETZ-Maschinen nicht mehr.

Fahrerbekleidung: Kein MZ-Fahrer wird behaupten wollen, daß es noch Spaß macht, steif vor Kälte oder naß vom Regen entfernten Zielen zuzustreben. Wer als Allwetterfahrer gesund bleiben, sicher fahren und trotz aller Überraschungen, die das Wetter unterwegs sehr oft beschert, die Freude am Fahren behalten will, kommt ohne zweckmäßige Bekleidung nicht aus. Das gilt auch für den Mitfahrer.
Irrtümlicherweise wird häufig die Meinung vertreten, daß bei sommerlichen Außentemperaturen eigentlich nur ein Schutzhelm gebraucht wird. Warum, so meinen Zweiradfahrer, denen es ganz offensichtlich noch an der nötigen Erfahrung fehlt, sollen wir uns denn besonders anziehen, wenn die Sonne scheint und die Fußgänger schwitzen. Einfach deshalb, weil der Körper zwar Hitze verträgt und auch eine ziemliche Portion Kälte, aber keine Zugluft. Die aber gibt es beim Motorradfahren gratis – ganz gleich zu welcher Jahreszeit. Vor Zugluft zuerst und natürlich auch vor Regen müssen wir uns schützen, wenn die Motorradfahrerei ohne gesundheitliche Schäden abgehen soll.
Rheumatische Beschwerden als Strafe für jugendlichen Leichtsinn gibt's vielleicht nicht mit 20, möglicherweise auch noch nicht mit 30, garantiert aber mit 40 Jahren. Spätfolgen sind's, die häufig gar nicht mehr mit dem Motorradfahren in Verbindung gebracht werden, weil der Betreffende seit vielen Jahren kein Motorrad mehr bestiegen hat.

Übrigens: „Harte" Jungs nehmen mitunter

recht unerschrocken den Kampf mit winterlichen Kältegraden auf. Einen begeisterten MZ-Fahrer locken ja sogar Schneeflocken auf die Straße. Aber fahrtüchtig muß er bleiben! Das ist immer dann nicht mehr der Fall, wenn eine Unterkühlung eintritt, selbst wenn sie nur ganz partiell bleibt (steife Knie, steife Finger oder Zehen). Fahrer, die frieren, haben beim Reagieren eine „längere Leitung". Der Körper kann Befehle zum Auslösen von Bewegungen (Lenkkorrektur, Bremsmanöver) nur verzögert ausführen. Der Zeitverzug beträgt bis zu 40 Prozent. Eine derartig „lange Leitung" läßt z. B. Bremswege anwachsen.
Ob man auf der MZ friert oder nicht, ist also durchaus nicht Fahrersache. Unterkühlung macht fahruntüchtig. Man reagiert nicht nur schwerfälliger, sondern fährt unsicherer und unkonzentrierter, denn es bewegt unterwegs nur ein Gedanke: So rasch wie möglich ans Ziel!
Über die Sachen, die man unter dem Schutzanzug trägt, wollen wir uns nicht unterhalten. Das soll dem individuellen Geschmack und dem Fahrtanlaß, der Jahreszeit und auch der Streckenlänge angepaßt bleiben.

Lederanzug: Wer einen Lederanzug besitzt, ist damit gut angezogen, solange es keine Fahrt im Dauerregen wird. Ein mit Lederfett gepflegter Lederanzug hält aber auch erstaunlich viel Feuchtigkeit ab. Nur Dauerregen darf's eben nicht sein.

PVC-Anzug: Relativ dicht bleibt der vom VEB Elstermode seit Jahren hergestellte Motorrad-Fahreranzug bei Regenfahrten. Das PVC-beschichtete Dederongewebe ist leicht, relativ reißfest und an sich wasserundurchlässig. Ein bißchen problematisch sind die Nähte bisher gewesen. Dort trat Feuchtigkeit allmählich durch. Inzwischen hat der Hersteller des Anzugs aber die Voraussetzungen geschaffen, daß auch die letzte Naht nicht mehr mit Nadelstichen bearbeitet, sondern verschweißt wird (Bild 1-29).
Nicht jeder MZ-Fahrer bemüht sich jetzt erst um eine solche Fahrerbekleidung. Viele besitzen diesen Anzug bereits, und wenn es bei der früheren Ausführung Mängel an der Dichtheit gibt, dann sollte man die Nähte nachträglich mit handelsüblichem Imprägnierspray behandeln und diese Prozedur ab und zu wiederholen. Ein Taucheranzug kann solche Fahrerbekleidung freilich nie werden. Die absolut wasserdichte, aber auch sonst rundum zweckmäßige Motorrad-Fahrerbekleidung muß wohl erst noch erfunden werden ...

Bild 1-29
MZ-Maschinen sind Allwetter-Motorräder; der Fahrer sollte dementsprechend angezogen sein – auch im Sommer. Im Bild ein Anzug vom VEB Elstermode

Mit Farbe auffallen: Es ist keine Nebensache und sollte deshalb auch nicht als reine Geschmackssache angesehen werden, welche Farbe der Fahreranzug hat. Ein Motorradfahrer muß anderen Verkehrsteilnehmern rechtzeitig auffallen, damit er von ihnen wegen seiner schmalen Silhouette (Maschine/Fahrer) nicht übersehen wird. Kleine, schmale Fahrzeuge, die sich nähern, werden vor allem von Fußgängern immer für noch viel weiter entfernt gehalten. Ein Omnibus erscheint – trotz vielleicht gleicher Distanz zu ihnen – näher und damit gefährlicher.

Wir würden – hätten wir die Wahl – stets eine möglichst helle, auffällige Farbe allen gedeckteren Tönen vorziehen. Der Elstermode-Anzug in Orange oder Gelb entspricht solchen Vorstellungen am meisten. Rot und Blau haben schon weniger Leuchtkraft, und ähnlich dürfte es auch mit Silbergrau sein. Wer einen weniger auffälligen Anzug besitzt, sollte deshalb unbedingt einen hellen Schutzhelm tragen.

Mancher denkt praktisch und befürchtet, ein heller Anzug sei nur schwer zu reinigen. Aber so aufwendig ist das nicht. Man kann den Elstermode-Anzug mit einem milden Waschmittel abreiben und anschließend z. B. mit der Brause über der Badewanne o. ä. abspülen (Jacke vor der Reinigung richtig zuknöpfen!). Danach ist er wieder wie neu.

Schutzhelm: Für Motorradfahrer mit Köpfchen mußte es sicher nicht erst eine gesetzliche Pflicht zum Tragen eines Schutzhelms geben. Wer einmal gestürzt und mit dem (behelmten) Kopf auf die Fahrbahn oder gar auf eine Bordstein- oder Gullydeckelkante aufgeschlagen ist, bekommt eine Gänsehaut, wenn er einen Zweiradfahrer ohne Helm sieht. Unser Grundsatz: Nie ohne Helm! Gleiches gilt für den Mitfahrer. Wer keinen Helm hat, kann nicht mitfahren. Ausnahmen, die gemacht werden, sind und bleiben riskant.

Ob ein Helm in sogenannter Pilotform oder ein Vollschutzhelm (Integralhelm) gewählt wird, bleibt jedem selbst überlassen. Schließlich ist das auch eine Kostenfrage. Vorstellen läßt sich freilich, daß ein Vollschutzhelm insbesondere im Bereich von Kinn und Mund (Zähne!) unvergleichlich mehr Schutz bietet als ein dort offener Helm.

Bedenken sollte man aber auch das: Obwohl ein Vollschutzhelm gerade bei schlechtem, kaltem Wetter sehr angenehm sein kann, offenbart er bei Regen und Dunkelheit einige Nachteile. Sie resultieren aus dem Visier. Bei solchen Einsatzbedingungen nämlich ist nicht zu einem Augenschutz (Visier wie Schutzbrille) zu raten, dessen Sichtscheibe aus Kunstglas (z. B. Gölzalon, Piacryl o. ä.) besteht. Solches Material ist sehr kratzempfindlich. Zerkratzte Sichtscheiben aber brechen auftreffende Lichtstrahlen (Scheinwerfer des Gegenverkehrs bei Nacht!) in einem Maße, daß man – erst recht bei Regenwetter (zusätzlich Wassertropfen auf der Scheibe) – total geblendet werden kann. Da bleibt dann oft in kritischen Momenten nichts anderes übrig, als Brille oder Visier augenblicklich hochzuschieben.

Sichtscheiben aus mehrschichtigem Sicherheitsglas (splitterfrei) weisen solche Nachteile kaum auf. Es gibt sie bisher aber noch nicht als Visier an Integralhelmen, sondern nur bei Motorradbrillen; aber nicht bei allen.

Schutzbrille: Für Nachtfahrten wählt man zweckmäßigerweise eine Schutzbrille mit Sicherheitsgläsern, wenn man einen Pilothelm hat. Solche Brillen sind zwar wesentlich teurer als die Ausführungen mit Kunstglas, aber für uns sollte es im Hinblick auf die Sicherheit beim Fahren und die möglichst uneingeschränkt gute Sicht kein Überlegen geben: Fürs Fahrerauge ist nichts zu teuer! Der Mitfahrer muß hingegen nicht unbedingt kratzfestes Mehrschichtenglas vor den Augen haben.

Wichtig ist beim Brillenkauf auch, wie die Brille zum Helm paßt, den man besitzt. Ihn sollte man also mitnehmen zum Anprobieren. Zwischen Helmkante und Schutzbrille soll möglichst kein Luftspalt sein. Eine Brille, die hervorragend zu einem Helm der Größe 59 paßt – um ein Beispiel zu nennen –, muß sich nicht in jedem Falle auch für den der Größe 56 eignen, selbst wenn es sich um das gleiche Helmmodell handelt (Bild 1-30).

Und noch etwas: Achten soll man beim Bril-

Bild 1-30 Motorradbrillen passen nicht am Vollschutzhelm. Aber auch bei Helmen in Pilotform – hier das Perfekt-Modell mit Schirm – ist eine Anprobe ratsam. Die gezeigte Brille hat übrigens ein wetterfestes Halteband mit Spiralfedern

lenkauf auch auf die Vorrichtung für die Belüftung der Brillengläser und auf die Qualität des Haltebandes. Textile Bänder mit Gummizug dehnen sich, sobald sie naß werden. Die Brille sitzt dann bei Regenfahrt schlecht; ihr Band muß eventuell mehrmals verstellt werden. Viel zweckmäßiger sind Haltebänder, in die kleine metallene Spiralfedern eingezogen wurden, die wetterfest in einer Hülle eingenäht sind. Solche Federn spürt man, wenn man das Band mit den Fingern abfühlt, falls der Verkäufer selbst nichts von den Unterschieden bei Brillenbändern wissen sollte.

Daß eine Schutzbrille vor die Augen und nicht auf den Helm gehört, müßte eigentlich selbstverständlich sein. Es gibt Länder, in denen das Motorradfahren ohne Brille ebenso geahndet wird wie bei Autofahrern die nichtangelegten Sicherheitsgurte! Kleinste Steinchen, die von anderen Fahrzeugen hochgewirbelt werden, reichen aus, ein Motorradfahrerauge erheblich zu verletzen, wenn nur die Aufprallgeschwindigkeit groß genug ist. Daß ein plötzlich ins Auge geratener Fremdkörper die Sicht nimmt, kommt noch hinzu.

Handschuhe und Stiefel: Erfahrene Motorradbesatzungen tragen Handschuhe – auch im Sommer. Dank des Fahrtwindes wird es in relativ dünnen Fingerhandschuhen aus Leder nie zu warm, aber Handschuhe schützen vor Zugluft und vor den außerordentlich schmerzhaften Hautabschürfungen, wenn die Maschine doch einmal zu Fall kommen sollte.

Da Motorradfahrer manchmal Fahrtrichtungsänderungen mit Handzeichen anzeigen müssen (Maschinen ohne Blinkanlage sind ja noch nicht ganz ausgestorben), sollte auch bei den Handschuhen Wert auf auffällige Farbe (Signalwirkung) gelegt werden. Leider scheinen die Hersteller von Motorradhandschuhen anzunehmen, daß das traditionelle Grau oder Schwarz genau das Richtige für die Motorradfahrer sei, die ja doch immer an schmutzigen Partien der Maschinen herumhantieren. Das sind Ansichten aus der Mottenkiste.

Wir haben festgestellt, daß sich in Sportgeschäften angebotene Skihandschuhe aus

Bild 1-31 Zweckmäßige Handschuhe vervollständigen die Fahrerbekleidung auch im Sommer; Hautabschürfungen infolge eines Sturzes sind sehr schmerzhaft

Leder sehr gut auch für Motorradfahrer eignen. Solche Handschuhe sind meistens farbig gestaltet und auch in wünschenswertem Maße abgepolstert. Lediglich das Strickbündchen paßt nicht so recht für unseren Zweck (Bild 1-31).
Bei Regenfahrten stecken wir die Lederhandschuhe in schmale Klarsicht-Folienbeutel, die sich mit einem kleinen Gummiring im Unterarmbereich fixieren lassen. So bleiben Handschuhe stundenlang völlig trocken. Natürlich muß der Jackenärmel über den Folienbeutel gestreift werden.
Lederhandschuhe werden übrigens viel wetterfester, wenn sie regelmäßig mit Lederfett gepflegt werden. Dazu zieht man sie am besten an und cremt mit den gleichen Bewegungen wie bei der Pflege der Hände üblich. Dabei werden alle Handschuhpartien gut erfaßt. Es ist immer wieder erstaunlich, wie gut derartig behandelte Handschuhe gleichfalls gegen Kälte isolieren.
Von Dreifingerhandschuhen halten wir wenig, weil es selten Ausführungen gibt, die den Fingern des Fahrers die notwendige Bewegungsfreiheit und Griffsicherheit garantieren. Im Winter würden wir immer (selbstgebastelte) Lenkerstulpen vorziehen, die – um den Lenkergriff samt Abblendschalter/ Blinkschalter geknöpft – eine Art Überschuhfunktion erfüllen, ohne zu behindern (Bild 1-32).
Auch an die Füße gehört Leder, und zwar möglichst bis über die Knöchel. Kurze Stiefel geben dem Fußgelenk Halt, wenn der Fuß doch einmal unfreiwillig Kontakt mit der Fahrbahn bekommen sollte. Wer mit Sandalen aufs Motorrad steigt, beweist eigentlich nur, daß er noch nicht lange auf zwei Rädern zu Hause ist. Rennfahrer tragen übrigens grundsätzlich Stiefel, obwohl auf ihren tischebenen Pisten nicht damit zu rechnen ist, daß Schottersteine an die Füße prellen! Und fahren können sie auch!
Stiefel, die speziell fürs Motorradfahren gedacht sind, haben wir bisher nur sehr selten im Sportartikel-Fachhandel gesehen. Mit der Bezeichnung RS 75 brachte die Einkaufs- und Liefergenossenschaft LETEX in Dippoldiswalde einen sogenannten Rennsportstiefel in den Handel. Mancher normale Damen- oder Herren-Winterstiefel eignet sich aber auch, wenn er aus strapazierfähigem, pflegeleichtem Material besteht. Man muß sich da nur einmal umsehen.
Tatsache ist, daß sich der Motorradfahrer, der rundum zweckmäßig und auch adrett angezogen sein will, all' die geeigneten Dinge in den verschiedensten Geschäften der Sportartikelbranche, des IFA-Vertriebs und der Schuhindustrie zusammentragen muß. Spezielle Verkaufsstellen für Motorradfahrerbekleidung, die so wichtig für die Gesundheit und die Verkehrssicherheit ist, gibt es leider nicht (Die Bilder 1-33 bis 1-36 zeigen einige zusätzliche Dinge.)

Ein Tip zum Schluß: Bei Regenwetter garantieren nur Gummistiefel trockene Füße. Sie gibt es in recht attraktiver Gestaltung (Form/Farbe) und auch mit wärmendem Futter, so daß sie auch bei niedrigen Außentemperaturen getragen werden können. Manches Material verträgt allerdings keine größere Kälte (Herstellerhinweise beachten!).
Für Stiefel gilt generell ein Grundsatz: Nicht zu klein wählen! Die Zehen dürfen nicht am Leder (Gummi) anstoßen. Es muß möglich sein, wenigstens ein Paar Socken zusätzlich zu tragen, ohne daß die Stiefel da schon

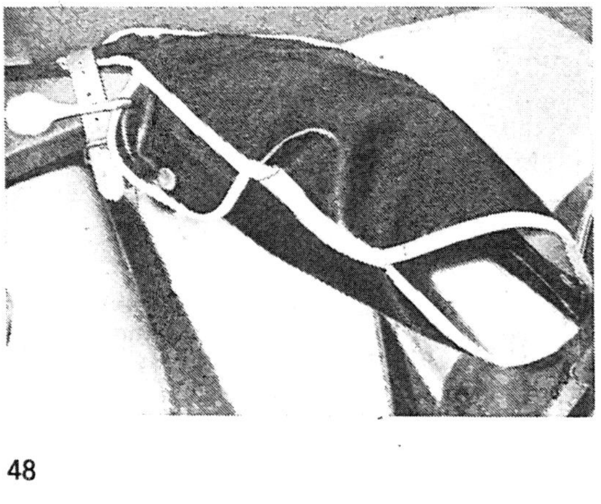

Bild 1-32 Solche Lenkerstulpen – hier an einer MZ ES – nehmen Lenkergriff und Handhebel mit auf; sie sind mit Riemen am Lenker befestigt. Der Fahrer kann Fingerhandschuhe aus Leder tragen, die Finger bleiben in den Handschuhen dennoch beweglich

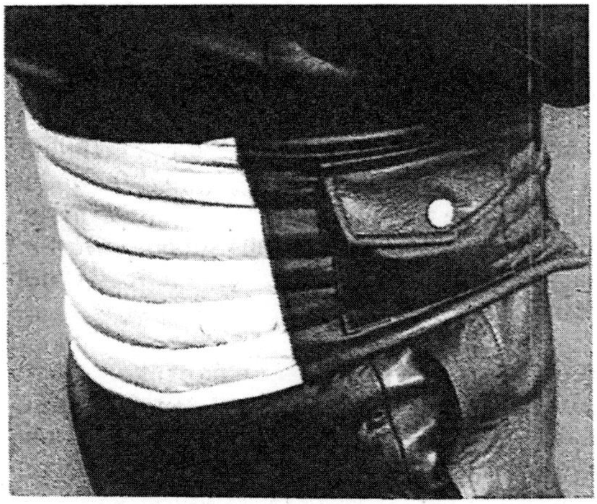

Bild 1-33 Sehr zu empfehlen ist beim Motorradfahren ein spezieller Nierenschutz, den es auch in gefütterter Ausführung für den Winter gibt. Nützliches Element nebenher: Signalfarbe nach hinten!

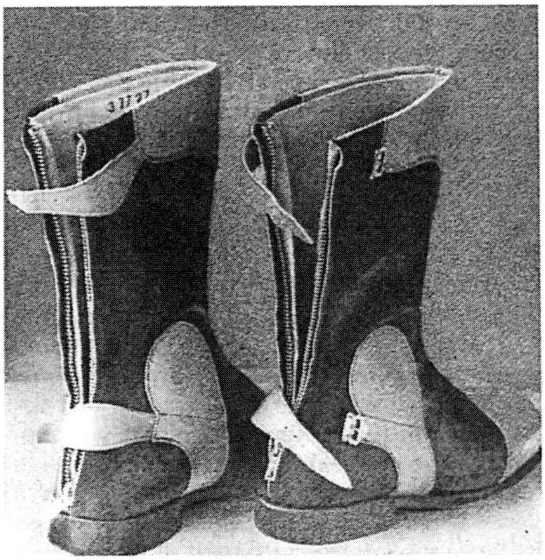

Bild 1-35 Mindestens knöchelhohe Schuhe gehören an die Füße des Fahrers; besser noch sind Wadenstiefel. Diese RS-Stiefel sind in den Sportartikelgeschäften leider eine Rarität

Bild 1-34 Winddicht müssen auch die Hosenbeine abschließen; nur spezielle Fahrerbekleidung erfüllt diesen Anspruch

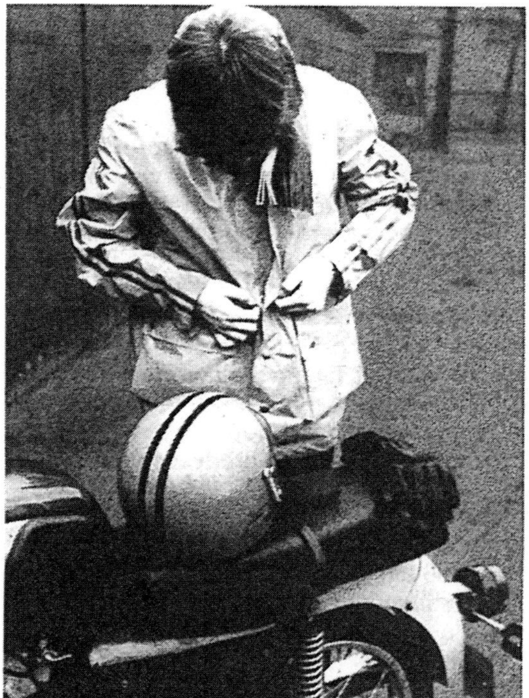

Bild 1-36 Auch eine Sozia sollte zünftig gekleidet sein, denn selbst hinter dem breitesten Fahrerrükken zieht's

drücken. Ein wenig Luft rund um den Fuß isoliert gegen Kälte.
Wer unterwegs von Regengüssen überrascht wird, sich unterstellt und dann nach dem Wolkenbruch kilometerweit auf der nassen Straße rollt, hat in Lederschuhen oder -stiefeln meistens auch bald nasse Füße. Für solche Situationen sollte man gewappnet sein. Wieder (wie schon bei den Handschuhen) können ausreichend große (aber eben nicht zu große) Folienbeutel helfen. Man steckt jeden Fuß in solch einen Beutel und streift dann die Fahrerüberhose darüber. Damit dieser Folienschutz für den Fußbereich (Spritzbereich) nicht verlorengeht, wenn man einmal ein paar Schritte laufen muß (Tankstelle!), sichert man ihn in Wadenhöhe mit einem Gummiring. Sicher ist das alles nur ein Notbehelf, aber die Füße bleiben garantiert trocken. Wir haben jedenfalls geeignete Folienbeutel und Gummiringe immer an Bord. Sie beanspruchen sehr wenig Platz.

Zusatzscheinwerfer

Nach der 3. DB zur Straßenverkehrs-Zulassungs-Ordnung (StVZO) vom 28. Mai 1982 (GBl. I Nr.27) dürfen auch an Motorräder Zusatzscheinwerfer angebracht werden. Gestattet sind ein Fernlichtscheinwerfer, ein Nebelscheinwerfer und ein Suchscheinwerfer.

Fernlichtscheinwerfer: Der zusätzliche Scheinwerfer für Fernlicht darf zum normalen Fernlicht (Hauptscheinwerfer) hinzugeschaltet werden, muß aber gleichzeitig verlöschen, wenn der Hauptscheinwerfer von Fern- auf Abblendlicht umgeschaltet wird.

Anbaubedingung: Tiefster Punkt der leuchtenden Fläche (Streuscheibe) nicht tiefer als 50 cm, höchster Punkt nicht höher als 120 cm über der Fahrbahn. Außerdem dürfen die Außenkanten der leuchtenden Fläche (= äußerster Rand der Streuscheibe) nicht näher an der äußersten Fahrzeugkante (Lenkerenden) heranreichen als die Außenkante der leuchtenden Fläche des Hauptscheinwerfers.

Einstellung: Natürlich muß auch der zusätzliche Fernlichtscheinwerfer einstellbar sein, und ein unbeabsichtigtes Verstellen darf nicht passieren. Im Abschnitt „Einstellung von Nebel- und Fernlichtscheinwerfer" ist dargelegt, wie das gemacht werden kann.

Kennzeichnung: Fernlichtscheinwerfer sind mit dem Buchstaben R auf der Streuseite gekennzeichnet, Abblendlicht-Scheinwerfer mit dem Buchstaben C und die (allgemein übliche) Hauptscheinwerferkombination Abblendlicht/Fernlicht mit den Buchstaben CR. Der Kennbuchstabe H vor diesen Buchstaben weist darauf hin, daß es sich um Halogenscheinwerfer handelt.
Eine normale Zweifadenlampe (Biluxlampe) darf – auch nicht mit Kunstkniff in Form eines Anpassungsringes – nicht in einen Halogenscheinwerfer eingesetzt werden und umgekehrt. Die lichttechnische Einheit (mit Bauartgenehmigung!) darf keinerlei Veränderung erfahren. Wir betonen das deshalb, weil die MZ die Betriebserlaubnis einbüßt, sobald ignoriert wird, daß bestimmte Bauteile einer genehmigten Bauart entsprechen müssen. Beleuchtungs- und Signaleinrichtung gehören dazu.

Nebelscheinwerfer: Ein Nebelscheinwerfer kann für Motorradfahrer von größerem Nutzen sein als für Autofahrer. Der Grund: Der Hauptscheinwerfer der MZ sitzt relativ hoch und hat damit keine günstige Nebelposition. Nebelscheinwerfer sollen ja gewissermaßen „unter dem Nebel hindurch" strahlen. In Bodennähe ist der Nebelvorhang meist weniger dicht.
Nicht unproblematisch ist das Zuschalten des Nebelscheinwerfers zum Abblendlicht, wenn die MZ noch nicht mit der leistungsfähigen Drehstromlichtmaschine ausgerüstet ist, wie sie die ETZ 250 besitzt. Die früher übliche und heute bei der TS 125/150 noch verwendete Gleichstromlichtmaschine verfügt kaum über Reserven für zusätzliche Verbraucher (Dauerbelastung 60 W, kurzzeitig 90 W). Die Folge kann sein, daß die Batterie

nicht mehr ausreichend geladen wird. Bei häufigem Kurzstreckeneinsatz der Maschine (Stadtfahrt, viel Blinken, Bremsen, Fahren mit Licht) wirkt sich der schlechte Ladezustand der Batterie dann zuerst auf die Funktion der Blinkanlage aus. Die Blinkleuchten verlieren an Helligkeit, die Blinkintervalle ändern sich (langsamerer Rhythmus; 90 ± 30 Blinkimpulse pro Minute sind gefordert). Das ist nicht nur gegen die Vorschrift, sondern birgt auch die Gefahr in sich, daß solche müden Blinksignale von anderen, insbesondere nachfolgenden Verkehrsteilnehmern übersehen werden. Bei MZ-Motorrädern mit Gleichstromlichtmaschine (6 V Bordspannung) muß der Nebelscheinwerfer darum immer zusammen mit dem Standlicht geschaltet werden. Das ist zulässig. Selbstverständlich müssen dabei Schlußlicht und Kennzeichenbeleuchtung mit eingeschaltet sein.

Anbaubedingung: Bei Anbau und Schaltung des Nebelscheinwerfers zusammen mit dem Standlicht der MZ sind besondere Anbauvorschriften zu beachten. So darf der Abstand der Außenkanten der leuchtenden Fläche des Nebelscheinwerfers (also des Streuscheibenrandes) zu der Motorradaußenkante (Lenkergriffende) nicht größer als 40 cm sein. Das läuft darauf hinaus, daß der Nebelscheinwerfer – bei Schaltung zusammen mit dem Standlicht – etwa unterhalb des Hauptscheinwerfers montiert sein muß.
Leider ist es nicht so ganz einfach, eine rundum vorschriftsmäßige Befestigung des Nebelscheinwerfers an der MZ zu realisieren. Es fehlt z. B. an den passenden Befestigungslaschen und -schrauben, denn handelsüblich sind nur Scheinwerfervarianten für Pkw bzw. Lkw. Hier ist Selbsthilfe nötig. Die Fahrzeugelektrik kommt den Wünschen der Zweiradfahrer in dieser Beziehung sehr wenig entgegen, und leider gab es bisher auch vom MZ-Werk keine speziellen Anbauempfehlungen. Für die ETZ 250 wären sie zuerst zu begrüßen, denn diese Maschine hat ja nicht zuletzt deshalb eine Drehstromlichtmaschine bekommen, um solche zusätzlichen Verbraucher anschließen zu können.

Auf keinen Fall darf der Nebelscheinwerfer auf dem ungefederten Vorderradschutzblech angebracht werden, weil er dort ganz erheblichen Erschütterungen ausgesetzt ist, die sich auf den Lichtkegel übertragen würden (Blendwirkung für den Gegenverkehr). Auch beim Nebelscheinwerfer gilt: Er muß sich einstellen lassen, darf sich von selbst aber nicht verstellen. Ferner darf das von ihm ausgeschickte Lichtbündel bei laufendem Motor nicht zittern.

Kennzeichnung: Ob ein runder oder rechteckiger Nebelscheinwerfer angebaut wird, spielt eine untergeordnete Rolle. Die Platzverhältnisse an der Maschine geben oft den Ausschlag bei der Wahl der Scheinwerferform, manchmal sind es auch ästhetische Gesichtspunkte. Auf jeden Fall muß der Nebelscheinwerfer einer genehmigten Bauart entsprechen, also auf seiner geriffelten Streuscheibe die ECE-gerechte Kennzeichnung tragen. Der Buchstabe B weist den Nebelscheinwerfer als zulässig aus. In der DDR sind Nebelscheinwerfer mit weißem oder auch gelbem Licht gestattet. Wir würden aber weißes Licht bevorzugen.
Wie wir an der MZ den Nebelscheinwerfer anschließen können, zeigen die Bilder 1-37 und 1-38. Zu beachten ist der Unterschied, der sich aus der jeweiligen Bordspannung der Maschine (6 oder 12 V) ergibt. Einbezogen in die Schaltskizzen ist die Nebelschlußleuchte.

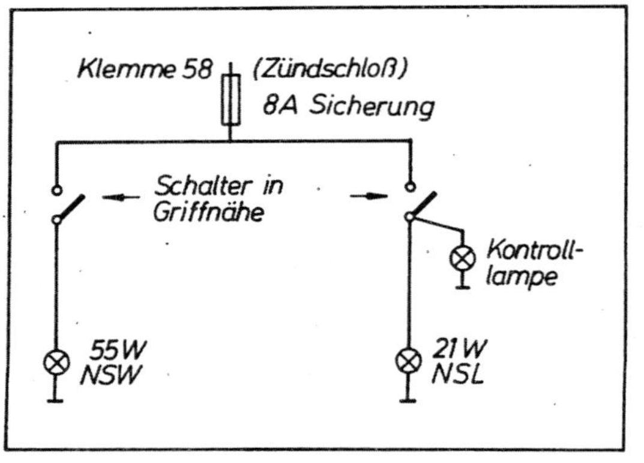

Bild 1-37 Schaltplan für Nebelscheinwerfer und Nebelschlußleuchte bei 12 Volt Bordspannung (ETZ 250)

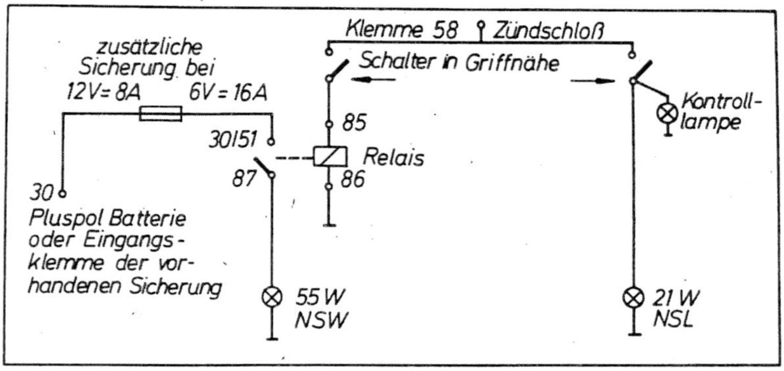

Bild 1-38
Schaltplan für Nebelscheinwerfer und Nebelschlußleuchte bei Verwendung eines Signalrelais bei 6 und 12 Volt Bordspannung

Einstellen von Fernlicht- und Nebelscheinwerfer: Falsch eingestellte Zusatzscheinwerfer können anderen Verkehrsteilnehmern, insbesondere dem Gegenverkehr, erheblich zu schaffen machen, wenn sie blenden. Das ist gefährlich und unzulässig zugleich. Die 3. DB zur StVZO enthält die Einstellvorschrift auch für Nebel- und zusätzlich angebrachte Fernlichtscheinwerfer. Da dem MZ-Fahrer, der die Einstellung selbst vornehmen möchte, aber kaum ein Einstellgerät zur Verfügung stehen dürfte, kann er nur so vorgehen, wie in Bild 1-39 gezeigt.
Die Maschine wird vor einer möglichst hellfarbenen Wand im Abstand zum Scheinwerfer von 10 m aufgestellt. Sie muß dabei auf den Reifen – also nicht auf dem Kippständer – stehen (Hilfsperson zum Halten nötig), fahrfertig ausgerüstet und betankt sein. Der Reifeninnendruck muß „stimmen". Doch da es eine etwa 12 m breite und ebene Fläche vor einer geeigneten Einstellwand (Garagenrückwand) selten gibt, können die standortbedingten Winkelabweichungen nur mittels einer Schnur auf die Wand übertragen werden. Diese Schnur führt man praktischerweise über die Achsmittelpunkte von Vorder- und Hinterrad bis zur Einstellwand. Dann werden auf der Wand die Punkte „Achshöhe" und „Scheinwerfermitte" fixiert (Kreidekreuze). Danach kann das eigentliche Einstellen beginnen.

Fernlichtscheinwerfer: Die Hilfsperson, die die ETZ 250 hält, schaltet den zusätzlich angebrachten Fernlichtscheinwerfer ein. Dessen Lichtbündel wird jetzt durch entsprechende Korrektur an der Scheinwerferbefestigung nach der Vorschrift „x-Wert der MZ minus 10 cm" (x-Wert für das ETZ-Ab-

Bild 1-39 Einstellmethode für den Zusatzscheinwerfer; HA – Abstand zwischen Scheinwerfermitte und Achsmittelpunkt, SM – Marke „Scheinwerfermitte", AH – Marke „Achshöhe"

blendlicht = 25 cm) so ausgerichtet, daß es genau 15 cm unterhalb der Marke „Scheinwerfermitte" auftrifft.

Nebelscheinwerfer: Für das Einstellen des Nebelscheinwerfers gilt, daß dessen obere Hell-Dunkel-Grenze nach der Vorschrift „x-Wert der MZ – gemeint ist wieder der x-Wert für das Abblendlicht – plus 10 cm" = 35 cm bei der ETZ 250 (x-Wert 25 cm) und 30 cm bei der ES, ETS und TS (x-Wert 20 cm) unterhalb der Marke „Scheinwerfermitte" des Nebelscheinwerfers liegen muß.

Wenn der Hauptscheinwerfer „stimmt": Wer sicher sein kann, daß der Hauptscheinwerfer seiner MZ, d. h. dessen Abblendlicht, korrekt eingestellt ist, kann die Hell-Dunkel-Grenze des Abblendlichtes auf der Einstellwand zum Anhaltspunkt für das Einstellen des zusätzlichen Fernlicht- und auch des Nebelscheinwerfers nehmen. Bodenunebenheiten und Winkelkorrekturen spielen dann keine Rolle. Gesichert sein muß nur der genaue Abstand von 10 m zwischen Scheinwerfer und Wand.

Zu markieren ist in diesem Fall auf der Einstellwand die Hell-Dunkel-Grenze des Abblendlichtes. Ferner ist die Höhendifferenz zwischen den Mitten des Hauptscheinwerfers und denen der zusätzlich angebauten Scheinwerfer, die es einzustellen gilt, zu ermitteln.

Aus dieser Höhendifferenz minus 10 cm ergibt sich der Abstand der Lichtbündelmitte des Zusatz-Fernlichtes zur Hell-Dunkel-Grenze des Abblendlichtes.

Beim Nebelscheinwerfer resultiert der Abstand seiner oberen Hell-Dunkel-Genze zur Hell-Dunkel-Grenze des Abblendlichtes hingegen aus der Höhendifferenz (der beiden Scheinwerfermitten) plus 10 cm (Bild 1-40).

Nebelschlußleuchte: Bei Sichtweiten unter 50 m (Nebel, Schneefall, Regen) darf nach der StVO mit eingeschalteter Nebelschlußleuchte gefahren werden. Wir sind der Ansicht, daß eine Nebelschlußleuchte am Motorrad keineswegs weniger nützlich ist als am Pkw. Das Schlußlicht der MZ nämlich nimmt sich bei dichtem Nebel in seiner Helligkeit gegenüber der Nebelschlußleuchte (21 W) recht kümmerlich aus. Und unter so schlechten Sichtbedingungen (50 m und weniger) kommt es ja auch für den Motorradfahrer darauf an, von anderen rechtzeitig bemerkt zu werden. Die eigene Sicht kann man beeinflussen, d. h. die Fahrgeschwindigkeit der eingeschränkten Sicht anpassen, nicht so das Gesehenwerden. Da muß man schon ein geeignetes Positionslicht setzen, um den Nachfolgeverkehr zu warnen. Die Nebelschlußleuchte kann Nebelfahrten sehr viel sicherer machen.

An einer Solomaschine darf nur eine Nebelschlußleuchte angebracht werden. Am Gespann sind zwei erlaubt, aber nicht unbedingt gefordert. Entscheidet sich der Gespannfahrer für eine Nebelschlußleuchte, muß diese links (also an der Maschine) montiert werden.

Als Anbaubedingung gilt: Der Abstand der einander zugewandten Kanten der leuchtenden Flächen der Nebelschlußleuchte(n) und

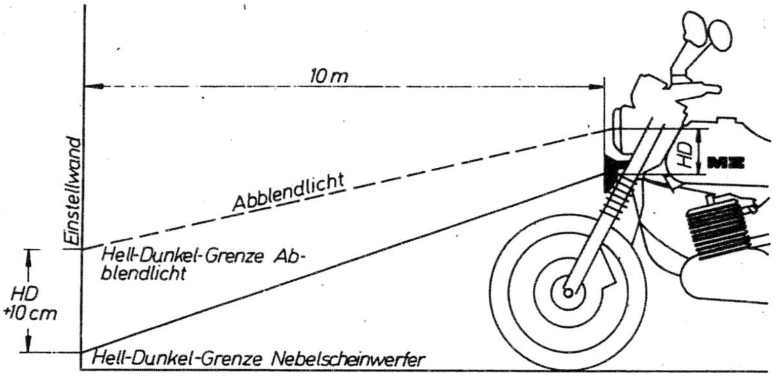

Bild 1-40
Vereinfachte Einstellmethode für den Zusatzscheinwerfer bei korrekt eingestelltem Hauptscheinwerfer (Abblendlicht); HD – Höhendifferenz Hauptscheinwerfer/Zusatzscheinwerfer

der Bremsleuchte(n) muß mindestens 10 cm betragen. Der tiefste Punkt der leuchtenden Fläche (Lichtaustrittsscheibe) darf nicht tiefer als 35 cm, der höchste Punkt nicht höher als 90 cm liegen.
Nebelschlußleuchten müssen so geschaltet sein, daß sie mit dem Fernlicht, dem Abblendlicht und den Nebelscheinwerfern wahlweise zusammen eingeschaltet werden können. Die Bedienung muß über einen getrennten Schalter erfolgen, und die Inbetriebnahme der Nebelschlußleuchte(n) ist durch eine Kontrollampe anzuzeigen.

Suchscheinwerfer: An einer MZ darf auch ein Suchscheinwerfer mit weißem Licht montiert sein, bei dessen Verwendung Standlicht, Schlußlicht und Kennzeichenbeleuchtung gleichzeitig mit eingeschaltet sein müssen. Zur Fahrbahnbeleuchtung darf dieser Scheinwerfer in keinem Fall benutzt werden.
Es gilt aber vor allem für MZ-Fahrer, die sich an motortouristischen Wettbewerben beteiligen, bei Nachtfahrten oft Hinweisschilder, Wegweiser o. ä. mit hellem Lichtkegel zu erfassen. Der Suchscheinwerfer erleichtert diese Vorhaben, weil er erspart, die ganze Maschine in die geeignete Position zu bringen, wenn das Schwenken des Lenkers und damit des Scheinwerfers dazu nicht ausreicht.

Maschinenpflege

Auch wenn sich ein Pkw mit Wasserschlauch und Waschbürste viel besser säubern läßt, weil er glatte Karosserieflächen hat, sollte man dem Schmutz am Motorrad, vor allem dem verkrusteten, ebenfalls mit viel Wasser zu Leibe rücken. Wer dabei spart und nur schnell einmal einen trockenen Lappen nimmt und damit über die verschmutzten Lackflächen fährt, verschafft dem Lack unnötige Kratzer.

Waschen: Das Abspritzen mit dem Schlauch ist allerdings für Motorräder weniger vorteilhaft, weil der Wasserstrahl allzuleicht Partien trifft, die ein Bad übelnehmen. Zuerst ist das die Elektrik, z. B. der Zündkerzenstecker, eventuell auch der Regler, aber auch Bremsen und Vergaser arbeiten ohne Vollbad zuverlässiger. Der nasse Vergaser kann das Starten komplizieren, gewässerte Bremsen sprechen erst nach einigen Bremsversuchen wieder wie gewohnt und erwartet an. Das muß man einkalkulieren. Außerdem richtet auch der kräftigste Wasserstrahl auf den zumeist ein bißchen fettigen Motorradpartien wenig aus. Da muß man schon Schwamm oder Schwammtuch zu Hilfe nehmen. Eine Eimerwäsche bietet sich deshalb an, zumal dann dem Waschwasser noch ein schmutzlösendes Mittel (Autoshampoo) zugesetzt werden kann. Ob man ein, zwei oder drei Eimer Wasser braucht, hängt vom Grad der Verschmutzung ab. Das Abspülen mit klarem Wasser zum Schluß ist nicht zu vergessen. Wassertropfen wischt man ab. Wer in der Sonne wäscht, braucht sich nicht zu wundern, wenn diese Wassertropfen trocknen, noch ehe man sie abgewischt hat. Auf dunklen Lacken hinterlassen sie unschöne Flecken.
Eine frischgewaschene Maschine wird gestartet und möglichst gleich ein paar Meter gefahren, damit eventuelle Wasserschäden entdeckt und sofort beseitigt werden können. Vorsichtig bremsen! In die Bremstrommeln oder auf die Bremsscheiben (ETZ 250) geratenes Wasser muß erst verdunsten, ehe die Bremsen wieder ihre normale Bremswirkung zeigen.

Lackpflege: Für die Lackpflege gibt es im Handel diverse Mittel. Zu achten ist lediglich darauf, ob man ein Polier-, Konservierungs- oder Reinigungsmittel erwirbt. Die Marke des Produkts ist dabei zweitrangig. Schade wäre es um ladenneuen Lack, wenn er mit einer schleifmittelhaltigen Politur behandelt würde. Das Lesen der Gebrauchsanweisungen bewahrt vor Fehlern.
Partien, an denen sich fettiger Schmutz festgesetzt hat, reinigt man mit Globo-Schnellwäsche oder Waschbenzin. Gründlich machen läßt sich das nur mit einem nicht zu weichen Pinsel (Motor, Zylinder, Bremstrommeln außen und Kippständer).
Verchromte Teile einschließlich der Spei-

chen und der Teile aus Aluminium-Legierung (polierte Motorgehäuseflächen) lassen sich mit „Chromglanz“ oder „Elsterglanz“ wieder von leichten Korrosions- oder anderen Umweltschäden (Winterdienstmittel, Industrieatmosphäre) befreien. Die Speichen sollte man grundsätzlich immer – auch im Sommer – ein wenig konservieren (z. B. mit Anti-Rostspray).
Unterlassen muß man, mit öligem Lappen gleich auch die Seitenwände der Reifen mit abzureiben, auch wenn sie danach noch so schön schwarz und sauber aussehen. Öl und Fett greifen den Reifengummi an! Solche Mißhandlungen haben Langzeitwirkung.

Wintereinsatz: Wer seine Maschine auch im Winter benutzt, kommt um einige Arbeiten, die Korrosionsschäden vorbeugen, nicht herum. Angegriffen wird das Motorrad vor allem von den chemischen Auftaumitteln (Salze, $MgCl_2$-Lösung). Die Frostschutzlauge hinterläßt zuerst an den sich erwärmenden Teilen (Zylinder, Auspuffkrümmer, Schalldämpfer, Bremstrommeln) deutliche Spuren in Form von kleinen weißlichen Freßstellen. Solche Narben bekommt man kaum wieder weg, wenn die Lauge nicht so bald wie möglich mit warmem Wasser heruntergewaschen wird. Im Winter ist das natürlich wegen der meist herrschenden Minusgrade nicht an allen Tagen zu bewerkstelligen. Aber jede Gelegenheit dazu sollte man nutzen. Solche Vorsorge zahlt sich aus (Bild 1-41). Auch die Teile aus Aluminiumlegierung werden angegriffen. Die Felgen, die Bremsgegenhalter, das Motorgehäuse, ja auch der Sattelträger der TS 125/150 leiden unter Laugeneinwirkung, ohne daß der Fahrer solche Schäden, die sich dort anbahnen, bemerkt. (Ähnlich ging es früher den Besitzern einer MZ ES beim vorderen Schwingenträger; Bereich hinterm Kotflügel.)

Konservierung: Konservieren kann man die Teile, die sich nicht erwärmen, mit Elaskon oder Korrosionsschutzspray. Aber das sieht ziemlich unappetitlich aus. Zuverlässig schützt jedoch solch ein Film. Elaskon läßt sich gut mit einem Pinsel auftragen (Elaskon vorher in heißes Wasserbad stellen, damit es dünnflüssig wird; dazu Flaschenverschluß

Bild 1-42 Mit Schutzwachs oder Elaskon werden vor allem alle Teile aus Aluminiumlegierung, die sich im Fahrbetrieb nicht erwärmen, rechtzeitig vor dem Wintereinsatz der Maschine konserviert; verwendbar ist auch Schutzlack als Spraydosen

Bild 1-41 Schon eine einzige Fahrt auf gelaugten Straßen hinterläßt ihre Spuren – hier auf dem Schalldämpfer einer TS 250. Es hilft nur baldiges Abwaschen und anschließendes leichtes Einfetten der Blankteile

Bild 1-43
Auch der Unterboden des Seitenwagens braucht eine Konservierung, wenn keine winterliche Fahrpause eingelegt wird. Kippt man das Gespann so an (Maschine stützt sich auf der linken Fußraste ab), läßt sich der Seitenwagen von unten bequem einsprühen

Bild 1-44 Auch zwischen Achsaufnahme und Bremsschild können die chemischen Winterdienstmittel Korrosion auslösen. Zur Konservierung dieser Partie muß das Vorderrad ausgebaut werden. Die Kontaktflächen werden dann mit Fett (Ceritol) bestrichen

entfernen). Im Frühjahr läßt sich der Elaskon-Schutzfilm mit einem benzingetränkten Lappen wieder abwischen.
Wer sich bei der Konservierung für Schutzwachs oder -lack entscheidet (der Lack ist z. T. auch als Spray zu haben), hat eine unauffälligere Konservierungsschicht. Ganz so widerstandsfähig wie die aus Elaskon ist sie allerdings nicht. Die konkreten Einsatzbedingungen werden den Ausschlag dafür geben müssen, welches Mittel für die eine oder andere Maschine verwendet wird (Bilder 1-42, 1-43, 1-44 und 1-45).
Blockiert hat die Frostschutzlauge übrigens auch schon die Federbeinverstellung an der Hinterradschwinge. Dem kann man vorbeu-

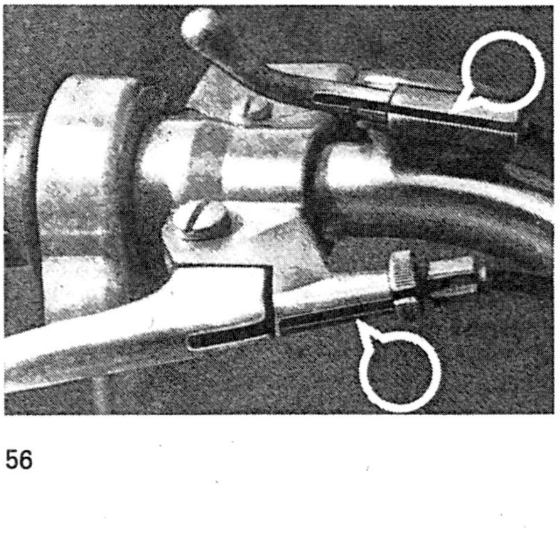

Bild 1-45 Winterfahrer sollten auch diese Spalten mit einem zähen, wasserabweisenden Fett abdichten. Der Leichtgängigkeit der Bowdenzüge ist solche Vorsorge dienlich

gen, indem man den Verstellknebel öfter einmal bewegt und an die gleitenden Flächen etwas Öl bringt (Sprühen ist vorteilhaft).

Winterpause: Soll die Maschine Winterschlaf halten, wird sie nicht einfach irgendwo abgestellt, sondern für diese meist mehrmonatige Pause ein bißchen präpariert. Schmutzig bleiben sollte sie auch dann nicht, wenn sie im Freien unter einer Faltgarage überwintern muß. Gerade dann ist eine Vollkonservierung mit einem Konservierungsmittel (Schutzwachs, Korrosionsschutzspray) nötig, weil die Luftfeuchtigkeit, die unter die Abdeckplane kriecht, sonst Korrosion auslösen könnte.

Alle Schmierstellen an der Maschine, die in der jeweiligen Betriebsanleitung aufgeführt sind, sollten noch vor der winterlichen Fahrpause versorgt werden. Rund zwanzig Positionen sind dabei insgesamt zu beachten. Die Schmierintervalle sind aber unterschiedlich groß (2 500 bis 20 000 km). Gebraucht werden – je nach Art der Schmierstelle – Wälzlagerfett und/oder Getriebeöl.

Bei Motoren, die viele Monate stehen, kann es nicht schaden, sie auch von innen zu konservieren. Das vermeidet Kaltkorrosion, ausgelöst durch Kondenswasser und aggressive Verbrennungsrückstände. Man schraubt also die Zündkerze heraus, bringt den Kolben in die untere Stellung (UT) und gießt etwa 50 cm^3 Zweitakt-Motorenöl in das Kerzenloch. Damit das Öl nicht geradewegs in die Auspuffschlitze, sondern über die Überströmschlitze in den Kurbelraum läuft (Kurbelwelle!), muß die Maschine beim Eingießen des Öls um mindestens 45 Grad nach der Seite geneigt werden. Danach ist der Kickstarter mehrmals vorsichtig nach unten zu treten. Dabei wird das eingegossene Öl verteilt. Anschließend kann die Zündkerze wieder eingeschraubt werden.

Beim ersten Start im Frühling qualmt es aus den Auspuffanlagen der in dieser Weise konservierten Maschinen auf den ersten Fahrkilometern mächtig. Mindern läßt sich die Qualmerei dadurch, daß vor dem Start bei herausgeschraubter Zündkerze der Kickstarter wiederholt kräftig betätigt wird. Ein Teil des Konservierungsöls wird dabei aus dem Kerzenloch geschleudert. Solche Vorarbeit beugt auch eventuellen Zündschwierigkeiten auf den ersten Kilometern vor, die der hohe Ölanteil auslösen kann.

Auch die Batterie kann man beim Pausieren nicht einfach vergessen. Man baut sie aus, wäscht sie mit sauberem Wasser gründlich ab, bewahrt sie frostgeschützt auf und läßt sie vor dem Wiedereinbau nachladen.

Wer den Reifen einer längere Zeit abgestellten Maschine Gutes antun will, reduziere den Innendruck auf 50 kPa (0,5 kp/cm^2). Allerdings darf die Maschine dann nicht auf dem Seitenständer lehnen, sondern muß auf dem Kippständer stehen. Die Reifen sollen also entlastet sein.

Wartung und Reparatur

Betont sei auch an dieser Stelle, daß sich alle in der DDR zugelassenen Kraftfahrzeuge bei Teilnahme am öffentlichen Straßenverkehr nach § 8 StVO in einem verkehrs- und betriebssicheren Zustand befinden müssen. Daraus erwachsen für den Motorradfahrer ganz bestimmte Pflichten. Die nachfolgend beschriebenen Wartungs- und Reparaturarbeiten ermöglichen ihm die Aufrechterhaltung dieses Zustandes. Doch dazu bedarf es einiger Voraussetzungen. Was das im einzelnen ist, wird nachfolgend erläutert. Ohne einige handwerkliche Grunderfahrungen sowie eine gewisse Standardausrüstung an Werkzeugen und Hilfsmitteln geht es jedoch nicht.
Und auch darauf sei hingewiesen: MZ gewährt eine Garantie für 12 Monate ab Erstzulassung der Maschine. Die Garantiebestimmungen verlangen eine exakte Durchführung der vom Werk vorgegebenen Durchprüfungen in einer Vertragswerkstatt. Diese Möglichkeit sollte aus ökonomischen Gründen unbedingt genutzt werden. Selbstreparaturen während der Garantiezeit führen zum Verlust der Garantie. Nach Ablauf der Garantiezeit verbleibt noch genügend Zeit, die planmäßigen Durchsichten selbst vorzunehmen. Das Wartungsprogramm enthält die einzelnen Aufgaben.

Selbsthilfe-Voraussetzungen

Sorgfalt: Grundsätzlich ist Wartung und Reparatur auch an einem Zweiradfahrzeug Vertrauenssache. Sie entscheidet unter Umständen über das Leben von Fahrer und Beifahrer. Deshalb muß jede Reparatur – es zählen dazu auch die Durchsichten – mit größter Sorgfalt ausgeführt werden.

Systematik: Man hantiert an der Maschine nicht gleich mit dem Werkzeug herum, sondern überlegt erst einmal, welche Funktion das zu reparierende Teil hat und versucht danach, die Ursachen des Fehlers zu analysieren. So repariert man ökonomischer und mit größerem Erfolg.
Es ist zum Beispiel nicht gut, den Motor zu zerlegen, um danach vielleicht festzustellen, daß es nur an Kraftstoff oder einer anderen Kleinigkeit mangelt. Auch aus diesem Grunde sollte sich jeder in der Fehlersuche durch systematisches Vorgehen üben.

Sicherheit: Bei den Wartungsarbeiten gilt es, die Verhaltensordnung Brandschutz vom 8. 6. 1982 (GBl. I Nr. 29), die Arbeits- und Brandschutzanordnung 361/3 vom 15. 12. 1977 (GBl.-Sdr. Nr. 943) und die 3. Durchführungsbestimmung vom 28. 5. 1982 zur Straßenverkehrs-Zulassungs-Ordnung – StVZO – (GBl. I Nr. 27) zu beachten. Diese Verordnungen besagen u. a.:

1. Reinigungsarbeiten mit brennbaren Flüssigkeiten, beispielsweise am Motor des Fahrzeugs, dürfen nicht in Garagen, in anderen Unterstellräumen für Kraftfahrzeuge und in Durchfahrten sowie Treppenhäusern vorgenommen werden. Derartige Arbeiten sind nur im Freien zulässig. Deshalb sollte man auch hier nur dann damit beginnen, wenn alle Zündmöglichkeiten für das Reinigungsmittel beseitigt sind. Es gehören dazu ein abgekühlter Motor, eine abgeklemmte Batterie (zumindest herausgenommene Sicherungen), ein Pinsel ohne Metalleinfassung und das Nichtrauchen.
2. Bei den Wartungsarbeiten an der Lenkung dürfen ausgebaute Sicherungsteile

nicht wiederverwendet werden. Ferner dürfen Lenkungsteile nur von dazu zugelassenen Schweißbetrieben geschweißt werden.
3. Bauteile, die unter Federdruck stehen, sind nur mit Hilfe geeigneter Vorrichtungen zu demontieren bzw. zu montieren.

Es kann jedem Motorradfahrer nur geraten werden, sich die vollständigen Fassungen dieser Verordnungen in der nächsten Bibliothek einmal genauer anzusehen.

Bordwerkzeug: Das Bordwerkzeug sollte man durch einige Zukäufe aufbessern. Eine vor Erschütterung geschützte Zündkerze, einige Muttern und Schrauben, Ventileinsätze, ein Taschenmesser, ein Vorschaltwiderstand und einige Ersatzsicherungen gehören unbedingt dazu. Ferner muß das Bordwerkzeug vollzählig sein. Stellt man unterwegs fest, daß ein Teil fehlt, nützen alle fachlichen Kenntnisse nichts.

Zusatzwerkzeuge: Für größere Reparaturen zu Hause reicht das Bordwerkzeug nicht aus. Deshalb sollte man sich nach und nach noch einige stabile Schraubendreher verschiedener Größen, Steck- und Ringschlüssel in den Größen 8 bis 24 mm, eine Drahtbürste, einen Holz- oder Gummihammer, eine Rohrzange, eine Flachzange und einige Nadelfeilen anschaffen.

Ferner sollte zu jeder Reparaturausrüstung ein Reservekanister, ein Stück Kraftstoffschlauch (zum Ablassen des Kraftstoffes), eine kräftige Handluftpumpe, ein Luftdruckprüfer, ein Meßbecher, ein Einfülltrichter und destilliertes Wasser gehören.

Für die Elektrik benötigt man eine Prüflampe mit 6 bzw. 12 Volt mit geringer Leistung (Glühlampe für Tachobeleuchtung) und für den Notfall ein längeres Kabel zwecks Benutzung dieser Prüflampe als Handlampe. Die Kabelenden sollten mit Krokodilklemmen versehen sein.

Globo-Schnellwäsche und Handzerstäuber werden vor allem zum Säubern des Fahrzeugs vor der Reparatur benötigt, denn nur an einer sauberen Maschine kann man ordnungsgemäß arbeiten.

Hilfsmittel: Hilfsmittel jeder Art erleichtern die Arbeit. Als sehr vorteilhaft hat sich ein Montagebock (Bild 2-1) erwiesen. Man stellt das Motorrad darauf, sichert es gegebenenfalls in geeigneter Form und kann nun in aufrechter Körperhaltung alle Wartungsarbeiten bequem ausführen. Ein zusätzlicher Motorradständer (s. Bild 2-1) bringt weitere Vorteile.

Das Motorrad kann aber auch auf den Boden gelegt werden, um Reparaturen an Auspuff und Kickstarterseite vorzunehmen (Bild 2-2). Dabei legt man es so, daß es auf Fußra-

Bild 2-1
Günstige Arbeitsbedingungen bietet ein Montagebock

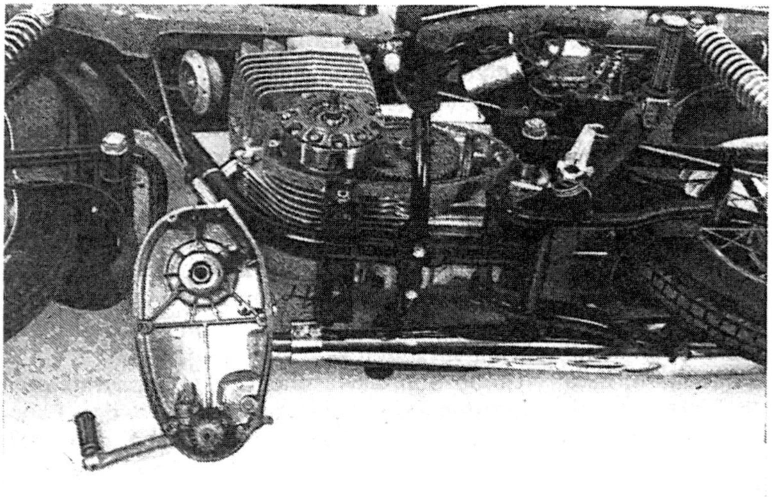

Bild 2-2
Bei Reparaturen an Auspuff- oder Kickstarterseite sowie Radwechsel kann die MZ bei entsprechender Vorsicht auf den Boden gelegt werden

ste und Lenkerende (Lenker in Fahrstellung) aufliegt. Dauert die Reparatur nur kurze Zeit, kann die Batterie sogar am Rad verbleiben; besser ist es jedoch, sie auszubauen. Sollte bei dieser Reparaturart aus der Entlüftungsbohrung des Deckels des Kraftstoffbehälters Kraftstoff auslaufen, verstopft man dieses Loch; ein Grashalm genügt meist schon.

Spezialwerkzeug: Die Bezeichnung „Spezialwerkzeug" ist im Text abgekürzt; sie ist immer so zu finden: SW 1, SW 2 usw. Eine Zusammenstellung aller zweckmäßigen Spezialwerkzeuge enthält die Anlage 1. Die Spezialwerkzeuge sind im Fachhandel nicht erhältlich; die technischen Zeichnungen sollen zum Selbstbau anregen.

Selbstreparaturen und ihr Umfang

Die Frage, wer was reparieren kann, läßt sich nicht eindeutig beantworten. Wir meinen, jeder sollte auf diese Frage selbst die Antwort finden, nachdem er kritisch und ehrlich seine handwerklichen Kenntnisse und technischen Voraussetzungen überprüft hat. Unser Vorschlag lautet deshalb auch, mit kleinen Routinearbeiten zu beginnen und sich so nach und nach in die Arbeit hineinzufinden. Jeder Erfolg, der dabei erzielt wird, erhöht das Selbstvertrauen.
Wenn wir von Durchsicht sprechen, meinen wir nicht die während der Garantiezeit erforderlichen Durchprüfungen in den MZ-Vertragswerkstätten. In dieser Zeit wird ja sowieso jede Maschine von der Vertragswerkstatt nach einem vom Werk vorgegebenen Ablauf betreut. Uns geht es vielmehr um die planmäßigen Durchsichten und damit Wartungsmaßnahmen nach Ablauf der Garantiezeit, um durch prophylaktische Maßnahmen Fehlerquellen bereits im Ansatz zu erkennen und auszumerzen; denn Vorbeugen ist noch immer besser als Heilen.
Unter Reparatur verstehen wir im allgemeinen die Behebung der bei den eigenen Durchsichten der Maschine festgestellten Mängel und im besonderen die Behebung von Schäden, die während der Fahrt auftreten. Je gründlicher diese Durchsichten also zu Hause gemacht und dabei auch die sich abzeichnenden Mängel abgestellt werden, um so weniger Ärger wird es während der Fahrt geben.
Exakte Grenzen für Selbstreparaturen lassen sich nicht vorgeben; die Voraussetzungen sind zu unterschiedlich. Die Vertragswerkstätten besitzen nicht nur das umfangreichere Spezialwerkzeug, ihre Mitarbeiter haben auch die größeren Erfahrungen. Darum sollten z. B. Arbeiten am Motor, die die De-

montage des Gehäuses erfordern, sowie Arbeiten an Getriebe, Schaltung, Stoßdämpfer und Telegabeln den Werkstätten überlassen bleiben.

Kraftstoffanlage

Unerklärlich erscheinende Motorstörungen wie unrunder oder ungleichmäßiger Motorlauf haben als Ursache oftmals die Kraftstoffanlage, also Kraftstoffbehälter, Kraftstoffhahn, Kraftstoffschlauch und/oder Vergaser. Der Fahrzeughersteller gibt deshalb auch vor, die Anlage alle 5 000 km oder halbjährlich durchzusehen und dabei zu reinigen. Und das machen wir so:

Kraftstoffbehälter

Der Kraftstoffbehälter ist relativ störunanfällig. Kommt es dennoch wiederholt zu Störungen im Motorlauf, könnte, wenn die Kraftstoffilter als Ursache dafür ausscheiden, Innenkorrosion der Anlaß sein, und das insbesondere dann, wenn die Maschine längere Zeit mit fast leerem Kraftstoffbehälter stand. In einem solchen Fall baut man den Behälter ab, nimmt den Kraftstoffhahn heraus, spült den Behälter mit Kraftstoff aus und baut ihn mit gleichfalls gesäubertem Kraftstoffhahn wieder an.
Das Abnehmen des Kraftstoffbehälters ist relativ einfach. Bei der TS 125/150 ist er beispielsweise auf zwei vorn am Rahmen befestigte Aufnahmegummis aufgeschoben und wird hinten von zwei senkrecht in Gummi gelagerten Schrauben gehalten. Ähnlich bei der TS 250 bzw. 250/1. Hier übernehmen vorn gleichfalls zwei Gummielemente den Halt des Behälters, während hinten eine quer zum Rahmen angebrachte und in einer Gummibuchse sitzende Schraube die Arretierung übernimmt. Die ETZ besitzt für die Aufnahme des Kraftstoffbehälters am Steuerkopf einen geschlitzten Aufnahmegummi und hinten eine senkrechte Verschraubung. Alle drei konstruktiven Lösungen ermöglichen es, den Kraftstoffbehälter mit wenigen Handgriffen zu demontieren und wieder zu montieren. Sollte dabei das Aufschieben des Behälters auf die Aufnahmegummis nur schwer möglich sein, trägt man auf die Gummis etwas Fett auf. Das erleichtert die Montage.
Alle drei Aufhängungsarten werden bei jeder Demontage des Kraftstoffbehälters auf Intaktheit kontrolliert. Zeigen sich dabei an den Gummielementen stärkere Druckpunkte, werden diese um 90° verdreht. Das sichert wieder den ordentlichen Sitz des Kraftstoffbehälters. Weggelassen werden dürfen die Gummis keinesfalls; es würde die Haltbarkeit von Behälter und Aufhängung stark reduzieren.

Beim Montieren des Kraftstoffbehälters ist generell darauf zu achten, daß benachbarte Teile, bei der ETZ z. B. das Horn oder die rechte Seitenverkleidung, nicht am Kraftstoffbehälter anliegen. Starke Geräusche, die sich auch noch schwer orten lassen, wären anderenfalls die Folge.
Das kleine Loch im Deckel des Kraftstoffbehälters – es sorgt für die Belüftung desselben – muß übrigens immer offen sein. Hat es sich zugesetzt oder ist es vom Tankrucksack verdeckt, unterbindet das dadurch im Kraftstoffbehälter entstehende Vakuum das Nachlaufen des Kraftstoffes in den Vergaser. Im Zweifelsfall bläst man es durch, möglichst mit Druckluft.

Kraftstoffhahn

Im Kraftstoffhahn befinden sich zwei Filter. Das obere davon ragt in den Kraftstoffbehälter hinein (Einlauf), das andere sitzt vor dem Auslauf in der Filterkappe. Nach Lösen der Überwurfmutter, die den Kraftstoffhahn am Kraftstoffbehälter hält, und dem Abdrehen der Filterkappe kommt man an die beiden Filter heran. Dabei ist zu beachten, daß die Überwurfmutter oben Rechtsgewinde und unten Linksgewinde hat (Bild 2-3). Zuvor ist jedoch der Kraftstoffbehälter abzunehmen und auf die Einfüllseite zu legen. Anderenfalls läuft der Kraftstoff aus. Jetzt werden die beiden Filter in Kraftstoff ausgewaschen und wieder montiert. Abschließend wird der

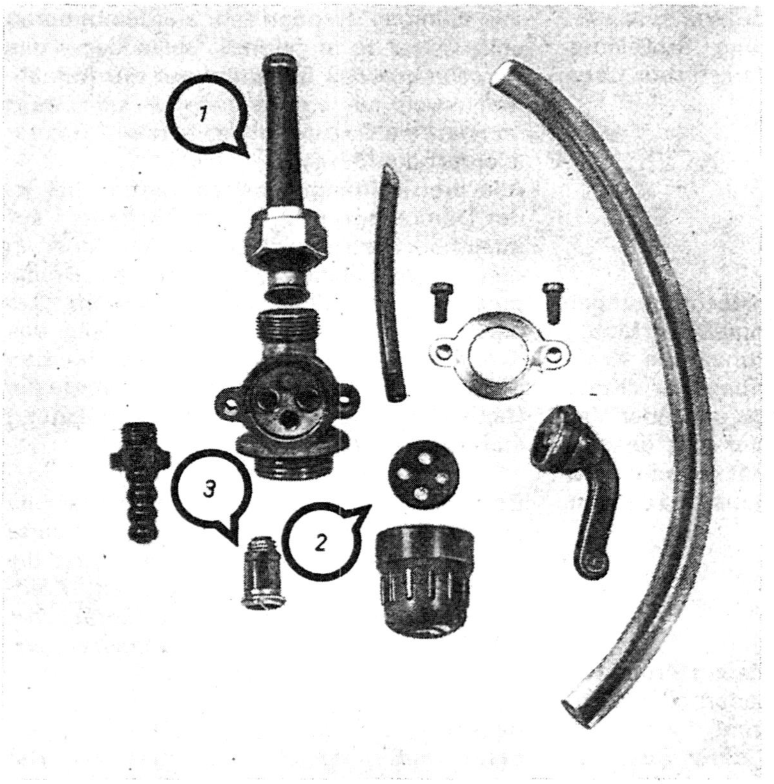

Bild 2-3
Kraftstoffhahn, demontiert; auf den Sitz der Gummischeibe (2) kommt es an; 1 – Einlauffilter, 3 – Auslauffilter

Kraftstoffhahn angebaut, der Kraftstoffbehälter montiert und das ganze System wieder angeschlossen.

Gummidichtscheibe: Ein häufig zu Beanstandungen führendes Teil ist die Gummidichtscheibe im Kraftstoffhahn (s. Bild 2-3). Durch zu kräftiges Anziehen der beiden Schrauben wird sie stark zusammengedrückt. Die Folge: Sich lösende Gummiteilchen blockieren den Kraftstoffzulauf! Sitzen diese Schrauben dagegen zu locker, tritt der Kraftstoff schon am Kraftstoffhahn aus (Verschmutzung der Bekleidung und Brandgefahr). Durch gefühlvolles und beidseitig gleichmäßiges Anziehen der Schrauben wird das beste Ergebnis erreicht. Läuft nach dem Säubern der Filter noch kein Kraftstoff, löst man die beiden Schrauben erneut, säubert die Dichtscheibe und ihren Sitz noch einmal, prüft dabei die drei Bohrungen auf Durchgängigkeit und baut die Scheibe wieder ein.

Durchflußmenge: Ein einwandfrei funktionierender Kraftstoffhahn ist übrigens durchlässig für 16 Liter Kraftstoff je Stunde bei etwa halbgefülltem Kraftstoffbehälter. Das bedeutet für Prüfzwecke, daß für den Durchlauf eines Liters Kraftstoff 3 Minuten und 45 Sekunden ein ausreichend genauer Wert sind. Bei vollem Kraftstoffbehälter ist die Durchlaufmenge etwas höher, bei wenig gefülltem Behälter etwas niedriger.

Kraftstoffschlauch

Der Kraftstoffschlauch aus Plast (s. Bild 2-3) verhärtet mit der Zeit. Das führt zu Undichtheiten an den Anschlußstellen. Stellt man das fest, wird der Schlauch erneuert. Besonders geeignet ist der im Fachhandel angebotene Gummischlauch mit Textilverstärkung. Zu achten ist bei der Montage darauf, daß der neue Schlauch lang genug ist und beide Anschlußnippel voll bedeckt.

Vergaser

Die Wartung des Vergasers, insbesondere sein Einstellen, ist fast eine Wissenschaft, geht es dabei doch um die Abstimmung eines ganzen Systems, welches beim Luftfilter beginnt und am Schalldämpfer endet. Eingeschlossen ist die Zündung, die Qualität des Kraftstoffes und das Verhältnis von Kraftstoff zu Öl sowie Luft. Es dürfte somit einleuchten, daß Durchsicht und Einstellung des Vergasers äußerst sorgfältig geschehen müssen.
Erwähnt sei noch, daß es an den MZ-Motorrädern der einzelnen Baujahre unterschiedliche Vergaserausführungen gibt (Bild 2-4 und 2-5). Sie unterscheiden sich in ihrem Aufbau jedoch nicht wesentlich voneinander. Wir beschäftigen uns hier mit den neuesten Vergaserausführungen der Typen 22 N 1-3, 24 N 1-1 und 30 N 2-5. Bild 2-6 zeigt den letzteren im Schnitt. Die Hinweise gelten sinngemäß aber auch für die älteren Vergaserausführungen.
Ansonsten gilt: Der Vergaser ist ein empfindliches Gerät, das pfleglich behandelt werden muß. Alle Teile werden im Falle der Demontage deshalb auch auf ein sauberes, nicht fusselndes Tuch gelegt. Die Düsen – ihr Herausschrauben sollte nur mit einem gut passenden Schraubendreher geschehen, damit die Schlitze nicht beschädigt werden – werden nur ausgeblasen, höchstens mit einer Borste vom Handfeger oder Besen durchstoßen. Niemals dürfen dafür Draht oder ähnliche Gegenstände verwendet werden.

Reinigung und Demontage: Äußere und innere Reinigung des Vergasers werden mit Kraftstoff oder Waschbenzin mittels eines Pinsels vorgenommen. Dabei genügt es in der Regel, das Schwimmergehäuse abzunehmen und den hier vorhandenen

Bild 2-4 Vergaser der kleinen Typenreihe; 1 – Leerlaufluftschraube, 2 – Bowdenzug-Stellschraube

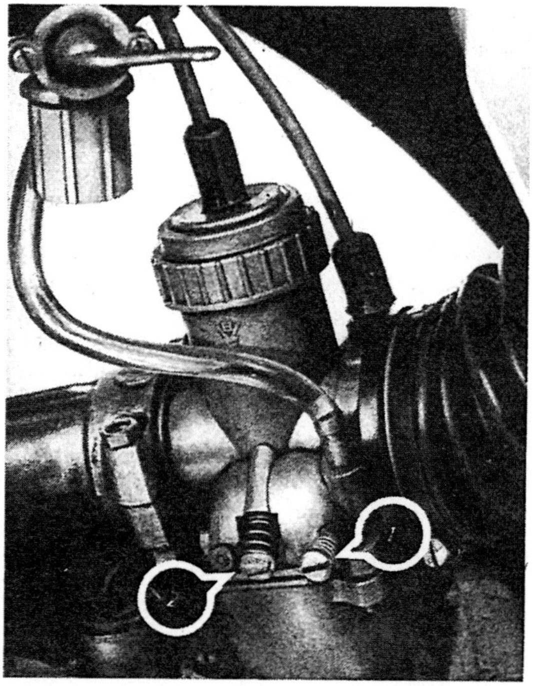

Bild 2-5 Vergaser der großen Typenreihe; 1 – Leerlaufluftschraube, 2 – Schieberanschlagschraube

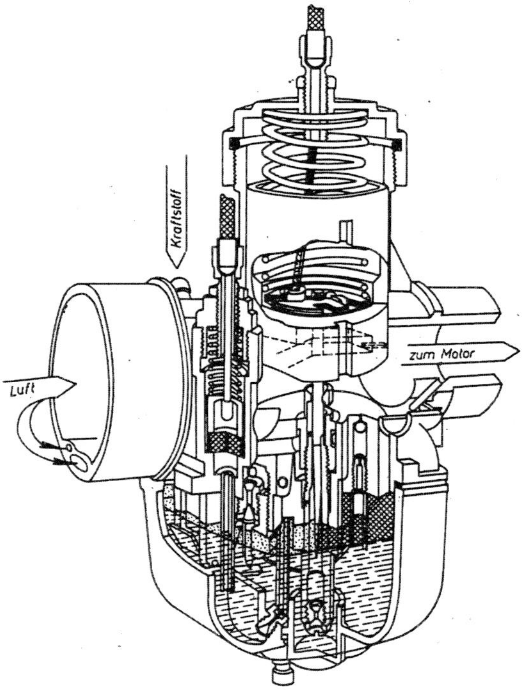

Bild 2-6 Vergaser des Typs 30 N 2-5 der ETZ 250 im Schnitt

Schlamm zu entfernen. Im nächsten Abschnitt „Schwimmergehäuse" ist das näher dargelegt. Genügt das nicht und muß der Vergaser komplett demontiert werden, geht man dabei zweckmäßigerweise wie folgt vor:

1. Verschlußkappe abdrehen, Gasschieber mit Teillastnadel herausziehen und zwischen Kühlrippen des Zylinderdeckels ablegen.
2. Kaltstarteinrichtung herausschrauben.
3. Vergaser vom Ansaugstutzen und Ansaugrohr trennen.
4. Schwimmergehäuse abnehmen.
5. Startdüse herausschrauben.
6. Nadeldüse mit Hauptdüse entfernen, Hauptdüse mit Schraubendreher lösen.
7. Leerlaufdüse herausschrauben.

Schwimmergehäuse: Im Schwimmergehäuse setzen sich im Laufe der Zeit trotz Filterung des Kraftstoffes im Kraftstoffbehälter und Kraftstoffhahn (s. Abschn. „Kraftstoffhahn" dennoch Verunreinigungen in Form von Schlamm am Boden ab. Befindet sich darunter Wasser, richtet das Wasser zwar keinen direkten Schaden an, aber ein Wassertröpfchen vor der Hauptdüse stört die kontinuierliche Kraftstoffversorgung des Motors und führt zu Aussetzern bzw. stoppt den Motorlauf.
Um Schmutz und Wasser aus dem Schwimmergehäuse zu entfernen, muß das Gehäuse abgeschraubt werden (Lösen von 3 Schrauben). Dazu wird der Vergaser nach Lösen der Schraubverbindungen am Ansaugstutzen und des Klemmrings am Anschlußstück um 90° gedreht. Die Säuberung erfolgt durch Spülen mit Kraftstoff. Beim Wiederanbau des Schwimmergehäuses ist die Dichtung nicht zu vergessen und sind die beiderseitigen Befestigungen wieder ordentlich festzuziehen.
Wer sich in der Lage dazu fühlt und auch die notwendigen Werkzeuge besitzt, kann am Boden des Schwimmergehäuses eine hohlgebohrte Schraube einsetzen, in deren Bohrung sich dann Schmutz und Wasser sammeln. Beim Bohren und Schneiden des Gewindeloches in der dünnen Wand des Schwimmergehäusebodens ist jedoch Vorsicht geboten.

Schwimmerstand: Die beiden Schwimmerkörper haben die Aufgabe, das Schwimmerventil zu öffnen bzw. zu schließen und so den Kraftstoffzulauf zu regulieren. Sie dürfen weder bei der Demontage noch beim Säubern verdrückt werden. Das Kraftstoffniveau im Schwimmergehäuse würde dadurch verändert. Aus den Prinzipskizzen 2-7 und 2-8 geht der Abstand bei geöffnetem bzw. geschlossenem Schwimmerventil hervor. Beide Schwimmer müssen parallel stehen. Wenn erforderlich, wird am Knick des auf den Schwimmer aufgelöteten Auslegers leicht nachgerichtet (Vorsicht Lötstelle!). Vor dem Zusammenbau des Schwimmergehäuses sollten die Abstände immer kontrolliert werden.

Montage und Einstellung: Das Zusammenbauen des gereinigten Vergasers geschieht mit folgenden Arbeitsschritten:

1. Gesäuberte Düsen einsetzen.
2. Schwimmerstand kontrollieren.
3. Schwimmergehäuse montieren.
4. Vergaser auf Ansaugstutzen aufsetzen und befestigen.
5. Ansaugrohr montieren, Schraube anziehen.
6. Kaltstarteinrichtung hineindrehen.
7. Gasschieber mit Teillastnadel montieren.
8. Verschlußkappe aufschrauben u. Funktionsprobe des Gasschiebers durch Bewegen des Drehgriffs.

Ausdrücklich hingewiesen sei darauf, daß der Rundschieber nur in peinlich sauberem Zustand eingebaut werden darf. Anderenfalls gibt es hier erhöhten Verschleiß. Man spült ihn deshalb vorher mit Kraftstoff ab. Ansonsten muß die angeschnittene Seite des Schiebers stets in Richtung Luftfilter zeigen. Der Schieber läßt sich durch leichte kreisförmige Bewegungen unter sanftem Druck in die richtige Stellung bringen.

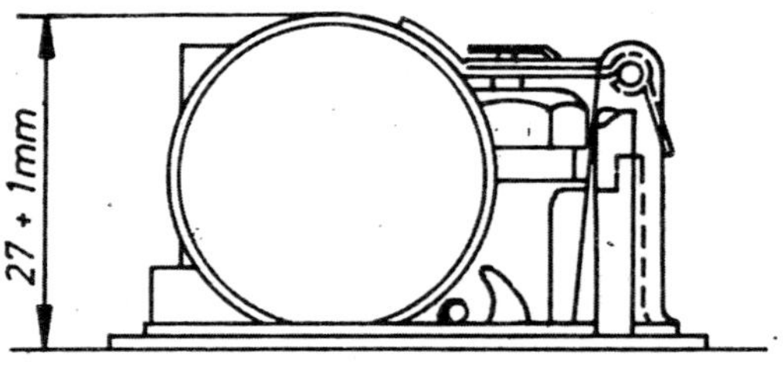

Bild 2-7 Schematische Darstellung der Schwimmereinstellung bei geschlossenem Schwimmerventil; gemessen wird ohne Dichtung

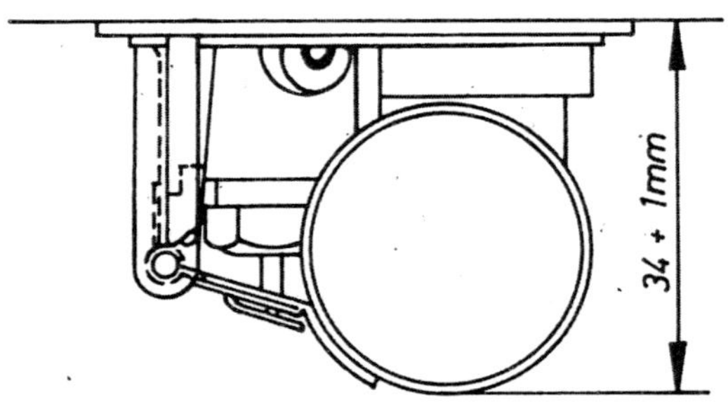

Bild 2-8 Schematische Darstellung der Schwimmereinstellung bei voll geöffnetem Schwimmerventil; Einstellmaße (ohne Dichtung) für Vergasertyp 22-28 N = 34 + 1 mm, für Vergasertyp 30 N = 33 + 1 mm

Motorleerlauf einstellen: In zahlreichen Verkehrssituationen kommt es auf die richtige Leerlaufeinstellung an, u. a. bei Kolonnenfahrt mit den wiederholten Anfahren und Stoppen, beim Warten an Kreuzungen und vor Bahnübergängen. Nicht nur Anfänger werden nervös, wenn z. B. gerade beim Anfahren der Kolonne der Motor infolge zu magerer Leerlaufeinstellung den „Geist" aufgibt. Unangenehm ist aber auch eine zu hohe Leerlaufeinstellung; sie führt zu Schaltgeräuschen und erhöht außerdem den Kraftstoffverbrauch. Der Leerlauf (Standgas) hat ferner Bedeutung für das Anspringen des Motors sowie für den Übergang beim Beschleunigen. Wie stellen wir ihn richtig ein?

Ist der Motor warmgefahren, wird die Maschine mit laufendem Motor waagerecht aufgebockt, damit das Kraftstoffniveau stimmt. Der Drehgriff steht hierbei in Standgasstellung (Anschlag). Nun wird die Leerlaufluftschraube (1) des Vergasers (s. Bild 2-4 und 2-5) ganz geschlossen und danach wieder geöffnet, und zwar bei den einzelnen Vergasertypen wie folgt:

22 N 1-3 (TS 125)	um 1–2 Umdrehungen
24 N 1-1 (TS 150)	um 2–3 Umdrehungen
30 N 2-3 (TS 250)	um 1,5 Umdrehungen
30 N 2-4 (TS 250/1)	um 1,5 Umdrehungen
30 N 2-5 (ETZ 250)	um 1 Umdrehung.

Sodann wird die Stellschraube für den Gasbowdenzug (2) bzw. die Schieberanschlagschraube beim großen Motor (2) so weit herausgedreht, daß der Motor gerade noch läuft. Dann wird die Leerlaufluftschraube (1) ganz langsam hinein- und gegebenenfalls wieder herausgedreht, bis die höchste Drehzahl gefunden ist. Danach wird durch das Hineindrehen der Stell- bzw. Schieberanschlagschraube (2) die Drehzahl so weit gedrosselt, daß der Motor gerade noch läuft. Damit ist die Einstellung des Leerlaufes beendet. Nun drehen wir die Leerlaufluftschraube (1) noch 1/4 Umdrehung hinein, um bei kaltem Motor einen guten Übergang zu erreichen. Die kleine Schraube, die am Bund des Drehgriffes angebracht ist, dient als Bremse des Drehgriffes und kann je nach Wunsch festgestellt werden.

Verbrauchskorrektur: Ausgangspunkt jeder Korrektur der serienmäßigen Vergasereinstellung ist das Kerzengesicht, vorausgesetzt, der Motor ist richtig warmgefahren (mindestens 10 km). Im Normalfall sieht dann der Kerzenstein an der Mittelelektrode sandfarben aus. Ist er sehr dunkel, deutet das auf eine zu fette Einstellung hin, ist er zu hell, ist eine zu magere Einstellung zu vermuten.
Die uns möglichen Veränderungen an der Vergasereinstellung können nur an der Teillastnadel nach Lösen der Verschlußkappe und Herausziehen des Gasschiebers bzw. an der Leerlaufeinstellung vorgenommen werden. Durch Höherhängen der Nadel wird dem Motor mehr Kraftstoff zugeführt, durch Tieferhängen verringert sich die Kraftstoffzufuhr. Es zählt die Kerbe, in die die untere Scheibe des Nadelhalters einrastet (Bild 2-9).

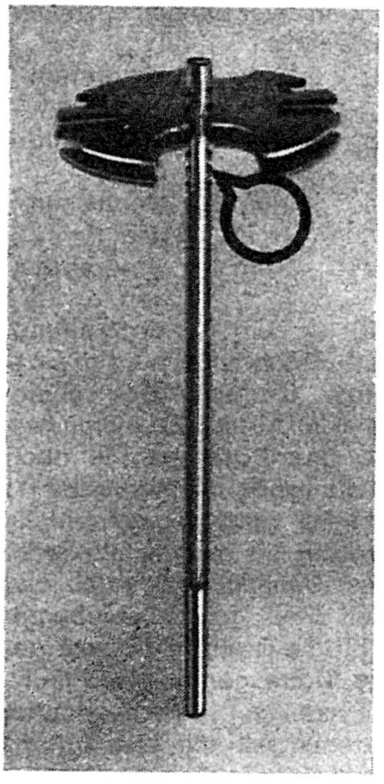

Bild 2-9 Nadelhalter mit Teillastnadel; es zählt die Kerbe, in die die untere Scheibe des Nadelhalters einrastet

Sieht das Kerzengesicht hell aus und haften an der Mittelektrode vielleicht sogar Schmelzperlen, ist die Einstellung zu mager. Das ist insbesondere für das Triebwerk gefährlich; denn wenig Kraftstoff bedeutet schlechte Schmierung!

Eine zu fette Einstellung ist – abgesehen vom höheren Kraftstoffverbrauch – nicht unbedingt gefährlich. Im Laufe der Zeit setzen sich jedoch Auslaßkanal und Schalldämpfer regelrecht zu, und die Leistung des Motors läßt rapide nach.

Kaltstarteinrichtung

Auch die Wirkungsweise der Kaltstarteinrichtung (Bild 2-10) sollte jedem MZ-Fahrer bekannt sein. Durch Bewegen des Hebels für den Startvergaser zum Fahrer hin wird der Startkolben (1) angehoben und gibt die obere Öffnung des Startmischrohres (2) frei. Beim Antreten des Motors wird dadurch

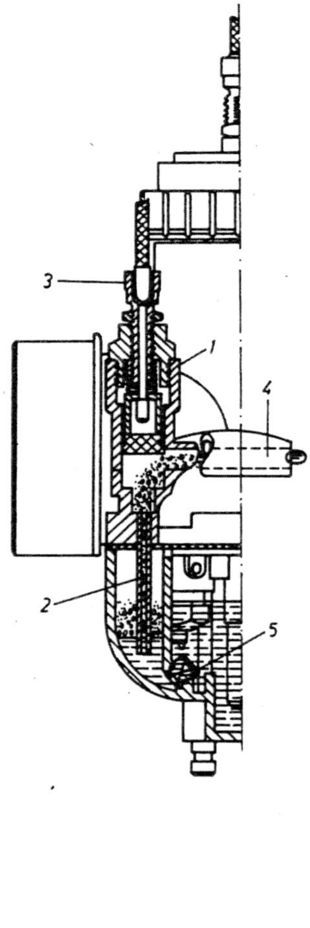

Bild 2-10 Kaltstarteinrichtung im Schnitt, Startkolben angehoben, Hebel für Startvergaser am Lenker gezogen;
1 – Startkolben,
2 – Startmischerrohr
3 – Seilzug-Stellschraube,
4 – Startkanal,
5 – Startdüse

Kraftstoff durch den Startkanal (4) hindurch in den Ansaugkanal gesaugt, und der Motor springt an. Diese Einrichtung funktioniert jedoch nur, wenn der Drehgriff (Gasschieber) geschlossen ist. Bei den Durchsichten der Maschine beachte man deshalb auch folgendes:

1. Die Seilzug-Stellschraube (3) benötigt zwischen Hülle und Schraube ein Spiel von 1 bis 2 mm, wenn der Startkolben sicher schließen soll.
2. Die Dichtung am Startkolben (Gummi) darf nicht beschädigt sein.
3. Die Startdüse (5) muß freien Durchgang haben; ggf. durchblasen.

Ansauganlage

Die im Motor zur Verbrennung des Kraftstoffes benötigte Luft enthält zahlreiche Fremdbestandteile, die dem Motor vorenthalten werden müssen, weil sie den Verschleiß beschleunigen würden. Das besorgt ein ausgeklügeltes Filtersystem. Dieses System hat außerdem die Aufgabe, das Ansauggeräusch zu dämpfen.

Dichtheitskontrolle: Alle 10 000 km oder jährlich einmal wird das Ansaugsystem auf Dichtheit überprüft. Dabei wird insbesondere dafür gesorgt, daß die Schraubverbindung Zylinder/Ansaugstutzen, die Klemmverbindungen Ansaugstutzen/Vergaser sowie Vergaser/Ansaugrohr (Gummi) fest sitzen und noch intakt sind. Werden am Isolierflansch oder an den anderen Gummiteilen des Ansaugstutzens poröse Stellen entdeckt, werden diese Teile sofort erneuert. Einbezogen in die Kontrolle werden die Abdichtungen am Zylinderfuß und am Kurbelgehäuse (Dichtringe). Auch sie müssen dicht sein.

Zieht der Motor an einer der vorgenannten Stellen zusätzlich Luft, spricht man von Falsch- oder Nebenluft. Dieser unerwünschte Zustand schwächt den Sog an der Oberkante der Nadeldüse und damit das Ansaugen von Kraftstoff. Überhitzungserscheinungen mit Klemmneigung des Kolbens und damit Verkürzung der Lebensdauer des Motors sind die Folgen. Erkennbar sind diese Störungen am Kerzengesicht: helle Färbung, Schmelzperlen!

Bild 2-11 zeigt die Ansauganlage der ETZ, aufgebaut zur Demonstration. Bei der Demontage/Montage einzelner oder aller Teile

Bild 2-11 Ansauganlage der ETZ 250, aufgebaut zur Demonstration

der Ansauganlage ist sorgfältig darauf zu achten, daß jedes Teil wieder richtig montiert und absolute Dichtheit zwischen den einzelnen Teilen hergestellt wird.

Luftfilter

Ein Trockenfilter im Ansaugsystem der MZ sorgt für eine gründliche Reinigung der Ansaugluft und trägt somit zu einer hohen Lebensdauer des Motors bei. Die Wartung des Filters ist einfach. Die Patrone wird nach jeweils 4 000 bis 5 000 km durch Ausklopfen vom Staub befreit und nach jeweils 10 000 km oder alle 2 Jahre erneuert.
Ein Auswaschen des Papierfilters ist nicht möglich. Nasse Filter – ganz gleich aus welchem Grunde sie naß geworden sind – sind darum auch unbrauchbar und müssen erneuert werden. Der Grund: Überaus stark verschmutzte oder nasse Filtereinsätze hemmen den Luftdurchgang und erhöhen den Sog an der Nadeldüse. Die Folge: Erhöhter Kraftstoffverbrauch trotz richtiger Vergasereinstellung bzw. Überfettung des Gemischs; der Motor hat eine ungenügende Leistung und springt schlecht an. Das Kerzengesicht sieht in einem solchen Fall dunkel aus; es ist verrußt (verölt).
Erfahrene MZ-Fahrer notieren sich übrigens die Reinigungs- bzw. Austauschdaten des Luftfiltereinsatzes einschließlich der gegebenen Kilometerstände auf der Außenseite der Filterpatrone. So vergessen sie diese Daten nicht und können den Filtereinsatz stets rechtzeitig reinigen bzw. erneuern.

Zündanlage

Zur Zündanlage gehören Unterbrecher, Zündspule, Zündkabel, Zündkerzenstecker und Zündkerze. MZ-Motorräder haben Batteriezündung, die so funktioniert, daß bei jeder Kurbelwellenumdrehung durch das Abheben des Unterbrecherkontaktes der Stromfluß in der Primärwicklung der Zündspule unterbrochen wird. Dadurch entsteht in der Sekundärwicklung eine Zündspannung, die von der Zündspule, über das Zündkabel und den Zündkerzenstecker zur Zündkerze geleitet wird und dort als Zündfunke an der Elektrode überspringt. Bauteile wie Zündlichtschalter, Lichtmaschine, Batterie und zugehörige Kabelverbindungen, die direkt oder indirekt an der Zündanlage beteiligt sind, werden im Kapitel „Elektrische Anlage" näher erläutert.

Zündkerze

Die Zündkerze ist hohen thermischen und Druckbelastungen ausgesetzt. Deshalb ist es notwendig, den Elektrodenabstand nach etwa 2 500 km oder 2 Monate zu überprüfen und gegebenenfalls auf 0,6 mm nachzurichten.
Verbrennungsrückstände an den Elektroden werden mit Schmirgelleinen entfernt. Nach 10 000 km oder wenn die Elektroden der Kerze stark abgebrannt sind, wird eine neue Zündkerze eingesetzt. Beim Einschrauben der Zündkerze den Dichtring nicht vergessen und den Kerzenschlüssel nicht verkanten. Grundsätzlich sind nur Kerzen mit dem vorgeschriebenen Wärmewert zu verwenden;

TS 125/150	M 14 × 240
TS 250, 250/1	M 14 × 240
ETZ 250	M 14 × 260.

Ansonsten muß der MZ-Fahrer von der Zündkerze wissen: Die Betriebstemperatur liegt zwischen 400 und 1 000 °C. Werden die 400 °C unterschritten (dies geschähe bei einer Kerze mit höherem Wärmewert als vorgeschrieben), kann sich Ruß auf dem Isolator bilden, der nicht mehr weggebrannt wird und zu Nebenschlußströmen führt. Oberhalb 400 °C wird der Isolator freigebrannt, und die Zündkerze arbeitet störungsfrei. Temperaturen von über 1 000 °C (dies geschähe bei einer Kerze mit niedrigerem Wärmewert als vorgeschrieben) führen zu unkontrollierbaren Glühzündungen, die auf die Dauer den Motor zerstören. Das Mitführen von vor Schlag geschützten Reservekerzen mit richtigem Wärmewert ist folglich eine Notwendigkeit. Der Einbau fremder Zündkerzenfabrikate mit undefinierbarem Wärmewert – nahezu alle Hersteller haben unterschiedliche Kennzeichnungen – unterbleibt zweckmäßigerweise.

Zündkerzenstecker

Alle neueren MZ-Motorräder sind mit Kerzensteckern ausgerüstet, die mit einer Gummidichtung im Inneren die Kerze gegen den Stecker abdichten und so das Eindringen von Wasser und Staub verhindern.
Wichtig ist, daß der Zündkerzenstecker innen und außen saubergehalten wird. Man säubert ihn von Zeit zu Zeit mit einem trokkenen Lappen. Verschmutzungen begünstigen das Entstehen von Kriechfunkenstrekken.
Die Blechummantelung darf im Interesse einer einwandfreien Funkentstörung nicht entfernt werden.

Zündkabel

Das Zündkabel besitzt eine Seele aus mehreren dünnen Drähten, die im Kerzenstecker auf einen Stahlstift aufgedrückt werden. Funktioniert dieser Kontakt aufgrund von Korrosion oder durch Beschädigung nicht mehr, kann man das Zündkabel etwas kürzen und neu aufschieben. Bleibt dieser Versuch erfolglos, hilft nur noch der Austausch des Zündkabels.
Die Gummimuffe zwischen Zündkabel und Zündkerzenstecker darf weder lose sitzen noch gerissen sein, anderenfalls dringt Wasser bzw. Staub in das Steckerinnere ein und unterbricht den Stromfluß.
Die Abdichtung des Zündkabels zur Zündspule übernimmt ein Gummiring. Dieser darf nicht beschädigt oder gar verlorengegangen sein.
Bleibt der Zündfunke aus, so überprüfen wir zuerst die Zündkerze oder tauschen sie gegen die Reservekerze aus. Danach wird, wenn der Motor nicht anspringt, der Kerzenstecker abgedreht und das Zündkabel in etwa 5 mm Entfernung an den Stahlstift der Zündkerze gehalten. Bei intakter Zündanlage überspringt der Zündfunke diese Entfernung mühelos. Geschieht das, ist erfahrungsgemäß der Zündkerzenstecker defekt.

Zündspule

Die Zündspule ist so etwas wie ein Transformator. Sie hat die Aufgabe, die niedrige Spannung von 6 bzw. 12 Volt in eine Spannung von etwa 12 000 Volt umzuwandeln. Und da bekanntlich nur eine Wechselspannung transformiert werden kann, im Bordnetz aber eine Gleichspannung vorhanden ist, muß eine ständige Spannungsänderung durchgeführt werden. Das bewirken in Zusammenarbeit Unterbrecher und Kondensator.
Die Zündspule hat 3 Anschlüsse, die auf guten Kontakt zu untersuchen sind. Es handelt sich dabei um die Anschlüsse 1 (zum Unterbrecher), 15 (zum Zündlichtschalter 15/54) und 4 (Zündkabel). Ihre Gummiabdeckungen müssen stets über die Kontakte 1 und 15 gezogen und am Zündkabel (Klemme 4) muß der Dichtring eingelegt sein.
Erweisen sich bei einer Unterwegsstörung die Kabelanschlüsse 1 und 15 sowie das Zündkabel ohne Beanstandung und arbeitet auch der Unterbrecher einwandfrei, könnte ein Defekt in der Zündspule oder am Kondensator vorliegen. Möglich sind: Wicklung der Zündspule durchgebrannt, Schluß der Zündspulenwicklung, Masseschluß des Kondensators. Um der Störung trotzdem auf den Grund zu kommen, hilft nur ein Austausch der Zündspule bzw. des Kondensators. Eine spezielle Überprüfung ist uns unterwegs nicht möglich.
Beim Abstellen des Motorrades ist übrigens niemals zu vergessen, die Zündung auszuschalten. Der Grund: Bei stehendem Motor, eingeschalteter Zündung und zufällig geschlossenem Unterbrecher wird die Zündspule von Strom durchflossen, der bei längerer Zeit die Zündspule so stark erhitzt, daß die Isolation der feinen Drähte zerstört wird. Ergebnis: Die Zündspule schlägt durch und ist unbrauchbar!

Unterbrecherkontaktabstand

Der Unterbrecherkontaktabstand, der alle 5 000 km zu überprüfen ist, soll an der höchsten Nockenstellung 0,3 + 0,1 mm betragen (Bild 2-12). Man prüft das mit der

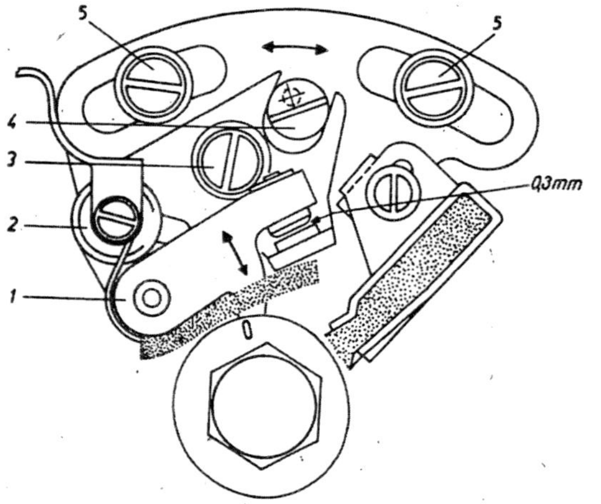

Bild 2-12 Unterbrecher der Zündanlage; 1 – Lagerbolzen, 2 – Kondensator, 3 – Befestigungsschraube des Unterbrechers, 4 – Exzenterschraube, 5 – Halteschrauben der Unterbrecherplatte

Lehre im Bordwerkzeug. Stimmt er nicht, wird die Befestigungsschraube 3 gelöst und der richtige Wert durch Verdrehen der Exzenterschraube 4 eingestellt. Nach dem Anziehen der Befestigungsschraube muß der Abstand erneut überprüft werden; es besteht die Gefahr des Verspannens.
Die Unterbrecherkontakte müssen im geschlossenen Zustand mittig aufliegen und metallisch sauber sein. Kleinere Brandstellen werden mit einer Kontaktfeile oder feinem Schmirgel entfernt. Sind schon regelrechte Krater erkennbar, hilft nur noch Austausch des kompletten Unterbrechers. Der Filzwischer ist mit einigen Tropfen Unterbrecheröl zu tränken. Er darf nur die Erhebung des Nockens streifen.

Zündzeitpunkt

Der Zündzeitpunkt der MZ-Motoren ist mit 3,0–0,5 mm vor dem oberen Totpunkt (OT) des Kolbens vorgegeben, d. h., der Zündfunke muß überspringen, wenn der Kolben noch 2,5–3,0 mm vom OT entfernt ist. Wie man das erreicht, schildern wir im nachfolgenden Abschnitt am Motor der TS 250/1.

Einstellungshilfsmittel: Als Hilfsmittel zur Zündeinstellung benötigen wir einen Kolbenanschlag zwecks Ermittlung des OT (Bild 2-13, SW 1), eine Blechscheibe (Sektor einer Gradscheibe) mit Zwischenstück (Bild 2-14, SW 2) und eine Prüflampe entsprechend der Bordspannung der Maschine. Alle drei Hilfsmittel können wir uns selber fertigen.
Der Kolbenanschlag (Bild 2-13) wurde aus einer alten abgesägten Zündkerze und einer Schraube M 10 × 80 gefertigt. Zur Entlüftung kann entweder das Gewinde der Schraube in Längsrichtung mit einer Fläche versehen oder der Bolzen in Längsachse durchbohrt werden (3–4 mm ∅). Für die Blechscheibe – Bild 2-14 zeigt die Maße – ist Stahlblech von 1 mm Dicke ausreichend. Die vorgegebenen Schrägen an den beiden Flanken sind unterschiedlich für die Maschinen der großen und der kleinen Typenreihe und müssen genau angerissen und ausgefeilt werden. Das Zwischenstück dient zur Befestigung der Bleichscheibe auf der Nokkenschraube.

Einstellvorgang: Zuerst schrauben wir den Kolbenanschlag in die Kerzenbohrung. Der Kolben sollte hierbei unterhalb des OT stehen, die Anschlagschraube den Kolbenweg ungefähr 2–3 mm vor OT begrenzen. Drehen wir jetzt die Kurbelwelle einmal im Uhrzeigersinn und danach in Gegenrichtung, so stößt der Kolben bei einer bestimmten Winkelstellung der Kurbelwelle an den Kolbenanschlag. Genau in der Mitte zwischen diesen beiden Anschlagpunkten liegt der OT. Nun befestigen wir das Zwischenstück mit der Blechscheibe auf der Nockenschraube (s. Bild 2-15) und die als Anschlag gedachte Gehäuseschraube.
Haben wir die Kurbelwelle bis zum Anschlag im Uhrzeigersinn gedreht, stellen wir die Blechscheibe mit der Flanke F_1 dem Festpunkt T (Schlitz der Gehäuseschraube) gegenüber (Bild 2-15). Jetzt wird die Kurbelwelle entgegen dem Uhrzeigersinn bis zum Anschlag bewegt (gedreht wird an der Befestigungsschraube des Zwischenstücks). Die Flanke F_2 der Blechscheibe steht nunmehr nahe dem Festpunkt T (Bild 2-16). Durch wechselseitiges Korrigieren des Anschlages (Drehen der Schraube 2 im Gewindeteil 1)

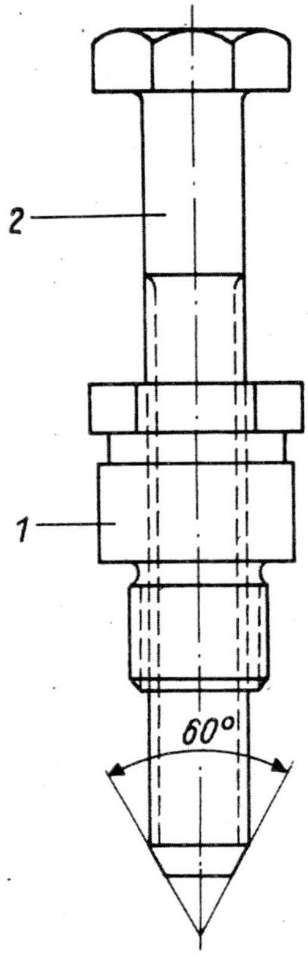

Bild 2-13
Anschlag SW 1 zur Ermittlung des OT, gefertigt aus einer alten Zündkerze (1) und einer Sechskantschraube (2); Teile s. Anlage 2

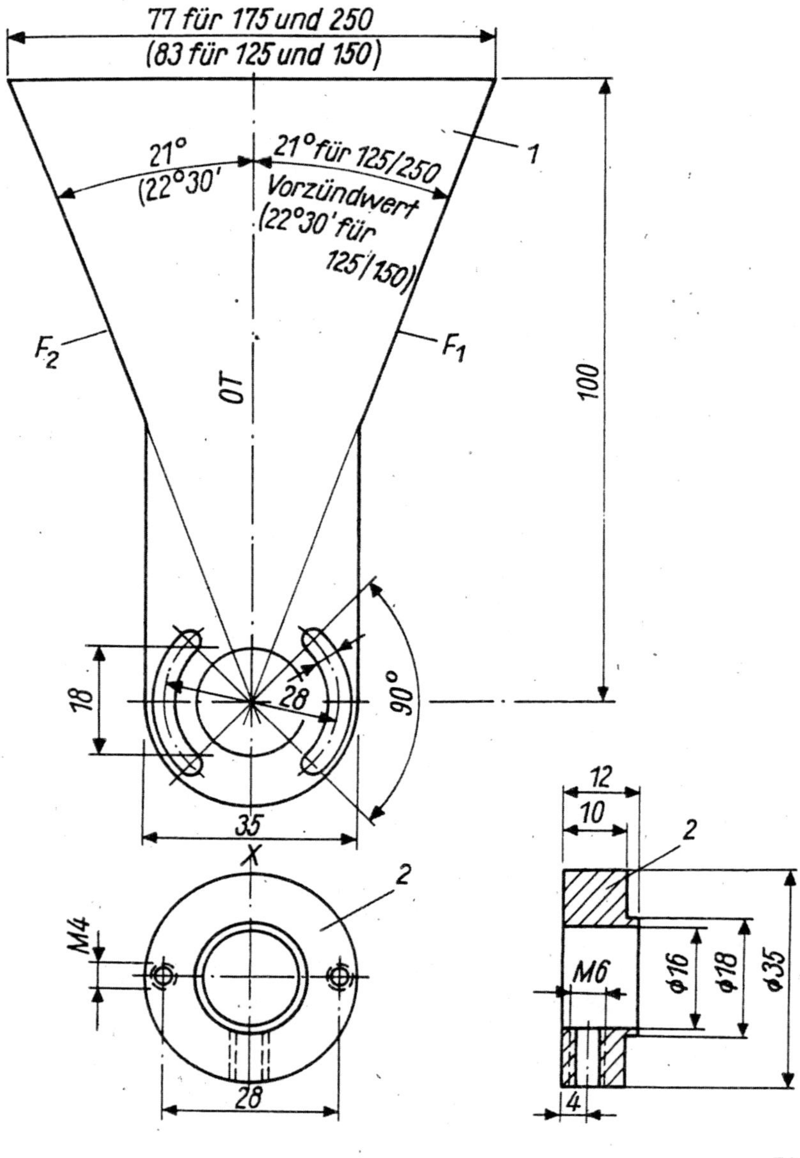

Bild 2-14
Hilfsmittel SW 2 zur Einstellung des Zündzeitpunktes

und Verstellen der Blechscheibe auf dem Zwischenstück (Langlöcher) erreichen wir eine Einstellung, bei der sowohl F_1 (Uhrzeigersinn) und F_2 (entgegengesetzt) genau am Festpunkt T stehen. Die Mittelachse unserer Blechscheibe (s. Bild 2-14) entspricht nunmehr dem OT, und der Kolben steht exakt im Zündpunkt, wenn F_1 dem Festpunkt T gegenübersteht, d. h. umgerechnet zwischen 22 und 24° bei der Typenreihe 125/150 und zwischen 20 und 22° bei den großen Motoren.

Der Anschlag in der Kerzenbohrung kann nun entfernt werden, und die Prüflampe wird an die Stromschiene des Kondensators und an Masse angeklemmt. Bei eingeschalteter Zündung kontrollieren wir, ob bei Erreichen der Flanke F_1 am Festpunkt T die Lampe aufleuchtet. Eine Korrektur wird vorgenommen nach Lockerung der beiden Befestigungsschrauben (3) und (4), die die Unterbrechergrundplatte halten (s. Bild 2-12). Eine Verschiebung der Platte in Richtung des Festpunktes T bringt mehr Vorzündung, eine Verschiebung in entgegengesetzter Richtung weniger Vorzündung.

Bei Anwendung dieser Einstellmethode am kleinen Motor muß beachtet werden, daß der Festpunkt T hier nicht vorhanden ist, sondern – analog beim großen Motor – durch Befestigung eines Blechstreifens an der Gehäuseschraube des Lichtmaschinendeckels erst gesucht und markiert werden muß. Der Blechstreifen ist entsprechend zu biegen.

Motor

Der Kraftquelle der Maschine, dem Motor, gilt unsere besondere Aufmerksamkeit. Wie man mit ihm umgeht, ist bereits beschrieben worden. Wie er bei Vorliegen der notwendigen Voraussetzungen gewartet und gegebenenfalls auch repariert wird, ist hier erklärt.

Bild 2-15
Hilfsmittel SW 2 in Aktion zur Kontrolle des Zündzeitpunktes; Drehrichtung im Uhrzeigersinn

Bild 2-16
Hilfsmittel SW 2 in Aktion zur Kontrolle des Zündzeitpunktes; Drehrichtung entgegen dem Uhrzeigersinn

Zylinder und Kolben

Zylinder und Kolben machen bei Verwendung des vorgeschriebenen Kraftstoff-Öl-Gemischs, einer ordnungsgemäßen Vergasereinstellung und richtiger Fahrweise wenig Kummer. Dennoch ist es angebracht, auch hier gelegentlich nach dem Rechten zu sehen. Der Fahrzeughersteller empfiehlt alle 10 000 km oder jährlich, bei den Motorschrauben alle 5 000 km oder halbjährlich.
Allgemein wird die Lebensdauer von Kolben und Zylinder mit rund 30 000 km angenommen. Dieser Wert wird mit Sicherheit erreicht, wenn die Maschine nur auf Straßen und mit gut gewartetem Luftfilter zügig gefahren wird. Er kann aber auch niedriger sein, wenn sie vorwiegend in staubigen Regionen, z. B. in der Land- und Forstwirtschaft, und vor allem mit nicht gewartetem oder defektem Luftfilter betrieben wird.

Zylinder demontieren: Voraussetzung für das Demontieren des Zylinders ist die Demontage des Kraftstoffbehälters. Danach wird beim kleinen Motor der Auspuffkrümmer gelöst, werden die Zylinderkopfmuttern über Kreuz geöffnet und wird der Zylinderdeckel abgenommen. Beim großen Motor (TS 250, TS 250/1 und ETZ) sind zusätzlich noch die Befestigungsstrebe für den Schalldämpfer, die elastische Motoraufhängung und das Horn zu lösen. Dazu wird der Motor an seiner Unterseite abgestützt. Nunmehr kann der Vergaser vom Ansaugstutzen getrennt und der Ansaugstutzen demontiert werden. Jetzt wird der Zylinder vorsichtig abgehoben. Ist das geschehen, wird das Kurbelgehäuse mit einem sauberen Tuch abgedeckt, damit keine Fremdkörper hineinfallen.

Brennraum säubern: Der Brennraum im Zylinderdeckel wird mit einer kleinen Drahtbürste von Ölkohleablagerungen befreit. Die Oberfläche soll metallisch blank und ohne Riefen sein. Um diesen Zustand zu erhalten, dürfen zum Säubern keine kantigen Metallgegenstände verwendet werden.

Kanäle säubern: Die Kanäle im Zylinder, vor allem den Auslaßkanal, befreit man mit Schaber und Schmirgelleinen von den Verbrennungsrückständen. Fühl- oder sichtbare Unebenheiten werden bei dieser Gelegenheit mit Schmirgelleinen geglättet. Das gleiche geschieht mit Ansaug- und Überströmkanälen sowie mit dem Ansaugstutzen. Auch hier werden die gegebenenfalls vorhandenen Unebenheiten – sie rühren aus der Serienfertigung her – mit Schmirgelleinen beseitigt.

Kolben demontieren: Erweist es sich vielleicht infolge Klapperns des Kolbenbolzens als notwendig, den Kolben zu demontieren, entfernt man mit einer Flachzange die beiderseitigen Sicherungsringe des Kolbenbolzens und drückt den Bolzen vorsichtig aus dem Kolben heraus. Gelingt das nicht auf Anhieb, wird die Ausdrückvorrichtung nach Bild 2-17 SW 3 benutzt. Bei jeder anderen Behandlung des Kolbenbolzens besteht Gefahr für das Nadellager.
Als Maß für die Beurteilung des Verschleißes an der Passung Kolbenbolzen/Nadellager gilt, daß sich beide Teile – sie müssen dabei ölfrei sein – ohne zu klemmen bewegen lassen.

Kolben säubern: Die schuppenartigen Rückstände auf dem Kolbenboden werden mit einer Drahtbürste entfernt. Die feste Schicht darunter soll erhalten bleiben; sie schützt den Kolben vor unerwünschter Wärmeaufnahme.
Eventuelle leichte Klemmspuren am Kolbenmantel werden mit feinem Korundstein, der vorher in das Kraftstoff-Ölgemisch getaucht wurde, das zum Fahren benutzt wird, beseitigt. Gearbeitet werden darf nur in Längsrichtung.

Zylinder säubern: Leichte Klemmspuren im Zylinder, die man bei dieser Gelegenheit entdeckt und die gewöhnlich durch angepreßte

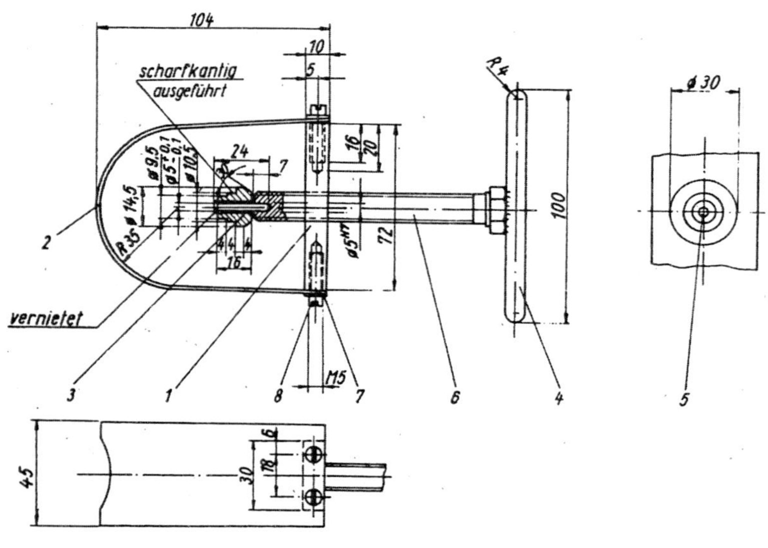

Bild 2-17
Ausdrückvorrichtung SW 3 für den Kolbenbolzen; Teile s. Anlage 2

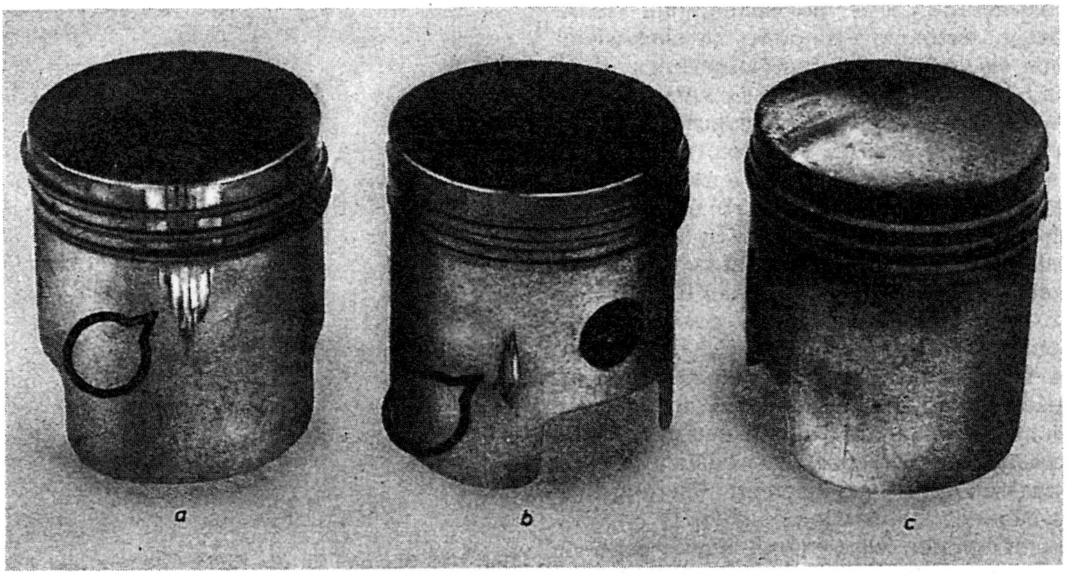

Bild 2-18 Kolben mit unterschiedlichen Laufbildern; a – starke Klemmspuren, Kolben ist unbrauchbar, b – leichte Klemmspuren können mit einer Schmirgelfeile geglättet werden, c – gut eingelaufener Kolben

Aluminiumteilchen vom Kolben entstanden sind, werden mit feinstem Schmirgelpapier (400er Körnung) beseitigt. Bearbeitet wird gleichfalls nur in Längsrichtung.

Kolbenlaufbilder/Kolbenklemmer: Die in Bild 2-18 gezeigten Kolben lassen einige Rückschlüsse auf die Behandlung des Motors zu. Im Abschnitt „Paarung Kolben/Zylinder" sind die mechanischen Ursachen für Kolbenklemmer genannt. Hinzu können folgende, auf den Fahrer der Maschine zurückzuführende Ursachen kommen:

1. An erster Stelle zur Verhinderung eines Kolbenklemmers steht die Zündeinstellung. Es ist besser, den Zündzeitpunkt auf 2,5–2,8 mm vor OT festzulegen, als eine Einstellung von über 3 mm zu akzeptieren. Beim Neueinstellen der Zündung ist zu beachten, daß ein erhöhter Nockenschlag, hervorgerufen durch ein Radialspiel der Kugellager auf der Kurbelwelle, die Einstellung verwässern kann.
2. Undichtheiten an der Ansauganlage, beginnend am Luftkasten und endend am Flansch des Ansaugstutzens, fördern infolge des sich dadurch zum Negativen verändernden Kraftstoff-Öl-Luftgemisches und damit Heißwerden des Motors die Neigung zu Kolbenklemmern. Sie dürfen also nicht zugelassen bzw. müssen sofort beseitigt werden.
3. Falsches oder gar fehlendes Öl im Kraftstoff – letzteres ist gar nicht so selten – sind eine weitere Basis für Kolbenklemmer. Niemand sollte es deshalb an der notwendigen Aufmerksamkeit beim Tanken fehlen lassen.
4. Auf den richtigen Wärmewert der Zündkerze (s. Abschn. „Zündkerze") kommt es gleichfalls an. Ein zu niedriger Wärmewert fördert das Heißwerden des Motors und damit Kolbenklemmer.
5. Kraftstoffmangel und dadurch bedingt Schmiermittelmangel infolge teilweise zugesetzter Filter, verstopfter Entlüftungsbohrung im Tankdeckel oder zu fest angezogener Halteschrauben am Kraftstoffhahn sowie eine leichtfertig veränderte Vergasereinstellung bzw. eine veränderte Auspuffanlage sind in die Betrachtungen zur Vermeidung von Kolbenklemmern gleichfalls mit einzubeziehen.

Bild 2-19 Beispiel für die Kennzeichnung der Kolben

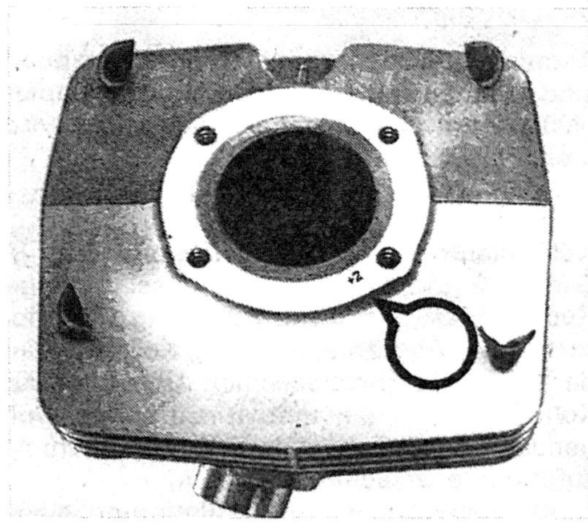

Bild 2-20 Beispiel für die Signierung der Zylinder

Kolbenringe: Sind die Kolbenringe leichtgängig, bleiben die Ringe wo sie sind. Klemmen sie jedoch in ihren Nuten oder sitzen sie hier sogar fest, werden sie vorsichtig abgenommen. Dabei ist es zweckmäßig, die Ringe nur so weit zu spreizen, daß sie aus der Nut sicher entfernt werden können. Dann sind sie vorsichtig zur kurzen Seite hin abzuziehen. Bei übermäßiger Spreizung brechen die Ringe. Weiterhin ist zu gewährleisten, daß bei der Montage jeder Ring wieder in seine Ausgangsstellung zurückkommt, auch seitenrichtig. Ist ein Ring gebrochen, kann dieser aus ökonomischen Gründen ersetzt werden; sind es mehrere, hilft nur der Einbau eines neuen Kolbens nach dem Ausschleifen des Zylinders. Was dabei alles zu beachten ist, ist im Abschnitt „Paarung Kolben/Zylinder" behandelt.
Die Ringnuten werden mit einem Kolbenringbruchstück, welches angeschliffen ist, gereinigt. Die Arretierstifte sind dabei auf Festsitz zu überprüfen. Sollte sich einer der Stifte gelockert haben, ist der Kolben unbrauchbar.

Pleuellagerung: Mit etwas Gefühl läßt sich auch das Radialspiel des Pleuels an der unteren Pleuellagerung überprüfen. Man fast das Pleuel am oberen Auge an und bewegt es wechselseitig nach oben und unten. Aber wirklich nur senkrecht bewegen. Das axiale Spiel ist dabei von untergeordneter Bedeutung. Ein fühlbares Radialspiel signalisiert die Notwendigkeit zum Austauschen der Kurbelwelle. Diese Reparatur kann nur in der Vertragswerkstatt ausgeführt werden.

Paarung Kolben/Zylinder: Durch größere Kolbenklemmer oder herausgefallene Sicherungsringe der Kolbenbolzen, Fremdkörper im Kurbeltrieb, zerbrochene Kolbenringe, o. ä. kann der Austausch von Kolben und Zylinder erforderlich werden. Dabei ist folgendes unbedingt zu beachten:

Kolben: Die auf dem Kolbenboden (Bild 2-19) eingeschlagene Zahl gibt den Durchmesser des Kolbens an. Der hier gleichfalls vorhandene Pfeil muß bei eingebautem Kolben in Richtung des Auslaßkanals (in Fahrtrichtung) zeigen. Eine weitere Kennzeichnung ist im Inneren des Kolbens vorhanden. Für die ETZ 250 sind nur Kolben mit der Kennzeichnung 69.6 und für die TS 250 nur Kolben mit der Kennzeichnung 69.5 zu verwenden.

Zylinder: Der Zylinder (Bild 2-20) trägt als Kennzeichnung das Nennmaß. Es bedeuten:

– 1 ≙ 0,01 mm unter Vollmaß
0 ≙ Vollmaß
69,00 mm für TS 250, TS 250/1, ETZ 250
56,00 mm für TS 150
52,00 mm für TS 125
+ 1 ≙ 0,01 mm über Vollmaß
+ 2 ≙ 0,02 mm über Vollmaß.

Einbauspiel: Das Einbauspiel ist ein experimentiell ermittelter Wert, der für einen einwandfreien Motorlauf Voraussetzung ist. Tabelle 2-1 enthält die Werte. Eine Unterschreitung dieser Spiele führt mit Sicherheit zu Kolbenklemmern und ist darum lebensgefährlich.
Vom Fachmann wird das Zusammenstellen von Kolben und Zylinder als Paaren bezeichnet. Beispiel: Für eine ETZ 250 steht ein Kolben mit 68,96 mm Durchmesser zur Verfügung, der Zylinder ist mit +1 signiert, besitzt also einen Durchmesser von 69,01 mm. Daraus ergibt sich die Rechnung:

Zylinder	69,01 mm
Kolben	68,96 mm
Einbauspiel	0,05 mm.

Das nach Tabelle 2-1 für die ETZ 250 vorgegebene Einbauspiel von 0,05 mm wird bei dieser Paarung von Kolben und Zylinder also eingehalten.

Tabelle 2-1: Einbauspiele und Verschleißwerte Kolben/Zylinder

Fahrzeug-typ	Einbausp./Verschleißw. Kolben/Zylinder
TS 125	0,03/0,25 mm
TS 150	0,03/0,25 mm
TS 250	0,04/0,10 mm
TS 250/1	0,04/0,10 mm
ETZ 250	0,05/0,10 mm

Grundsätzlich kann man sich an die Signierung von Kolben und Zylinder halten. Wer jedoch Innenmeßgerät und Mikrometer zur Verfügung hat, kann die Maße auch selbst ermitteln. Das Nennmaß des Kolbens findet man etwa 30 mm oberhalb der Kolbenunterkante, denn jeder Kolben ist leicht konisch und hat im Bereich der Ringe seine schwächste Stelle. Der Zylinder wird im unteren und oberen Drittel gemessen.
Bei bereits gelaufenen Kolben und Zylindern tritt eine leichte Verformung ein, so daß auch bei Beachtung der o. g. Meßvorschriften das eingeschlagene Maß nicht erreicht wird. In Tabelle 2-1 sind deshalb auch die Verschleißwerte von Kolben und Zylinder angegeben. Wird der jeweilige Wert erreicht, ist der Austausch beider Teile erforderlich. Zunehmende Geräusche signalisieren ohnehin diesen Zeitpunkt.

Zylinder ausschleifen: Wer die Möglichkeit hat, kann den Zylinder seiner MZ in einer Zylinderschleiferei bis max. 2 mm ausschleifen lassen. Zu dem dann im Innenmaß größeren Zylinder passende Kolben (Übermaßkolben) gibt es mit je 0,5 mm Vergrößerung im Fachhandel.

Kolben und Zylinder montieren: Die Montage beginnt damit, daß die Kolbenringe wieder in ihre ursprüngliche Lage gebracht werden. Dabei kommen die Arretierstifte zwischen die Ringstöße. Nun wird der Kolben auf einer Heizplatte auf etwa 50 °C erwärmt und anschließend auf einer der Unterlagen SW 4/5 (Bild 2-21) gesetzt. Danach ist es ratsam, für die Montage des Kolbenbolzens den Führungsdorn SW 6 (Bild 2-22 und 2-23) zu verwenden und mit der Ausdrückvorrichtung SW 3 (s. Bild 2-17) den gut geölten Kolbenbolzen langsam in die richtige Lage zu drücken. Das Einschlagen mit einem Hammer muß unterbleiben; die Nadellager würden Schaden nehmen.
Jetzt werden die beiden seitlichen Sicherungen montiert, und zwar so, daß die offenen Seiten nach oben oder unten zeigen. Es sind nur neue Sicherungen zu verwenden. Ferner ist unbedingt auf einen guten Sitz der Sicherungen in den Nuten zu achten (Flachzange verwenden). Eine herausrutschende Sicherung kann den Motor blockieren und führt zur Zerstörung von Kolben und Zylinder!
Bevor der Zylinder aufgesetzt wird, werden die 4 Stehbolzen auf festen Sitz kontrolliert und wird die Fußdichtung aufgelegt. Sie wird mit etwas Fett oder Öl an das Gehäuse

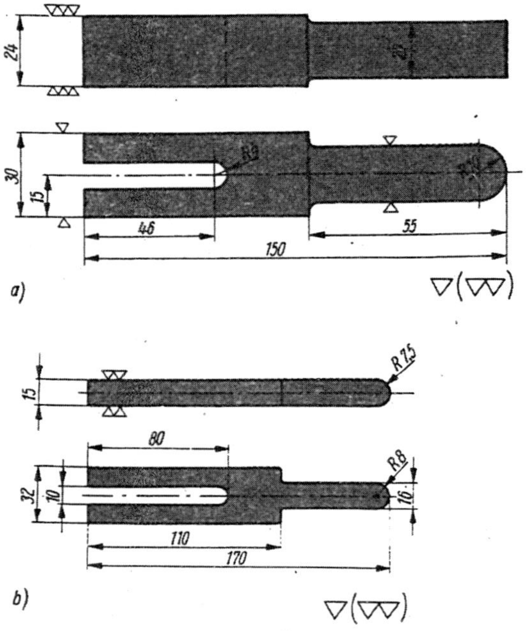

Bild 2-21 Kolbenunterlagen (sie können auch als Gegenhalter am Pleuel dienen) ; a – SW 4 für die kleine Typenreihe, b – SW 5 für die große Typenreihe

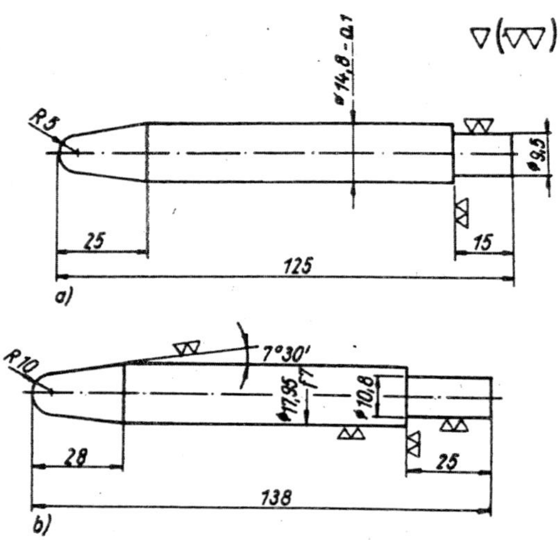

Bild 2-22 Führungsdorne SW 6 für den Kolbenbolzen; a – für die kleine Typenreihe, b – für die große Typenreihe

angeklebt; das vermeidet ihre Zerstörung.

Die Bohrung der Zylinderbüchse ist stark angefaßt. Das begünstigt das Ineinandergleiten von Kolben und Zylinder. Bevor der Zylinder endgültig über den Kolben geschoben wird, werden die Kolbenringe nochmals auf richtigen Sitz geprüft, wird die Zylinderlaufbüchse ordentlich eingeölt und wird der Zylinder danach langsam und ohne Gewaltanwendung über die einzelnen Kolbenringe geschoben. Sind die Kolbenringe passiert, wird die Kolbenunterlage SW 4/5 (s. Bild 2-23) weggezogen, so daß der Zylinder langsam bis zum Anschlag hinabgleiten kann. Mit Gewalt ist dabei nichts auszurichten; im Gegenteil, Gewalt richtet nur Schaden an.

Der Zylinder wird mit einer neuen Aluminiumdichtung von 0,2 mm versehen montiert (nur für den großen Motor notwendig), und die 4 Muttern werden gleichmäßig, aber zunächst nur leicht angezogen.

Bild 2-23 Kolbenunterlage und Führungsdorn in Aktion; zur besseren Übersicht ist der Kolbenbolzen vom Führungsdorn etwas abgezogen

Spaltmaß: Das richtige Verdichtungsverhältnis für die große MZ liegt zwischen 9,5 bis 10:1. Wird es überschritten, gibt der Motor harte Geräusche von sich. Liegt es zu tief, erreicht er nicht seine volle Leistung. Das richtige Spaltmaß für dieses Verdichtungsverhältnis beträgt 0,9 bis 1,2 mm und wird wie folgt ermittelt: Ein Bleidraht von

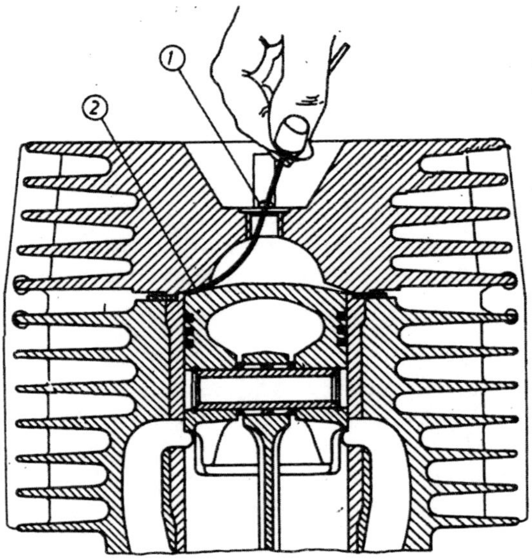

Bild 2-24 Ermittlung des Spaltmaßes; 1 – Kerzenbohrung, 2 – Bleidraht

etwa 2 mm Dicke wird durch die Kerzenbohrung geschoben und vorher so zurechtgebogen, daß er zwischen Kolbenboden und auslaufender Kante des Brennraumes (Bild 2-24) gelangt, wenn der Kolben über den OT hinwegbewegt wird. Dabei wird der Bleidraht auf das Spaltmaß zusammengedrückt. Mit Schiebelehre oder Mikrometerschraube wird dieses Maß nun ermittelt und der Ausgleich gegebenenfalls mit Ausgleichscheiben von 0,2 bis 0,4 mm Dicke herbeigeführt. Dabei ist die untere Toleranzgrenze anzustreben; es sind nur neue Dichtungen zu verwenden. Für die ETZ haben die Dichtungen eine andere Form.

Zylinderdeckel montieren: Nach Ermittlung des Spaltmaßes werden die Muttern, die den Zylinderdeckel halten, über Kreuz festgezogen. Dabei ist auf ein gleichmäßiges Anziehen zu achten. Ein ungleichmäßiges Anziehen verspannt den Zylinderkopf, und man muß sich dann nicht wundern, wenn er „bläst", der Zylinderkopf also undicht ist. Zu erkennen ist das an der oberen Rippe des Zylinders, wenn diese mit einem öligen Schmutzbelag überzogen ist. Das Beheben eines solchen Schadens kann bei kleinen Unebenheiten durch das Abziehen des Zylinderdeckels auf ebener Unterlage mit feinkörnigem Schmirgelleinen erfolgen. Sind die Beschädigungen größer, hilft nur ein Nacharbeiten des Deckels auf der Drehbank (Aufnahme in der Kerzenbohrung). Es dürfen jedoch nicht mehr als 0,2 mm (TS 0,3 mm) nachgearbeitet werden.

Abgasanlage

Von der Abgasanlage muß der MZ-Fahrer wissen, daß sich bei Einhaltung des vorgegebenen Mischungsverhältnisses zwischen Kraftstoff und Öl, richtiger Vergasereinstellung und flotter Fahrweise kaum Verbrennungsrückstände in der Anlage bilden. Eine spezielle Wartung ist darum auch nicht erforderlich. Wer jedoch durch übermäßige Bummelfahrten oder durch Herabsetzen des Mischungsverhältnisses glaubt, den Motor schonen zu können, wird bald feststellen, daß sich der Motor mit starken Verbrennungsrückständen und dadurch bedingter schlechter Leistung für diese Art Schonung „bedankt" Eine Säuberung des komplett verschweißten Schalldämpfers bringt in einem solchen Fall kaum Erfolg. Die beste Reinigungsmethode ist eine längere Fahrt mit Vollgas. Zur Kontrolle, ob der Schalldämpfer die Motorleistung reduziert, kann er zur Probe kurzzeitig demontiert werden. Ruhestörung vermeiden!

Abgaskrümmer: Der Abgaskrümmer wird alle 500 km auf festen Sitz kontrolliert. Undichtheiten können an der Verbindung Krümmer/Zylinder und Krümmer/Schalldämpfer auftreten. Sie werden durch Nachziehen der Verbindungen abgestellt. Am Zylinder ist dabei zu beachten, daß die Überwurfmutter nicht verkantet wird, anderenfalls wird der Zylinder zu Schrott. Angezogen wird diese Überwurfmutter mittels Hakenschlüssel.

Veränderungen: Veränderungen an der Abgasanlage sind nach § 31 der 3. DB zur StVZO nicht erlaubt. Hier heißt es: „Die bei der Erteilung der Betriebserlaubnis ermittelten Geräuschpegel dürfen durch Veränderungen von Konstruktion und Ausführung der Fahrzeuge nicht überschritten werden".

Kraftübertragung

Die Kraft, die der Motor der MZ entwickelt, nutzen wir mit Hilfe des Systems „Kraftübertragung". Was alles zu diesem System gehört und wie die einzelnen Baugruppen gewartet werden, erläutert dieser Abschnitt.

Primärtrieb TS 125/150

Unter „Primärtrieb" versteht man die Kraftübertragung von der Kurbelwelle des Motors zum Getriebe. Bei der TS 125/150 geschieht das durch eine Duplexkette. Diese Kette – ihre Schmierung erfolgt durch das Getriebeöl – ist so ausgelegt, daß man sich unter normalen Fahrbedingungen nicht mit ihr zu beschäftigen braucht. Sie ist wartungsfrei und hat eine Lebensdauer von etwa 25 000 km. Dennoch sehen wir sie uns gelegentlich an – am besten, wenn der Kupplungsgehäusedeckel sowieso demontiert ist – und kontrollieren ihren Zustand. Der Fahrzeughersteller empfiehlt das alle 10 000 km oder jährlich.

Duplexkette: Die Duplexkette (Bild 2-25) ist zugänglich nach Demontage des Kupplungsgehäusedeckels, nachdem Fußschalt- und Kickstarterhebel entfernt worden sind. Danach läßt sich dieser Deckel nach Lösen der Gehäuseschrauben und leichtem Beklopfen mit einem Gummi- oder Holzhammer abnehmen.
Die Kontrolle der Duplexkette macht sich am besten bei senkrecht stehender Maschine. Es muß ein Kettenstrang gestreckt sein, und der andere darf nicht mehr als 8 bis 10 mm durchhängen. Erfolgt die Kontrolle der Kette bei demontierter Kupplung, so werden zweckmäßigerweise das Kettenrad auf der Kurbelwelle und das Kupplungskettenrad sowie die Kette provisorisch montiert.
Ein Erneuern der Duplexkette ist nur dann sinnvoll, wenn gleichzeitig auch die Kettenräder erneuert werden.

Kupplung

Ist der Kupplungsgehäusedeckel abgenommen, kann mit der Demontage der Kupplung begonnen werden. Um die Stifte aus den Federbolzen herauszubekommen, muß man

Bild 2-25
Primärtrieb mit Duplexkette

Bild 2-26
Druckbolzen SW 7 zum Entspannen der Kupplungsdruckfedern; Teile s. Anlage 2

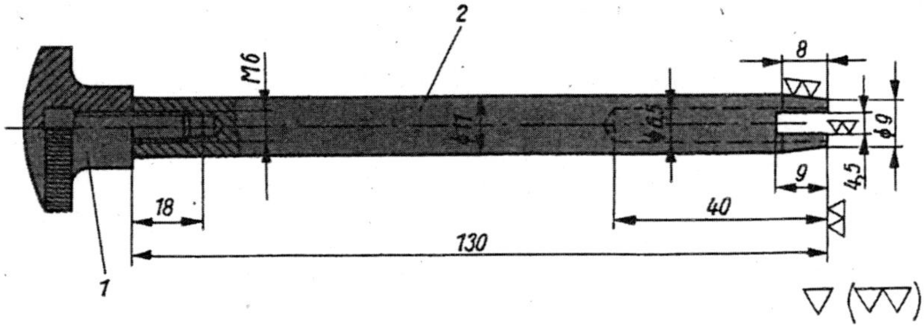

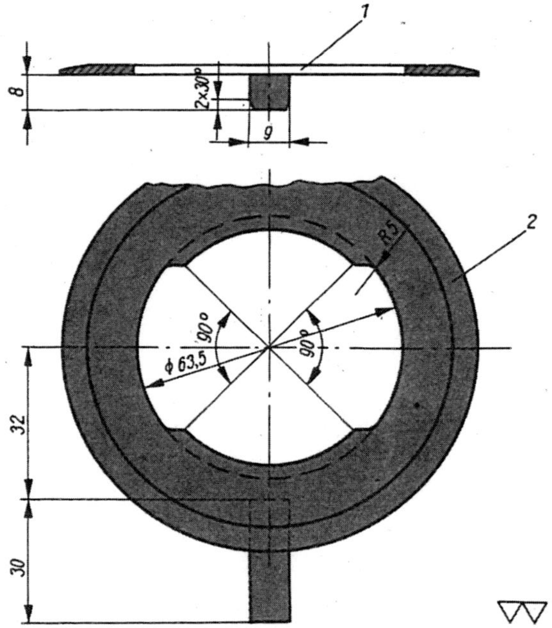

Bild 2-27 Gegenhalter SW 8 zum Lösen der Mutter an der Kupplungswelle; Teile s. Anlage 2

die Stütznippel mit dem SW 7 (Bild 2-26) niederdrücken. Nach dem Lösen der 6 Steckverbindungen können dann Federteller und Drucknagel entfernt werden. Danach werden die Lamellen aus der Kupplungstrommel herausgenommen und in der richtigen Reihenfolge auf dem Federteller abgelegt. Bevor nun die Mutter auf der Kupplungswelle gelöst wird, ist der Gegenhalter SW 8 (Bilder 2-27 und 2-28) einzulegen. Dabei ist zu beachten, daß die Mutter Schlüsselweite 19 und Linksgewinde hat. Gleichfalls Schlüsselweite 19 hat die Mutter auf dem Antriebskettenrad, aber Rechtsgewinde. Den Gegenhalter in Arbeitsstellung zeigt Bild 2-29.

Bild 2-29
Gegenhalter in Arbeitsstellung

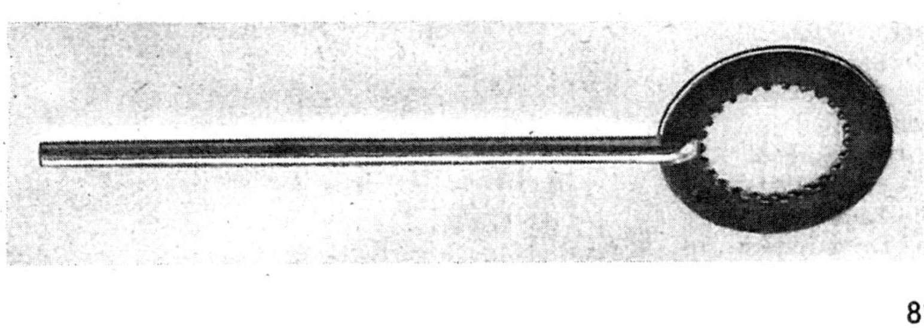

Bild 2-28
Gegenhalter, aus einer Stahllamelle gefertigt

Antriebskettenrad: Für das Lösen des Antriebskettenrades gibt es den Abzieher SW 9 (Bild 2-30). Nach dem Abziehen des Rades vom Konus fassen wir mit der linken Hand Kettenrad und Kette, mit der rechten Hand Kupplungstrommel und Kette und heben diese Teile gleichzeitig ab. Die Scheibenfeder vom Kurbelwellenstumpf ist sorgfältig aufzubewahren. Nun ist nur noch die Kickstarterwelle mit Feder und Anlaufscheibe abzunehmen.

Kupplungstrommel: An der kompletten Kupplungstrommel überprüfen wir die Kanten der Fenster im Mitnehmer und die Klauen des Kickstarterrades. Sind die Kanten stark abgerundet, greifen sie nicht mehr korrekt ineinander, und der Kickstarter rutscht durch.

Die Klauen des Kickstarterrades kann man mit einer Schleifscheibe (Gummischeibe) etwas nachziehen, dafür ist Fingerspitzengefühl erforderlich. Müssen Teile erneuert werden, sind immer beide zu ersetzen.

Reibbelagscheiben: Nun widmen wir uns der eigentlichen Kupplung. Haben sich die Mitnehmer der Reibbelagscheiben in die Kupplungstrommel eingearbeitet, so kann man diese – natürlich gleichmäßig – mit einer Schlichtfeile nacharbeiten. Am inneren Mitnehmer überprüfen wir den Sitz auf der Kupplungswelle. Er muß klapperfrei auf der Kupplungswelle sitzen (Bild 2-31).

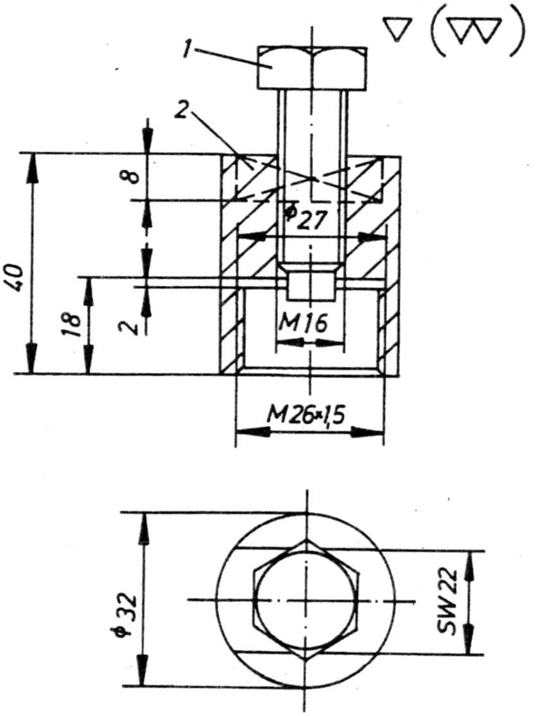

Bild 2-30 Abzieher SW 9 für das Antriebskettenrad; Teile s. Anlage 2

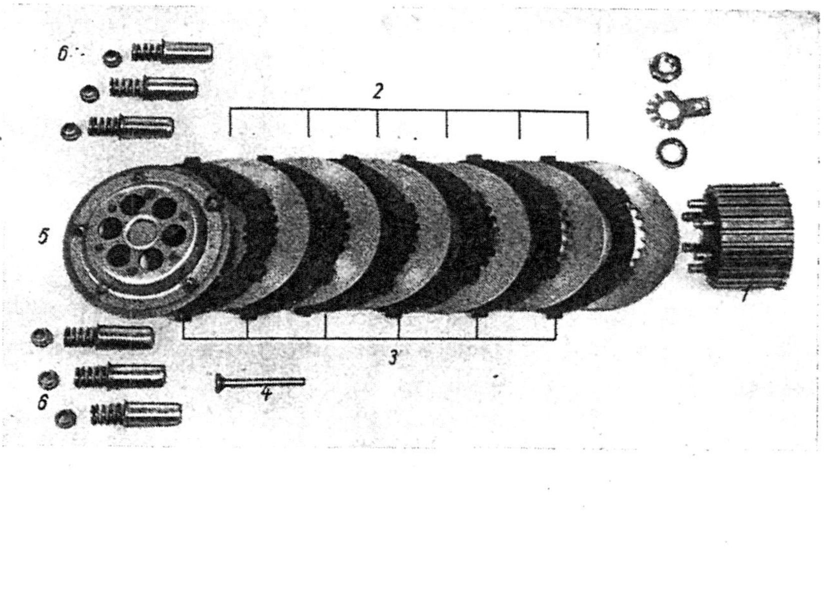

Bild 2-31
Kupplung der kleinen Typenreihe;
1 – innerer Mitnehmer,
2 – Stahllamellen,
3 – Reibbelagscheiben,
4 – Drucknagel,
5 – Federteller,
6 – Federkappen mit Druckfedern

Stahllamellen: Am Nutprofil des inneren Mitnehmers dürfen die Eindrücke durch die Stahllamellen nicht tiefer als 0,1 mm sein, sonst ist der Austausch unumgänglich. Die Stahllamellen legt man auf eine Tuschierplatte, um zu sehen, ob sie plan sind.
Neue Reibbelaglamellen haben eine Dicke von 3,4 ± 0,1 mm. Maximaler Verschleißwert: 0,2 mm. Die Länge der Druckfedern beträgt entspannt 49 mm, eingebaut 31,5 mm (s. Bild 2-31).

Montage: Die Montagearbeiten unterscheiden sich von den Demontagearbeiten zum Teil recht erheblich. Worauf kommt es hierbei besonders an?

Duplexkette: Bei der Montage der Duplexkette ist darauf zu achten, daß beide Zahnräder fluchten. Empfohlen wird, die Teile provisorisch aufzubauen und mit einem Haarlineal oder einer Schiebelehre das Fluchten zu kontrollieren. Ist ein Ausgleich notwendig, werden auf der Kupplungswelle Distanzscheiben zwischen Laufbuchse und Anlaufscheibe beigelegt. Durch nicht fluchtende Kettenräder wird ein vorzeitiger Verschleiß an Rädern und Ketten herbeigeführt (Bild 2-32).

Stahllamellen und Reibbeläge: Beim Montieren der Kupplung (Zahlenfolge im Bild 2-31 beachten) wird zuerst die etwas dickere Haltelamelle (Stahl) eingelegt, danach folgen abwechselnd Reibbeläge und Stahlscheiben. Vor dem Aufsetzen des Federtellers ist der Drucknagel (gefettet) einzusetzen, sonst funktioniert die Kupplung nicht. Beim Aufsetzen des Federtellers ist darauf zu achten, daß die Federbolzen zentrisch in den Aussparungen sitzen. Der gekennzeichnete Federbolzen (Farbtupf oder Körner) und die Markierung (Buckel) auf dem Federteller müssen sich gegenüberstehen. Zum Einsetzen der Stifte wird das SW 7 (s. Bild 2-26) benötigt.

Kupplung einstellen: Zum Einstellen des vorgeschriebenen Kupplungsspiels wird die Feinverstellung am Lenker benutzt. Reicht diese Verstellmöglichkeit nicht mehr aus, so kann man nach Abbau des Lichtmaschinendeckels und Lösen der Kontermutter auf der Kupplungsdruckspindel (Bild 2-33) eine Grobverstellung vornehmen. Dazu wird die Stellschraube am Kupplungshebel herausgedreht. Anschließend wird die Druckschraube (1) bis auf fühlbaren Anschlag hineingedreht, eine 3/4 Umdrehung zurückgenommen und mit der Mutter gekontert.
Das in Bild 2-33 gezeigte Schmiernippel (3) hat großen Einfluß auf die Leichtgängigkeit der Kupplung. Sein Abschmieren darf nicht vergessen werden.

Bild 2-32
Primärtrieb und Kickstartermechanismus; die Markierungen an Federteller und Federbolzen müssen sich decken

Bild 2-33 Kupplungsbetätigung; 1 – Druckschraube, 2 – Druckspindel, 3 – Schmiernippel, 4 – Paßstift für den Gehäusedeckel

Die Kupplungsdruckspindel (2) führt eine schabende Bewegung aus und sollte deshalb besonders gut gewartet werden. Es empfiehlt sich die Verwendung von Molybdändisulfid, welches man auf die Schnecke aufträgt oder dem Schmiermittel für den Nippel (3) beimischt.

Starteinrichtung

Um an den Startmechanismus heranzukommen – auch er wird alle 10 000 km oder jährlich überprüft – ist es unerläßlich, die Kupplung zu demontieren. Erst nach dem Abnehmen der Kupplungstrommel sind die einzelnen Bauteile der Starteinrichtung auf der Kupplungswelle zugänglich. Es sind dies auf der einen Seite der auf das Kupplungskettenrad aufgenietete Mitnehmer für den Kickstarter, das Kickstarterrad, die Feder zum Kickstarterrad, die Haltescheibe für die Feder und der Sprengring. Auf der anderen Seite sind es Kickstarterwelle, Unterlegscheibe zur Kickstarterwelle, Kickstartersegment, Kickstarterfeder und Führungsscheibe.

Verschleißerscheinungen: Verschleiß an der Starteinrichtung in Form von Druckstellen wird sich nach längerer Laufzeit des Fahrzeugs hauptsächlich am Kickstarterrad, am Kickstartersegment und an der Kickstarterfeder zeigen. Bei unsachgemäßer Behandlung kann aber auch das Wellenprofil (Kickstarterwelle, Schaltwelle) zur Befestigung der Hebel zerstört sein. Eine Erneuerung der Wellen in der Vertragswerkstatt ist dann unausbleiblich. Die Kosten dafür sind nicht unerheblich. Einfach und ökonomisch ist dagegen der Austausch eines an den ersten 4 Zähnen verschlissenen Kickstartersegments, indem man es um 180° dreht bzw. seitenverkehrt einsetzt.

Demontage/Montage: Die Demontage der Starteinrichtung macht keine Schwierigkeiten. Bei der Montage derselben ist jedoch einiges zu beachten: Zuerst wird das Kickstartersegment auf die Kickstarterwelle aufgepreßt, das abgewinkelte Ende der Kickstarterfeder in den Schlitz der Kickstarterwelle eingeführt, das andere Ende der Feder in das Gehäuse eingehängt und die Führungsscheibe aufgesteckt. Danach ist die Welle so weit herauszuziehen, daß das Segment gerade noch am Anschlag vorbeibewegt werden kann. Dann ist nur noch die Unterlegscheibe zur Kickstarterwelle aufzulegen.
Bevor der Kupplungsgehäusedeckel aufgeschraubt wird, sind die Dichtflächen von Gehäuse und Deckel von alten Dichtungsresten zu säubern und ist eine neue Papierdichtung aufzulegen. Danach Schrauben gleichmäßig anziehen und nach Probefahrt nochmals nachziehen.

Drehzahlmesserantrieb

Seit 1978 sind die TS 125/150 in Luxusausführung mit Drehzahlmesserantrieb ausgerüstet (Bild 2-34). Ein nachträglicher Einbau dieses Antriebes in ältere Motoren oder in Standardausführungen ist nicht möglich.
Der Antrieb des Drehzahlmessers erfolgt über das Kickstarterrad und ist nur nach vorheriger Montage des Kupplungskettenrades zugänglich. Bei schlechter Wartung der La-

Bild 2-34 Drehzahlmesserantrieb der TS 125/150; 1 – Ritzelwelle, 2 – Doppelrad, 3 – Ritzel, 4 – Sicherungsblech

gerbuchse der Ritzelwelle (1) entstehen Geräusche (Kickstarterrad wird gebremst). Der Austausch der Buchse ist erforderlich.
Der Lagerbolzen für das Doppelrad ist in das Gehäuse eingepreßt. Das Doppelrad ist auf dem Bolzen mit einem Sprengring gesichert. Ritzelwelle und Lagerbuchse sind mit Befestigungsschraube und Sicherungsblech versehen. Bei der Montage sind die Lagerstelle des Doppelrades und die Zähne zu ölen. Die Ritzelwelle ist mit Fett in die Lagerbuchse einzusetzen und öfter mit Molybdändisulfid zu schmieren.

Primärtriebe TS 250, TS 250/1 und ETZ 250

Bei den Maschinen der großen Typenreihe besteht der Primärtrieb aus einem Paar schrägverzahnter Zahnräder, dem Antriebsrad mit dem inneren Kupplungsmitnehmer auf der Kurbelwelle und dem Antriebsrad zum Getriebe am Getriebeeingang. Sein Zustand wird gleichfalls alle 10 000 km oder jährlich kontrolliert.

Kupplungsgehäusedeckel: Die Demontage des Kupplungsgehäusedeckels beginnt mit dem Abnehmen des Fußschalthebels. Der Kickstarterhebel verbleibt am Gehäuse. Dann sind die drei Schrauben am Gehäuse für den Drehzahlmesserbetrieb bzw. den Abschlußdeckel der Kupplung zu lösen, die Gehäuseschrauben zu entfernen und ist die Mutter (Schlüsselweite 22, Rechtsgewinde) abzudrehen. Bei den Maschinen mit Drehzahlmesser löst man die Verschraubung der Antriebswelle für den Drehzahlmesser, und bei der Viergangausführung den Splint. Nun kann der Deckel langsam abgezogen werden. Die rechte Hand faßt dabei den Kickstarter, die linke Hand führt mit einem Holz- oder Gummihammer einige leichte Schläge gegen den Gußansatz des Gehäuses. Das löst den Deckel. Auf keinen Fall darf derselbe mit einem Schraubendreher oder einem anderen harten Gegenstand abgedrückt werden; die Dichtflächen würden beschädigt (Reparatur nur mit großem Aufwand möglich). Das Kupplungsseil muß bei Schnellreparatur nicht ausgehängt werden. Tut man es, geht die Arbeit besser von der Hand.

Kupplung

Zum Lösen der Kupplung von der Kurbelwelle wird der Kupplungsabzieher SW 10 (Bild 2-35 und 2-36) benötigt. Die Kupplung hat einen Gewindeansatz M 24 × 1,5 bei der TS 250/1 und ETZ und M 26 × 1,5 bei der TS 250, auf den der Abzieher voll aufgeschraubt wird.
Bei TS 250/1 und ETZ ist durch Zwischenlegen des Druckstücks, Teil 3 des Abziehers SW 10, der Zentrierbund vor Zerstörung zu schützen. Zum Gegenhalten wird ein Mutterschlüssel benutzt. Mit einem kurzen und kräftigen Hammerschlag auf den Knebel des Abziehers läßt sich die Kupplung vom Konus lösen. Nun können wir auch das Antriebsrad mit innerem Kupplungsmitnehmer und das Nadellager abnehmen. Dabei achtet man sehr genau darauf, wie Federscheibe, Distanzscheibe und Anlaufscheibe montiert sind.
Nach Kontrolle der Verzahnung auf Vollstän-

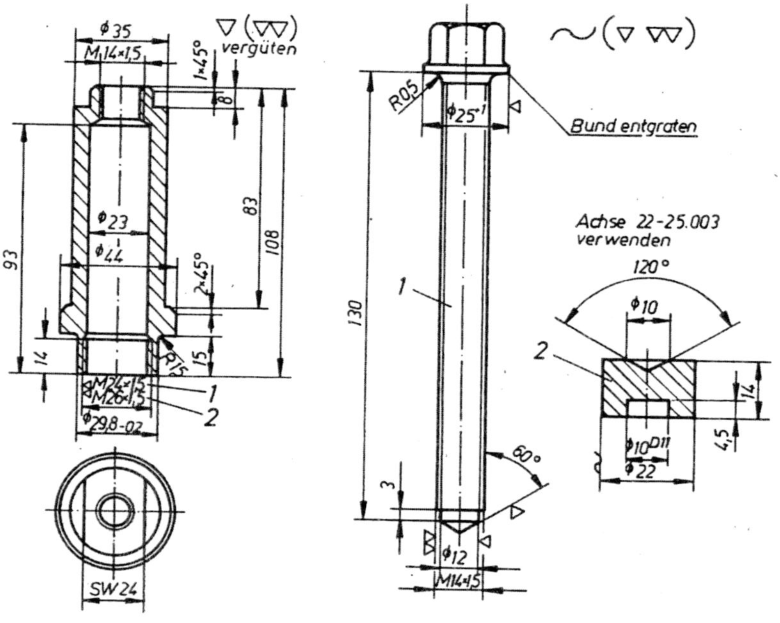

Bild 2-35
Kupplungsabzieher SW 10 für die große Typenreihe, Gewindeansatz M 24 × 1,5 für TS 250/1 und ETZ; Teile s. Anlage 2

Bild 2-36 Kupplungsabzieher SW 10 in Arbeitsstellung

digkeit der Zähne demontiert man, nur wenn es unbedingt erforderlich sein sollte, das Antriebsrad zum Getriebe (Schlüsselweite 24, Rechtsgewinde). Zum Gegenhalten verwendet man zwei Hartholzkeile, die zwischen Rad und Gehäuse geklemmt werden. Zum Abziehen des Rades, das auf einem Keilprofil sitzt, dient der Abzieher SW 11 (Bild 2-37). Das ist übrigens der Abzieher, den man auch zum Abziehen des Kettenrades am Getriebeausgang verwenden kann.
Um die Kupplung in ihre Einzelteile zu zerlegen, benötigt man eine Kupplungsspannvorrichtung, die jedoch nicht so ohne weiteres anzufertigen ist. Deshalb versuchen wir, die Kupplung in einem geeigneten Schraubstock mit einem Druckstück aus Holz zu entspannen, oder wir machen es, wie in Bild 2-38 zu sehen ist, mit einer Schraubzwinge und zwei Holzklötzchen.

Verschleißkontrolle: Begonnen wird mit der Kontrolle am zweireihigen Nadellager. Hier tritt kaum Verschleiß auf. In den meisten Fällen erreicht dieses Lager eine größere Lebensdauer als der Motor. Betreffs Passung gilt das bei den Nadellagern des Kolbenbolzens Gesagte.

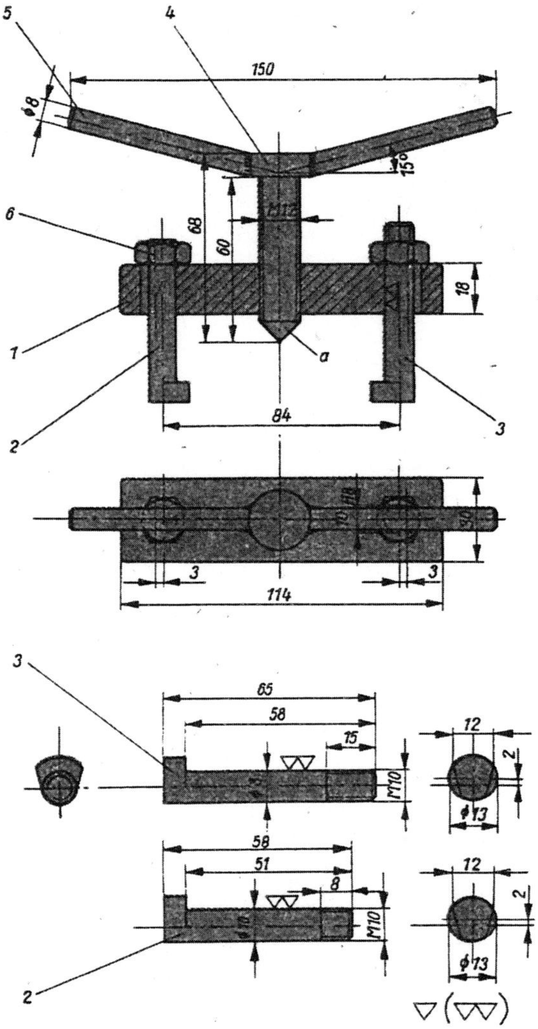

Bild 2-37 Abzieher SW 11 für Antriebs- und Getriebekettenrad; Teile s. Anlage 2

Am geschliffenen Antriebsrad mit Mitnehmer sieht es meist nicht so günstig aus. Darum wird das radiale Spiel des Kupplungsmitnehmers in den Lamellen – vor der Demontage der Kupplung – überprüft. Zu diesem Zweck führt man den Mitnehmer in die komplette Kupplung ein. Das Spiel darf nicht größer als 0,3 mm sein. Zuerst werden zweckmäßigerweise die Lamellen erneuert. Haben sich dieselben stark in den Mitnehmer eingearbeitet, muß auch er erneuert werden; nachbearbeiten läßt er sich nicht. Im Prinzip sind die Stahllamellen auszuwechseln, wenn sie nicht mehr plan oder blau angelaufen sind. Die Reibbelaglamellen sind zu messen und gegebenenfalls auszuwechseln. Am Kupplungsdrucklager tritt kaum Verschleiß auf.

Bei TS 250/1 und ETZ ist anstelle des Axiallagers ein Radialrillenkugellager 16 005 als Kupplungsausrücklager getreten, welches mit Festsitz in die Kupplungsplatte eingepreßt ist und den Vorteil hat, daß es mit nur geringem. Spiel arbeiten kann und daher auch weniger Geräusche verursacht. Außerdem ist die Montage einfacher. Bei dieser Gelegenheit überprüfen wir auch, ob die Verbindung (Kerbstifte) Antriebsrad/innerer Mitnehmer noch fest sitzt. Ist dies nicht der Fall, hilft nur der Austausch. Ein Nachnieten ist zwecklos.

Bei TS 250/1 und ETZ sind zur Geräuschminderung die Flanken der Zahnräder geschliffen. Bei Beschaffung eines neuen Teiles ist das unbedingt zu beachten.

Weitere Kupplungsbauteile, die wir unter die Lupe nehmen müssen, sind Druckhebel und Lagerbuchse mit Stützlager. Druckhebel und Lagerbuchse sind vor allem am Flachgewinde auf Grat, Druckstellen und scharfe Kanten zu untersuchen. Sie führen zum Rukken der Kupplung. Mit einer Schmirgelfeile lassen sich diese Erscheinungen beseitigen.

Soll das Stützlager 6302 der Kupplungsbetätigung gewechselt werden, ist vorher der Sprengring zu entfernen. Die Lagerbuchse kann nur von innen nach außen aus dem Ge-

Bild 2-38 Methode zum Entspannen der Kupplung; das Spaltmaß darf nicht unter 0,5 mm liegen

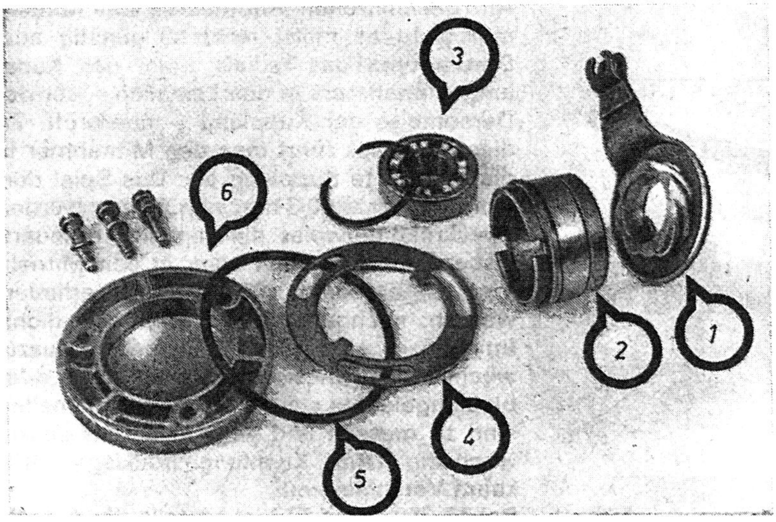

Bild 2-39
Kupplungsbetätigungsteile;
1 – Druckhebel,
2 – Lagerbuchse,
3 – Lager mit Sicherungsring,
4 – Verstellring,
5 – Dichtungsgummi,
6 – Abdeckkappe

häuse gedrückt werden; sie hat einen Bund (Bild 2-39).
An Abmessungen für die Kupplungsbauteile gelten:

Reibbelaglamellen	3,0 ± 0,1 mm
– max. Verschleiß	–0,3 mm
Stahllamellen	1,5–0,1 mm
– max. Planabweichung	0,2 mm
Druckfederlänge, entspannt	28,3± 0,6 mm
– Einbaulänge	17,0 mm

Der Lamellenverschleiß an der kompletten Kupplung kann ermittelt werden (s. Bild 2-38). Erreicht der Spalt ein geringeres Maß als 0,5 mm, ist Demontage und Austausch, wie im vorangegangenen Abschnitt beschrieben, erforderlich.

Montage: Wir beginnen mit dem Komplettieren der Kupplung. Um die Kupplungslamellen zu zentrieren, legen wir den Kupplungsmitnehmer so ein, wie er im zusammengebauten Zustand in die Kupplung eingreift. Die erste Lamelle ist eine Reibbelaglamelle, dann folgen abwechselnd Stahl- und Reiblamellen (Bild 2-40).

Auswuchten: Die Kupplung wird im Werk ausgewuchtet und hat Markierungen, die unbedingt wieder zur Deckung gebracht werden müssen, anderenfalls kommen durch Unwucht Erschütterungen in den Motor, die sich insbesondere auf die Lebensdauer der Lager negativ auswirken. Die Kupplung der

Bild 2-40
Kupplungsteile;
1 – Druckring,
2 – Zahnkranz,
3 – Reibbelagscheiben,
4 – Stahllamellen,
5 – Kupplungskörper,
6 – Druckfedern,
7 – Druckflansch

MZ übernimmt ja die Funktion des Schwungrades.
Wie wir die Kupplung entspannten, so drükken wir sie jetzt wieder zusammen (s. Bild 2-38). Diese Passage der Arbeit ist mit den von uns gewählten Hilfsmitteln nicht leicht zu bewältigen, aber es geht.

Sicherung: Besonderes Augenmerk ist der Sicherung der Kupplung zu schenken. Es sind nur neue Sicherungsbleche zu verwenden! Alle Schraubverbindungen sind sorgfältig zu sichern, sonst kann es passieren, daß einem die Kupplung im wahrsten Sinne des Wortes um die Ohren fliegt.

Antriebskettenrad: Wurde das Antriebsrad (68 Zähne) demontiert, müssen wir es zuerst montieren. Das Aufdrücken auf das Keilprofil wird nur mit den Händen ausgeführt. Bei einem Aufschlag mit dem Hammer hebt man das Axialspiel des Zahnrades für den 4. Gang auf. Zum Gegenhalten beim Schließen der Schraubverbindung werden die beiden erwähnten Holzkeile verwendet. Nach dem Anziehen der Mutter (Schlüsselweite 24, Rechtsgewinde) ist das Sicherungsblech wieder umzulegen.
Bevor die Kupplung auf die Kurbelwelle aufgepreßt wird, hier noch einmal die genaue Montage-Reihenfolge:

1. Distanzscheibe 1,90 mm, 1,95 mm oder 2,0 mm Dicke
2. Nadellager
3. Antriebsrad mit innerem Mitnehmer
4. Anlaufscheibe 2,3 mm Dicke
5. Federscheibe
6. Kupplung
7. Distanzhülse (nur TS 250)
8. Gehäuse
9. Federring/Wellscheibe
10. Mutter bzw. Antriebsrad für Drehzahlmesser

Distanz- und Anlaufscheibe sind mit der Fase der Innenbohrung auf den Kurbelwellenstumpf aufzusetzen. Das axiale Spiel des Kupplungsmitnehmers muß zwischen 0,05–0,1 mm liegen. Im Interesse eines günstigen Geräuschniveaus ist die Marke 0,05 mm anzustreben.
Während bei einer Kontrollmontage alle Teile ölfrei sein müssen, ist bei der endgültigen Montage alles gut einzuölen.

Konus: Die Kupplung sitzt auf dem Konus der Kurbelwelle ohne Keil. Deshalb muß man dafür sorgen, daß der Konus auf der gesamten Fläche gut trägt. Das kann man überprüfen, indem man nach vorheriger Säuberung der beiden Flächen auf dem Konus einen Strich mit dem Bleistift macht und die Kupplung auf dem Konus dann nach beiden Seiten dreht. Ist der aufgetragene Strich gleichmäßig verwischt, „sitzt" der Konus; ist das nicht der Fall, kann mit feinem Schmirgel nachgeholfen werden. Alle naheliegenden Teile verschone man jedoch mit dem Schmirgel!
Die Kupplung wird jetzt aufgedrückt. Dazu benötigen wir ein Distanzrohr von 15 mm für die TS 250/1 und ETZ sowie von 30 mm für die TS 250. Durch Anziehen der Mutter bzw. des Antriebsrades für den Drehzahlmesser (zum Gegenhalten SW 2 benutzen oder bei bereits montiertem Zylinder 1. Gang einlegen und am Kettenritzel gegenhalten) wird nun die Kupplung auf den Konus gepreßt. Dem Aufdrücken wirkt die Federscheibe entgegen.
Nach dem Aufdrückvorgang wird die Mutter entfernt und das Distanzstück wieder abgenommen. Nun muß die Kupplung auf der Kurbelwelle haften. Man überzeugt sich unbedingt davon; denn eine Kupplung, die sich auf dem Konus dreht, ruiniert die Kurbelwelle. Das kommt beim Eigenbau gar nicht so selten vor. Deshalb führt man diesen Arbeitsgang mit besonderer Sorgfalt aus.
Vor dem Aufsetzen des Gehäusedeckels ist das Aufstecken der Distanzhülse (TS 250) nicht zu vergessen. Die Dichtung wird mit etwas Fett oder Öl angeheftet und der Gehäusedeckel mit dem Gummihammer gefühlvoll angeschlagen (Haftsitz des Lagers 6302). Die Gehäuseschrauben werden über Kreuz angezogen. Den Abschluß bildet die Mutter bzw. das Antriebsrad für den Drehzahlmesser.

Kupplung einstellen: Zur Grobeinstellung der Kupplung müssen einige Vorbereitungsarbeiten am demontierten Gehäusedeckel vorgenommen werden. Sind Lagerbuchse

und Lager bereits montiert, ist der Druckhebel in die richtige Stellung zu bringen. Bild 2-41 informiert darüber; gedreht wird im Uhrzeigersinn.
Zur Einstellung der Kupplung benötigen wir das Hilfswerkzeug SW 12 (Bild 2-42), welches sich ohne Mühe herstellen läßt. Ein Stück Rohr – ungefähr 30 mm ∅, maximal 100 mm lang und mit beliebiger Wanddicke – wird in einem Abstand von 11 mm (Unterkante Rohr/Bohrungsmitte) mit einer 8-mm-Bohrung versehen. Dieses Rohr setzen wir auf die Planfläche des Gehäuses auf und stecken einen Dorn (8 mm ∅) durch Rohr und Nippelöse; der Dorn muß spielend durch das Rohr gehen. Nun wird die Stellplatte so verstellt, daß einmal das Rohr anliegt und sich zum anderen ein Abstand von 6 mm zwischen Druckhebel und Gehäuserippe ergibt (s. Bild 2-41). Jetzt werden Rohr und Dorn wieder entfernt und gegen Bowdenzug und Seilzugaufnahme ausgetauscht. Der Seilzug ist vorher gut durchzuölen und vor dem Einhängen mit Gummikappe und Seilzugaufnahme zu versehen. Zuerst wird der Nippel eingehängt, dann die Aufnahme eingeschraubt und schließlich der Stecknippel eingelegt. Nun müssen wir noch die Gummikappe überziehen.

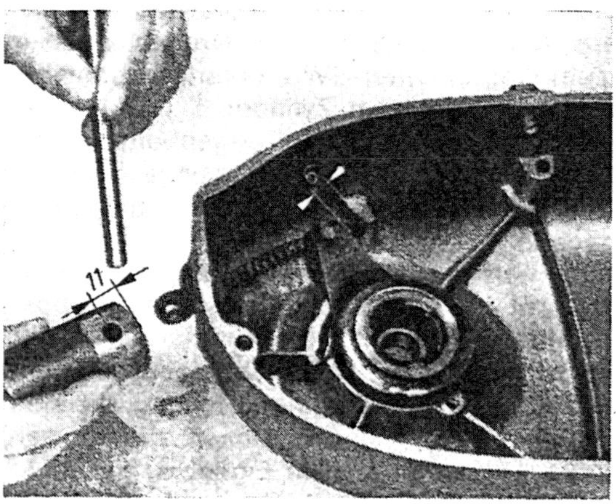

Bild 2-41 Einstellen der Kupplung mit dem Hilfswerkzeug SW 12

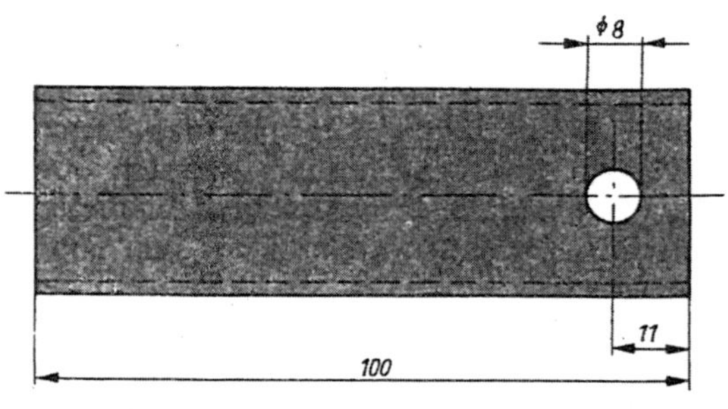

Bild 2-42 Hilfswerkzeug SW 12 zum Einstellen der Kupplung

Eine Grobeinstellung der Kupplung ist möglich, wenn man nach Lösen der 3 Schrauben am Abschlußdeckel des Kupplungsgehäuses die Stellplatte entsprechend verdreht. Diese Platte hat 3 Langlöcher und kann in 2 Richtungen bewegt werden. Damit läßt sich der Verschleiß, der an den Lamellen auftritt, wieder ausgleichen.
Die exakte Einstellung der Kupplung ist Voraussetzung für eine leichtgängige Schaltung. Die Feineinstellung wird am Kupplungshebel (Lenker) vorgenommen.

Starteinrichtung: Der Startmechanismus, nach Abnehmen des Kupplungsgehäusedekkels (Bild 2-43) zugänglich, besteht aus Kickstarterhebel, Kickstarterwelle, Dichtring, Anlaufscheibe, Drehfeder, Mitnehmer, Anlaufscheibe, Kickstarterrad (enthält 24 lose montierte Lagernadeln), Nockenblech, Anlaufscheibe, Sprengring und Kickstarterfeder.

Verschleißprüfung: Bei sachgemäßer Behandlung wird sich an der Starteinrichtung kaum Verschleiß einstellen. Die seitliche Verzahnung von Kickstarterrad und Mitnehmer kann bei Bedarf nachgeschliffen werden. Die im Startmechanismus enthaltene Rückschlagsicherung, als Zwangsausspurung bezeichnet, könnte Verschleißerscheinungen am Nockenblech zeigen. Ist das der Fall, hilft nur ein Erneuern dieses Bleches; ein Schweißen ist zwecklos.

Kickstarterfeder: Die Kickstarterfeder (Bild 2-44) hat die Aufgabe, den Starthebel in die Ausgangsstellung zurückzubringen. Ist sie gebrochen, bleibt der Hebel an der tiefsten Stelle hängen. Der Motor kann aber trotzdem in Gang gesetzt werden. Der Starthebel muß danach allerdings mit Bindfaden

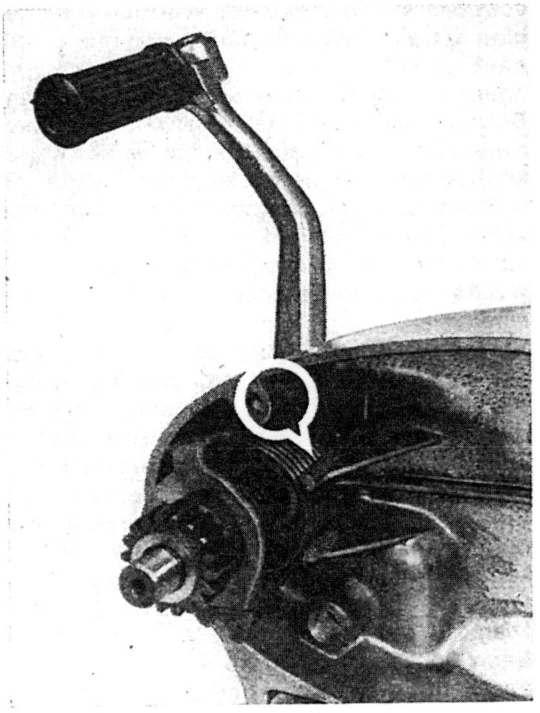

Bild 2-43 Starteinrichtung mit Zwangsausspurung

oder Draht hochgebunden werden.
Beim Austausch der Kickstarterfeder ist wie folgt vorzugehen: Zuerst Kupplungsdeckel abnehmen. Danach Keilschraube am Kickstarterhebel entfernen und Kickstarterwelle aus dem Gehäuse herausziehen. Das lange Ende der neuen Feder in die Bohrung der Kickstarterwelle und das kurze Ende in die Bohrung des Gehäusedeckels einführen. Nunmehr spannen wir die Kickstarterwelle am Lagersitz in den Schraubstock (Kupferbacken verwenden!), führen Federende und Kickstarterwelle gemeinsam in die Gehäusebohrung ein und schlagen mit leichten Hammerschlägen das Gehäuse auf die Welle. Danach Kickstarterhebel aufsetzen und das Gehäuse 1 1/4 Umdrehung gegen den Uhrzeigersinn drehen. Das Drehen des Gehäuses ist für die Vorspannung erforderlich. Nun setzen wir die Keilschraube ein und befestigen sie. Jetzt wird das Gehäuse montiert. Dabei achtet man auf Sauberkeit an den Dichtflächen und auf vollständige Abdichtung, anderenfalls läuft das Getriebeöl aus.

Bild 2-44 Starteinrichtung; demontiert

Sekundärtriebe beider Typenreihen

Kette: Als Sekundärtrieb – er ist für beide Typenreihen gleich – wird die Kraftübertragung vom Getriebe zum Hinterrad bezeichnet. Im modernen Zweiradbau geschieht das vorwiegend durch eine Kette. Diese Kette ist ein relativ anspruchsloses Bauteil. Gefahr droht ihr nur durch Leistungssteigerung, fehlender Wartung sowie nicht richtiges Spannen.

Kette schmieren: Die Konstruktion für den Sekundärtrieb der MZ-Maschinen nimmt in der Welt eine Spitzenstellung ein. Ihre Bauteile, wie der patentierte MZ-Kettenschutz (Gummi) und der als Sollbruchstelle ausgelegte Kettenkasten (Plaste), haben in den letzten Jahren bei vielen Motorradfirmen eifrige Nachahmer gefunden. In diesem geschlossenen System erreicht die Kette eine lange Lebensdauer und muß nur ab und zu mit einigen wenigen Tropfen Öl bedacht werden. Die Kette wird im Kettenschutz auch seitlich geführt. Darum ist zur Herabsetzung des Gleitwiderstandes von Zeit zu Zeit eine Schmierung unbedingt erforderlich. Das Öl bringt man nach Zurückziehen des Gummischlauches am Kettenkasten unter langsamem Drehen des Hinterrades mit einer Ölkanne auf die Kette. Besser ist es jedoch, etwa alle 2 500 km den Lichtmaschinendeckel abzuschrauben und bei einer kompletten Umdrehung des Hinterrades das Wälzlagerfett „Ceritol" auf die Kette aufzutragen.

Bild 2-45 Prüfen der Kettenspannung an einer ETZ. Die Kette ist dann richtig gespannt, wenn sich der Kettenschlauch bei voll ausgefedertem Hinterrad gerade noch bis auf das Querrohr drücken läßt

Kette spannen: Eine richtige Spannung ist die wichtigste Voraussetzung für eine lange Lebensdauer der Kette. Wir wollen uns merken: Eine zu lockere Kette springt beim Beschleunigen über, d. h., die Zähne des Kettenrades rutschen unter den Kettenrollen hindurch. Außerdem entstehen Geräusche im Kettenkasten. Eine zu straff gespannte Kette verschleißt vorzeitig, zerstört Lager und Wellen und kann reißen.
Das richtige Spannen der Kette zeigt Bild 2-45. Das Motorrad steht dabei auf dem Kippständer. Vor dem Nachspannen sind Steckachse und Flanschbolzenmutter zu lösen und ist das Rad auf richtiges Spuren zu untersuchen (s. Abschnitt „Fluchten der Räder"). Es ist gleichseitig nachzuspannen, sonst steht das Hinterrad nachher schräg – schlechte Straßenlage. Nach dem Spannen sind Steckachse, Flanschbolzenmutter und Kontermuttern an den Kettenspannern wieder festzuziehen.

Kette wechseln: Die km-Laufleistungen der Ketten sind unterschiedlich; sie hängen in starkem Maße von der Wartung sowie vom Fahrstil ab. Bei guter Wartung erreicht eine Kette mühelos 10 000 km und mehr. Danach sollte man sich die Kette jedoch genauer ansehen. Haben die Glieder in den Bolzen merkliches Spiel, legen wir eine neue Kette auf. Schon beim Schmieren der Kette kontrollieren wir die Rollen. Sind mehr als 5 Rollen gebrochen oder mehr als 2 nebeneinander, ist die Kette sofort auszutauschen. Es ist ratsam, auch die Kettenschläuche zu wechseln, wenn Beschädigungen erkennbar sind.
Vorteilhaft ist es, wenn man beim Erneuern der Kette die neue Kette an die auszubauende Kette anhängt und durch Drehen des Hinterrades die alte Kette nach außen befördert. Das Auflegen einer neuen Kette ohne diese Hilfskette ist sehr zeitraubend. Bei einer Unterwegs-Kettenreparatur, wo man ja meist die Kettenschläuche abbaut, kann man auf den Einbau derselben verzichten; die Kette versieht auch so ihren Dienst.
Beim Schließen der Kette ist unbedingt auf das richtige Einsetzen des Kettenschlosses zu achten. Die Öffnung der Feder muß immer gegen die Drehrichtung zeigen.
Für die einzelnen MZ-Typen gibt es unterschiedliche Ketten. Beim Kauf ist deshalb insbesondere auf die Anzahl der Rollen zu achten. Tabelle 2-2 gibt darüber einen Überblick.
Für längere Urlaubsfahrten, insbesondere wenn sie ins Ausland führen, nimmt man zweckmäßigerweise eine Reservekette, verpackt in einem Plastebeutel, mit. Es muß natürlich die richtige Kette sein (s. Tab. 2-2).

Tabelle 2-2: Kettenabmessungen

Fahrzeug-typ	Ketten-abmessung	Anzahl der Rollen
TS 125/150	12,7 × 6,4 × 8,51	120
TS 250	12,7 × 7,75 × 8,51	126 (S)
		124 (SW)
TS 250/1	12,7 × 7,75 × 8,51	126 (S)
		124 (SW)
ETZ 250	12,7 × 7,75 × 8,51	130 (S)
		128 (SW)

S = Solo, SW = Seitenw. übersetzt

Sind die Kettenräder stark abgenutzt, werden sie ebenfalls ausgewechselt. Eine neue Kette würde auf den alten Kettenrädern nicht lange halten. Nach 10 000 km dürften die Kettenräder jedoch noch einwandrei sein.

Ansonsten gilt für die Montage des Getriebekettenrades der kleinen Typenreihe: Schlüsselweite 27, Linksgewinde; des Getriebekettenrades der großen Typenreihe: Schlüsselweite 22, Rechtsgewinde. Über die Zahl der Zähne der Kettenräder für die einzelnen MZ-Ausführungen informiert die Tabelle 2-3.

Tabelle 2-3: Zähnezahlen der Kettenräder

Fahrzeugtyp	Getriebeausgang	Hinterrad
TS 125	15	48
TS 150	16	48
TS 250	21	47
TS 250/1	20	47
TS 250/1 (SW)	16	47
ETZ 250	19 (18)	48
ETZ 250 (SW)	15	48

Fluchten der Räder: Im Zusammenhang mit dem Einstellen der Kettenspannung ist die Kontrolle der Spur der Räder (Bild 2-46) unerläßlich. Man benötigt dazu eine Spurlatte von mindestens 2 m Länge. Diese Latte liegt bei gleichen Reifendimensionen an jeweils vier Stellen der Reifen gleichmäßig an. Bei der MZ sind jedoch serienmäßig unterschiedliche Reifenabmessungen montiert. Infolgedessen kann nur der am vorderen Reifen verbleibende Luftspalt nach Geradestellen des Lenkers als Anhaltspunkt dienen. Er muß zu beiden Reifenflanken gleich groß sein. Korrigiert wird der Stand des Hinterrades an den Kettenspannern.

Betriebsmittel

Motor: Der Fahrzeughersteller schreibt für die Schmierung des Motors das Zweitaktmotorenöl MZ 22 vor und lehnt Garantieansprüche, die durch die Verwendung anderer Öle entstanden sind, ab. Somit sind andere Motorenöle nicht zu empfehlen. Bei Auslandsfahrten macht es sich deshalb bezahlt, Zweitaktmotorenöl MZ 22 mitzunehmen. Ein handelsüblicher Plastekanister läßt sich an der hinteren Auspuffbefestigung (Strebe) mit einer selbst gefertigten Haltevorrichtung befestigen.

Das Mischungsverhältnis Kraftstoff (88 Oktan) zu Öl (MZ 22) beträgt 50:1 – auch während der Einfahrzeit.

Wer glaubt, durch eine Erhöhung des Ölanteils zu besseren Motorlaufverhältnissen zu kommen, der irrt. Außer viel Qualm, verölten

Bild 2-46
Spurkontrolle der Räder mit Hilfe einer geraden Latte (1)

Kerzen und starker Rückstandsbildung im Schalldämpfer (Leistungsabfall) erreicht er damit nichts.
Viel wichtiger ist es, sich an den Tankstellen zu überzeugen, daß man das richtige Gemisch bekommt. Bei automatischen Mischsäulen kontrolliert man deshalb, ob die Schnecke für das Öl mitläuft bzw. das Umschalten auf Gemisch 50:1 erfolgte.
Wurde versehentlich „blank" getankt, hilft nur, den Kraftstoff in einen Behälter abzulassen und denselben nachträglich im Verhältnis 50:1 mit Öl zu mischen. Ein voller Tank ist nur schwerlich zum Mischen geeignet.

Getriebe: Im Getriebe befinden sich folgende Mengen Getriebeöl GL 60:

TS 125/150	TS 250	TS 250/1	ETZ 250
450 cm^3	750 cm^3	900 cm^3	900 cm^3

Der erste Ölwechsel – ihn erledigt die Vertragswerkstatt bei der ersten Garantiedurchsicht – ist nach rund 500 km fällig. Danach wird das Getriebeöl jeweils nach 20 000 km erneuert. Zwischenzeitlich, spätestens nach 1 000 km, ist der Ölstand zu überprüfen. Zu diesem Zweck wird die Maschine waagerecht aufgestellt und die Kontrollschraube herausgedreht. Läuft noch Öl aus, ist ein Nachfüllen nicht erforderlich. Tritt kein Öl mehr aus der Kontrollbohrung aus, wird solange Öl nachgefüllt, bis es aus der Kontrollbohrung auszutreten beginnt.

Ölwechsel: Das Getriebeöl wird grundsätzlich bei warmem Motor gewechselt. Nachdem die Unterseite des Motors gesäubert worden ist, nimmt man den Verschlußstopfen an der Einfüllöffnung ab und lockert danach die Ablaßschraube (die TS 125/150 besitzt zwei Ablaßschrauben). Am Motor der ETZ 250 und TS 250/1 muß zusätzlich zur Ölablaßschraube noch die mittlere Gehäuseschraube unterhalb des Fußschalthebels entfernt werden, damit das Öl vollständig ablaufen kann.
Allgemein empfiehlt sich, den Ölwechsel etwa 15 Minuten nach dem Warmfahren vorzunehmen. Der Grund: Das Öl muß sich erst sammeln. Dazu stellen wir ein Gefäß unter die Ablaßschraube und drehen diese heraus. Ist das verbrauchte Öl abgelaufen, wird diese Schraube wieder eingesetzt und mit der Hand angezogen. Nachdem auch die zweite Öffnung wieder geschlossen worden ist, füllt man 0,5 l Spülöl ein und macht eine kurze Probefahrt, ehe man das Spülöl wieder abläßt. Nun wird die Ablaßschraube fest angezogen und die vorgeschriebene Menge Getriebeöl GL 60 eingefüllt. Nach einer kurzen Probefahrt und nochmaligem Festziehen der Schrauben ist der Ölwechsel beendet.
Bei der großen Typenreihe befinden sich noch eine bzw. zwei Schrauben für die Schaltarretierung an der Unterseite des Getriebegehäuses; sie dürfen nicht entfernt werden.
Zusätze zum Getriebeöl wie Graphit oder Molybdändisulfid sind nicht erlaubt; sie schaden der Kupplung. Ferner nützen größere Ölmengen als die im Abschnitt „Getriebe" angeführten nichts. Im Gegenteil, sie werden durch Entlüftungsbohrung bzw. Seilzugaufnahme nach außen gedrückt. Dieses überflüssige Öl wird vom Fahrtwind aufgenommen und auch auf die Bekleidung von Fahrer und Beifahrer befördert.

Magnetstopfen: Die Ölablaßschraube am Getriebegehäuse besitzt einen Magnetstopfen, der metallischen Abrieb aus dem Getriebe festhält. Es lohnt sich, den Abrieb beim Ölwechsel unter die Lupe zu nehmen. Feiner Abrieb ist normal, größere Materialteilchen deuten auf Beschädigungen oder Verschleißerscheinungen im Getriebe hin.

Besonderheit: Bei den MZ-Typen mit Schmierung der Kurbelwellenhauptlager durch Getriebeöl (TS 125/150 vor 1977 und TS 250) muß folgendes beachtet werden: Ist ein Radialdichtring defekt, besteht die Möglichkeit, daß Öl aus dem Getriebegehäuse abgesaugt und im Motor mit verarbeitet wird (zu erkennen an starker Abgasfahne sowie an zu hohem Ölverbrauch im Getriebe). Umgekehrt besteht aber auch die Möglichkeit, daß durch einen solchen Defekt Kraftstoffgemisch in das Getriebeöl gelangt. Eine Riechprobe am abgelassenen Getriebeöl gibt darüber Auskunft.

Fahrwerk: Nach den im Wartungs- und

Schmierplan vorgegebenen Intervallen sind folgende Fahrwerkteile auf ausreichende Schmierung zu untersuchen und gegebenenfalls nach- bzw. abzuschmieren. Verwendet wird dazu das Wälzlagerfett Ceritol + K 2 oder + K 3: Lenkungslager, Radlager, Lager für Hinterradantrieb, Sekundärkette, Bremsnocken und Bremsbackenlagerung, Fußbremswelle, Kupplungs- und Bremshebel sowie Tachometerantrieb.

Teleskopgabel: Die Tabelle 2-4 enthält die Ölstandshöhen für die einzelnen Ausführungen der Teleskopgabeln. Hier sei eine Information über die Zusammensetzung der Dämpfungsflüssigkeit gegeben. Die 230 cm^3 Stoßdämpferöl eines Teleskopgabelholmes der TS 250/1 und ETZ bestehen aus 225 cm^3 Stoßdämpferöl und 5 cm^3 MoS_2-Ölsuspension oder 115 cm^3 Stoßdämpferöl und 115 cm^3 Motorenöl MZ 22. In beiden Holmen muß zur einheitlichen Dämpfung ein gleicher Ölstand vorhanden sein.

Tabelle 2-4: Ölmengen und Füllstandshöhen der Teleskopgabeln

Fahrzeugtyp	Ø Führungsrohr (mm)	Ölmenge (cm^3)	Standhöhe (mm)
TS 125/150	32	220	220
TS 250 (m. u. o. SW)	32	220	210
TS 125/150	35	230	350
TS 250/1 (S)	35	230	330
TS 250/1 (m. SW)	35	230	240
ETZ 250 (S)	35	230	330
ETZ 250 (m. SW)	35	230	340

SW = Seitenw. übersetzt

Unterbrecherkontakt: Der Unterbrecherkontakt wird mit dem Spezialöl für Zündunterbrecher geschmiert.

Fahrwerk

An den guten Leistungen der MZ-Maschinen ist das Fahrwerk mit Rahmen, Teleskopgabeln, Schwingen, Federn, Stoßdämpfern, Achsen, Rädern, Bereifung, Bremsanlage und Lenkung maßgeblich beteiligt. Es gewährleistet u. a. eine gute Bodenhaftung der Räder, wodurch die Motorleistung auch auf weniger guten Straßen maximal genutzt werden kann. Um die Einsatzbereitschaft der Maschine ständig zu gewährleisten, empfiehlt es sich generell, die Schraubverbindungen alle 5 000 km oder halbjährlich auf Festsitz zu kontrollieren.

Rahmen

MZ-Motorräder haben Parallelrohrrahmen (TS 250/1, TS 250), geschweißte Rechteckprofilrahmen (ETZ 250) und Preßstahlrahmen (kleine Typenreihe). Diese Rahmen besitzen eine hohe Stabilität und Festigkeit und geben unter normalen Fahrbedingungen keinen Anlaß zu Beanstandungen. Am Rahmen gibt es darum auch nicht allzuviel zu tun. Das Wenige aber müssen wir mit größter Sorgfalt machen.
Der Rahmen ist alle 10 000 km oder jährlich speziell auf Risse zu untersuchen, insbesondere am Steuerkopf, an den Motoraufhängungen sowie an allen Schweißnähten. Diese Stellen müssen natürlich sauber sein, denn im Anfangsstadium sieht ein Riß wie ein mit der Reißnadel gezogener Strich aus. Stellt man eine derartige Erscheinung fest, sucht man sofort die Vertragswerkstatt auf und läßt den Schaden hier beheben. Auch nach einem sogenannten Rutscher sollte man den Rahmen unter die Lupe nehmen.
Sicher wird es Fahrer geben, die darauf verweisen, daß sie mit angebrochenen Rahmen noch Hunderte von Kilometern gefahren seien, ohne daß etwas passierte. Eine solche Handlungsweise empfiehlt sich nicht, der Einsatz ist zu hoch.

Motoraufhängung

An den starren Motoraufhängungen müssen von Zeit zu Zeit – der Fahrzeughersteller gibt hierfür 5 000 km oder halbjährlich vor – die Schraubenverbindungen nachgezogen werden. Bei den hinteren Aufhängungen ist das vor allem bei der kleinen Typenreihe etwas problematisch. Aber mit einem Ring- bzw. Steckschlüssel geht es.
Löst sich an einer Maschine der kleinen Typenreihe einmal während der Fahrt eine Befestigung – auch bei fabrikneuen Motorrädern kann das vorkommen –, so tippt man, vom Geräusch des Motors ausgehend, auf einen Motorschaden. Die Ursache ist jedoch eine gelöste Befestigung.

Gummielemente: Die elastische Motoraufhängung, im Laufe der Zeit von MZ ständig

Bild 2-47
Elastische Motoraufhängung an Rahmen und Zylinderdeckel

weiterentwickelt, hat bei der ETZ heute einen Stand erreicht, der kaum noch Wünsche offen läßt. Die Befestigung besteht vorn aus 2 Auslegern am Zylinderdeckel und einer Aufnahme am Rahmen. Sollte dennoch einmal ein Austausch erforderlich sein, sind Vergaser, Ansaugstutzen und Kerzenstecker zu demontieren, ist der Auspuff von der hinteren Strebe abzuschrauben und sind die Muttern M 8 vom Zylinderdeckel sowie M 10 vom Rahmenausleger zu entfernen. Nun kann das neue Teil problemlos aufgesteckt und montiert werden. Abschließend werden alle Schraubenverbindungen nochmals nachgezogen (Bild 2-47).

Lenkungslager

Für eine einwandfreie Straßenlage der MZ sorgen unter anderem die Lenkungslager, die im Steuerkopf des Rahmens untergebracht sind. Durch den Einsatz von Radialrillenkugellagern bei allen TS- und ETZ-Typen wurde die Verschleißfestigkeit um ein Mehrfaches erhöht und Einstellarbeiten überflüssig. Es ist darum auch kaum vorstellbar, daß sich an der Lenkungslagerung Verschleiß einstellt. Sollte ein Austauschen der Lenkungslager, zum Beispiel nach einem Unfall, dennoch einmal erforderlich werden, ergeben sich folgende Montagearbeiten:
Beide Lager mit einem langen Dorn herausdrücken (nur leicht zuschlagen).
Unteres Lager (6006) bis zum Anschlag eindrücken. Dazu ein passendes Rohr verwenden und nur auf den Außenring des Lagers drücken. Nach Möglichkeit eine Presse verwenden. Danach Distanzhülse einlegen und oberes Lager (6006) bis zum Anschlag des Innenringes (Distanzhülse) eindrücken. Haben die Kugellager Preßsitz, wird die Abschlußmutter am oberen Klemmkopf fest angezogen. Damit sind die Arbeiten beendet.

Radlager

Die Radlager liegen gut geschützt in den Naben und sind kaum Verschmutzungen ausgesetzt. Dennoch sollten sie alle 10 000 km oder jährlich auf Intaktheit kontrolliert werden. Dabei wird das Schmiermittel (Wälzlagerfett) ggf. ergänzt.
Bei spürbarem Spiel sind die Radlager zu erneuern. Die Radkörper werden dazu auf einer Kochplatte erwärmt, dann fallen die Kugellager von selbst heraus. Wenn nicht, mit einem Dorn von der jeweils gegenüberliegenden Seite einige leichte Schläge geben.
Die neuen Radlager – es dürfen nur Lager 6302 mit Blechkäfig verwendet werden – sind in die erwärmten Radkörper einzusetzen. Distanzhülse nicht vergessen! Mit dem Einlegen der Gummidichtung, die die Bremse vor dem Eindringen des Schmiermittels schützt, ist die Arbeit beendet.

Bremsen

Die Bremsen jedes Motorrades sind ein wichtiger Sicherheitsfaktor; sie müssen in allen Fahrsituationen sofort ansprechen und voll wirksam sein. Der Fahrzeughersteller empfiehlt deshalb auch eine ganze Reihe von Kontrollen zu bestimmten Zeitpunkten.

Vollnabenbremsen: Der Abrieb wird bei jeder Demontage der Räder mit einem sauberen Pinsel oder Tuch aus der Bremstrommel entfernt. Es dürfen dabei weder Fett noch Öl an die Bremsbacken oder den Bremsring gebracht werden. Geschmiert werden nur die Lagerbolzen (mit Heißlagerfett). Sie sind außerdem auf festen Sitz zu überprüfen. Gleiches gilt für die Bremsnocken an den Flächen, die die Bremsbacken spreizen.
Bei den Bremsbacken ist der eventuell vorhandene seitliche Grat mit einer Feile zu entfernen (Bild 2-48). Die auflaufende Seite des Bremsbelages kann etwas abgeschrägt werden.

Bremsbacken: Ist es erforderlich, die Bremsbacken abzubauen, werden sie vorher markiert, damit sie beim Anbau wieder in die alte Stellung kommen. Sind diese Bremsbeläge so weit abgeschliffen, daß ein Nachstellen keine bessere Bremswirkung ergibt, empfiehlt sich der Kauf neuer Bremsbacken.

Bild 2-48 Komplett montierte hintere Bremsbacken auf dem Gegenhalter; 1 – Bremslichtkontakt

Der Fachhandel bietet regenerierte Bremsbacken an.

Einstellen der Bremsen: Ein Ein- oder Nachstellen der Bremsen macht sich durch den Abrieb am Bremsbelag erforderlich. Bei der Vorderradbremse sollte zwischen Bremshebelende und Drehgriff noch ein Abstand von 40 bis 50 mm vorhanden sein, wenn die Bremse anspricht. Die Hinterradbremse ist so einzustellen, daß sie bereits bei kurzem Antippen anspricht. Nach dem Einstellvorgang ist zu kontrollieren, ob sich das Rad noch durchdrehen läßt, ohne an den Bremsbacken zu schleifen.

Bild 2-49 Scheibenbremse der ETZ

Scheibenbremse: Mit dem Einsatz der ETZ 250 wurde wahlweise vorerst nur für den Export eine hydraulisch wirkende Scheibenbremse im Vorderrad eingesetzt. Inzwischen werden Maschinen mit Scheibenbremse vorn vom IFA-Vertrieb angeboten. Die Vorteile der Scheibenbremse gegenüber der herkömmlichen Trommelbremse sind wesentlich bessere Bremsverzögerung und bessere Kühlung, wodurch die sehr gute Bremswirkung auch bei höchster Belastung erhalten bleibt (Bild 2-49).
Die Scheibenbremse besitzt aber auch einige Nachteile, die nicht verschwiegen werden sollen. So ist die hydraulische Anlage relativ kompliziert, bedarf hochwertiger Ersatzteile und ein hohes fachliches Können bei Reparaturen. Ferner ist sie recht anfällig

gegen Verschmutzung. Der Umgang mit dieser Bremse und ihre optimale Nutzung müssen darum regelrecht erlernt werden. Vor allem bei nasser oder rutschiger Fahrbahn ist sie sehr dosiert einzusetzen.
Auf einen einfachen Nenner gebracht funktioniert die Scheibenbremse wie folgt: Vom Handbremshebel wird die Kraft über den Hauptbremszylinder und den Druckschlauch auf die im Bremssattel sitzenden Bremskolben übertragen, welche die Bremsbacken gegen die Bremsscheibe drücken.
Einige Wartungsarbeiten an der Scheibenbremse können durchaus selbst ausgeführt werden, wenn mit größter Sorgfalt und mit größtem Verantwortungsbewußtsein gearbeitet wird. Grundsätzlich sind nur neue Ersatzteile zu verwenden. Jede Nacharbeit an Kolben und Bremszylinder (das gilt sowohl für Hauptbremszylinder als auch für den Bremssattel) hat zu unterbleiben.

Bremsbacken austauschen: Den an den Bremsbacken entstehenden Abrieb gleicht die Scheibenbremse selbständig aus. Die Bremsbacken haben als Verschleißmarkierung zwei Nuten. Werden diese Verschleißmarkierungen erreicht, die nach Abheben der Abdeckkappe des Bremssattels zu erkennen sind, ist der Zeitpunkt des Austauschens der Bremsbacken gekommen. Dazu wird zuerst das Vorderrad ausgebaut. Danach wird die Abdeckkappe vom Bremssattel mit einem Schraubendreher abgehoben und es werden mit einem Schlagdorn (4 mm ∅), der etwa 100 mm lang sein muß, die beiden Bolzen von innen herausgeschlagen. Dabei sind Federn und Kegelstift abzunehmen, beim inneren Bremssattel sind beide Splinte aufzubiegen. Danach lassen sich die Bremsbacken herausziehen. Nach gründlicher Reinigung der Teile, wobei die Bremskolben in die Zylinder zurückgedrückt werden, lassen sich die neuen Bremsbacken in umgekehrter Reihenfolge einbauen. Dabei ist zu beachten: Am äußeren Bremssattel wird zuerst einer der beiden Stifte mit der Feder montiert und erst danach der Kegelstift eingelegt. Dann wird die Feder hochgedrückt und der zweite Stift eingeschlagen.
Um das Herausdrücken der Bremskolben zu verhindern, darf während des Umbaus der Bremshebel nicht betätigt werden. Ferner dürfen Fett oder Öl nicht an die Bremsbacken gelangen. Sie würden dadurch unbrauchbar!

Bremsscheibe austauschen: Zuerst wird das Vorderrad ausgebaut. Die Bremsscheibe, die auf der Radnabe zentriert ist und von 6 Schrauben gehalten wird, läßt sich nunmehr nach Lösen der selbstsichernden Muttern und Entfernen der Wellscheiben abnehmen. Wird das Abnehmen erschwert, kann mit einigen leichten Gummihammerschlägen nachgeholfen werden.
Das Austauschen der Bremsscheibe ist erforderlich, wenn sie bis auf 4 mm Dicke verschlissen ist, einen seitlichen Schlag von mehr als 0,05 mm aufweist, starke Riefen besitzt oder eine Dickenabweichung zeigt, die größer als 0,04 mm ist. An der Scheibe gegebenenfalls vorhandene Korrosionserscheinungen sind unbedeutend, sie verschwinden von selbst beim Bremsen.
Bei der Montage der neuen Scheibe sind die selbstsichernden Muttern über Kreuz anzuziehen, wobei das Unterlegen der Scheiben nicht zu vergessen ist. Vor dem Einbau des Vorderrades werden die Bremskolben in die Bremszylinder zurückgedrückt.

Bremsflüssigkeit: Der Stand der Bremsflüssigkeit wird alle 5 000 km oder halbjährlich kontrolliert. Nach Abschrauben des Verschlußdeckels am Vorratsbehälter und Herausnehmen des Hermetikbalges wird sie bis zur oberen Füllstandsmarkierung ergänzt. Empfohlen wird die im Handel erhältliche Bremsflüssigkeit „Karipol grün". Nach dem Einfüllen wird der Hermetikbalg wieder eingesetzt und der Verschlußdeckel aufgedreht.

Entlüften: Die Scheibenbremse der MZ ist in der Lage, sich selbst zu entlüften. Das geschieht völlig unkompliziert, wenn wir den Vorratsbehälter öffnen und den Hermetikbalg herausnehmen. Nach etwa einer Stunde hat sich die Bremse selbständig entlüftet. Durch leichtes Beklopfen vom Bremssattel und Bremsschlauch kann man das Entweichen eventuell noch vorhandener

Luftreste beschleunigen. Die Bremsflüssigkeit ist vor Staub und Wasser zu schützen, durch Abdecken der Einfüllöffnung mit einem Plastebeutel oder Abstellen des Fahrzeugs in einem trockenen, staubfreien Raum. Mit dem Einlegen des Hermetikbalges und Schließen der Verschlußkappe ist die Arbeit beendet.
Schneller, aber etwas komplizierter, geht das Entlüften nach folgenden Arbeitsschritten:
Vorratsbehälter schließen und auf das Entlüftungsventil (direkt neben der Schraubverbindung des Bremsschlauches am Bremssattel) einen Füllschlauch mit Trichter so aufstecken, daß der Trichter noch etwa 20 cm über die obere Füllstandsmarkierung des Hauptbremszylinders hinausragt. Danach wird Bremsflüssigkeit aufgefüllt, bis der Trichter zur Hälfte gefüllt ist. Nun wird das Entlüftungsventil um eine halbe Umdrehung geöffnet bei gleichzeitigem Ziehen des Handbremshebels bis zum Anschlag. Danach bei noch immer gezogenem Handbremshebel das Ventil wieder schließen. Der Vorgang ist so lange zu wiederholen, bis keine Luftblasen im Trichter mehr auftauchen. Es ist zu beachten, daß der Flüssigkeitsspiegel im Vorratsbehälter dabei nicht unter die untere Füllstandsmarkierung absinkt. Abschließend ist nach Öffnen des Vorratsbehälters und Entnehmen des Hermetikbalges Bremsflüssigkeit bis zur oberen Markierung nachzufüllen.

Räder und Reifen

Eine Reifenpanne ist beim heutigen Stand der MZ-Technik kein Problem mehr. Dank der Steckachsen lassen sich die Räder leicht herausnehmen.

Vorderrad: Nach Lockern der Achsmutter wird die Klemmschraube zur Steckachse und Zugstrebe gelöst. Das Rad wird nach vorn herausgezogen und der Bremsdeckel, am Seilzug hängend, auf die Rückseite gelegt. Die Achse wird so abgelegt, daß sie nicht verschmutzt. Der Einbau des Rades erfolgt in umgekehrter Reihenfolge. Die gesäuberte Achse wird dabei dünn mit Fett eingestrichen.
Die beiden Verschraubungen der Zugstrebe sind durch selbstsichernde Muttern gegen Lösen gesichert. Es dürfen nur Muttern dieser Art verwendet werden. Ein selbständiges Lösen der Schraubverbindungen während der Fahrt würde den Ausfall der Vorderradbremse bedeuten, was schwerwiegende Folgen hätte.

Hinterrad: Zuerst ist die Schraubenverbindung an der Zugstrecke zum Gegenhalter zu lösen. Bei der großen Typenreihe ist die Flügelmutter am Bremsgestänge zu entfernen und das Gestänge hochzulegen, dann ist das Stopplichtkabel abzuziehen. Nun kann die Achse herausgedreht und das Rad nach hinten herausgenommen werden. Wenn man dabei die Maschine in Fahrtrichtung etwas nach rechts neigt, geht das leichter. Der Gegenhalter wird, am Bowdenzug hängend, über die Schwinge gelegt. Die Steckachse ist sauber aufzubewahren. Beim Einbau des Hinterrades ist die Maschine wieder etwas nach rechts zu kippen und das Rad zunächst provisorisch hineinzustecken. Nun kommt das Einfädeln der Mitnehmer in den Dämpfungsgummi. Auch das ist zu meistern. Man legt dazu einen Gang ein, damit sich die Stellung der Bohrung im Dämpfungsgummi nicht verändern kann. Dann betrachtet man genau, in welcher Stellung das Hinterrad eingedrückt werden muß. Jetzt legt man den Bremsdeckel in die Hinterradnabe ein. Danach faßt man das Hinterrad mit beiden Händen und drückt es mit Gefühl in die Aufnahme. Nun können Distanzhülse eingepaßt und Achse eingeschraubt werden. Nachdem Zugstrebe, Bremsgestänge und Stopplichtkabel montiert sind, wird die Achse festgezogen; natürlich nur so fest, daß sie beim nächsten Radwechsel auch wieder ohne Gewalt gelöst werden kann. Von Vorteil ist, nach jedem Radwechsel oder Spannen der Kette auch die Spur zu überprüfen (s. Abschn. „Fluchten der Räder").

Reifenmontage: Als erstes ein Tip: Der Reifeninnendruck muß immer stimmen. Stimmt er nicht, wandert der Reifen auf der Felge.

Als Folge kann das Ventil ausreißen. Dem Ausreißen läßt sich entgegenwirken, indem man die Ventilmutter soweit wie möglich zurückdreht. Das Ventil stellt sich beim Wandern des Reifens dann schräg und man sieht, daß man eingreifen muß.
Bei schräg stehendem Ventil muß der Reifen nicht unbedingt demontiert werden. Es genügt, die Luft abzulassen und die Decke von der Felge zu drücken. Dann greift man mit einer Hand in die Speichen und dreht mit der ersten Hand den Reifen auf der Felge in die gewünschte Richtung, bis das Ventil gerade steht. Beim Hinterrad kann zum Gegenhalten ein Gang eingelegt werden, beim Vorderrad dient die Bremse als Hilfsmittel.

Schlauchwechsel: Zuerst markieren wir Reifen und Felge, evtl. sogar an zwei verschiedenen Stellen. Dann entfernen wir Ventileinsatz und Ventilmutter und legen danach das Rad auf einen Lappen. Mit den Füßen drücken wir nun den Reifen von der Felge ab ins Tiefbett und setzen die Montierhebel an. Mit ihnen wird nun immer ein kurzes Stück des Reifens herausgehoben und schließlich der Schlauch entfernt. Danach wird der Reifen innen sehr sorgfältig auf Fremdkörper untersucht und der Ersatzschlauch eingelegt, der vorher mit Talkum eingerieben wurde (Transport des Schlauches erfolgt im Plastebeutel, schon gut mit Talkum eingerieben). Eine Reparatur des Schlauches mit Flickzeug kann nur im äußersten Notfall akzeptiert werden. Besser ist es, den Schlauch vulkanisieren zu lassen. Das anschließende leichte Aufpumpen des Schlauches ist erforderlich, um zu verhindern, daß der Schlauch beim Montieren eingequetscht wird.
Bevor wir den Reifen nun wieder mit den Füßen in das Tiefbett der Felge drücken, bringen wir zunächst die am Anfang erwähnten Markierungen zur Deckung. Der Grund: Jedes Rad ist von Haus aus ausgewuchtet, zu erkennen an den Gegengewichten auf den Speichen. Deshalb muß der Reifen wieder in seine alte Lage kommen.
Beim Montieren wird der Reifen so weit wie möglich mit den Füßen in das Tiefbett gedrückt; erst dann werden die Montierhebel angesetzt. Abschließend wird geprüft, ob die Kontrollinie am Reifen in gleichmäßigem Abstand zur Felge verläuft; das ist Voraussetzung für den Rundlauf des Reifens. Die richtige Lage desselben erreicht man, indem man das Rad mit dem noch nicht voll aufgepumpten Reifen seitlich auf den Erdboden aufschlägt.

Allgemein gilt: Der Reifen muß am Ventil zuerst aus der Felge herausgehoben und hier zuletzt hineingehoben werden. Ferner sind die Montierhebel sehr vorsichtig zu handhaben; die Alufelge ist schnell abgequetscht. Die kleinen Metallspäne zerstören den Schlauch.
Wird die Außenwand des Reifens mit feuchter Kernseife bestrichen, rutscht der Reifen übrigens viel williger in das Tiefbett.

Auswuchten des Vorderrades: Beim Aufziehen eines neuen Reifens, beim Einbau einer neuen Felge oder eines ganzen Rades muß das Rad unbedingt ausgewuchtet werden. Anderenfalls ist ein Flattern des Rades, verbunden mit verschlechterter Straßenlage der Maschine und erhöhtem Reifenverschleiß, zu erwarten.
Wer das Vorderrad selbst auswuchtet, belastet den hinteren Teil der Sitzbank so, daß sich das Rad bei aufgebockter Maschine frei und leicht drehen läßt. Man läßt das Rad auspendeln und befestigt an der Speiche, die oben verbleibt, das Ausgleichgewicht in Form eines mehr oder minder langen Stückchens Bleidraht und drückt diesen mit einer Zange fest auf die Speiche. Das Auswuchten ist abgeschlossen, wenn das Rad an jeder Stelle ruhig stehen bleibt. Die Ausgleichgewichte – es können mehrere sein – dürfen sich nicht lösen und sind deshalb öfters zu kontrollieren.

Schwingen und Teleskopgabeln

Die Schwingen und Teleskopgabeln der MZ haben die Aufgabe, die Räder zu führen und Fahrbahnunebenheiten so aufzunehmen, daß der Fahrer möglichst wenig davon spürt und die Räder trotzdem ständig am Boden bleiben, damit die volle Motorleistung auf die Straße übertragen werden kann.

Teleskopgabeln: Für die in diesem Buch beschriebenen MZ-Maschinen gibt es zwei Arten von Teleskopgabeln. Sie unterscheiden sich durch die Stärke der Führungsrohre (Bilder 2-50 und 2-51) TS 125/150 und TS 250
Ø 32 mm, verchromte Gleitrohre
TS 125/150 (ab Baujahr 1976) und TS 250/1 sowie ETZ
Ø 35 mm, Gleitrohre aus Leichtmetallguß
Unter normalen Fahrbedingungen erreichen die Teleskopgabeln nach etwa 30 000 km die Verschleißgrenze. Eine Selbstinstandsetzung ist uns aufgrund der fehlenden Spezialwerkzeuge, aber auch infolge der Kompliziertheit der Bauteile und der nicht zur Verfügung stehenden Neuteile nicht möglich. Dennoch gibt es einige Wartungsarbeiten, die wir mit einfachen Mitteln ausführen können.

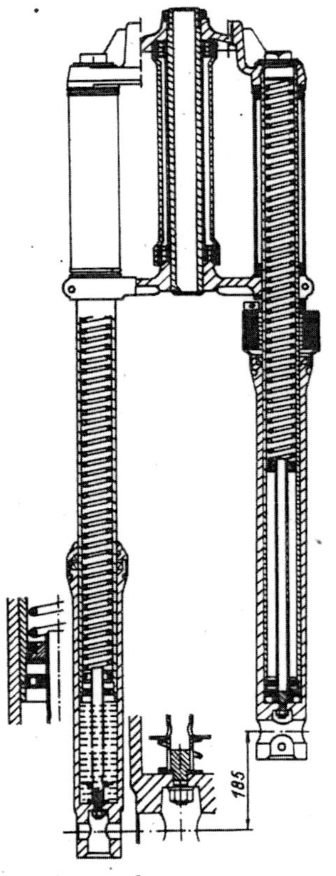

Bild 2-51 Teleskopgabel im Schnitt; linker Holm völlig ausgefedert mit Schutzkappe, rechter Holm in Endstellung mit Schutzbalg

Dichtheitskontrolle: Das Austreten von Öl aus den Verschlußschrauben am oberen Klemmkopf ist z. B. auf mangelnde Abdichtung oder auf sich lockernde Schrauben zurückzuführen. Hier kann die Abdichtung mit Chemisol, notfalls auch mit Gummilösung wieder hergestellt werden. Um den Ölverlust so gering wie möglich zu halten, ist die Abdichtung sofort nach dem Bemerken der Undichtheit durchzuführen.
Beschädigungen am Führungsrohr, hervorgerufen durch Steinschlag, verkrusteten Schmutz (mangelnde Pflege) oder durch Veränderungen, die in der Hartchromschicht aufgetreten sind, führen nach und nach zur Zerstörung der Abdichtung zwischen Gleit- und Führungsrohr. Die Folge ist austretendes Öl in Höhe der Schutzkappe. Wir haben dann zwar die Ursache erkannt, können sie

Bild 2-50 Teleskopgabel mit Gleitrohr aus Aluminium und Schutzkappe

aber nicht beseitigen, da uns Spezialwerkzeuge und Ersatzteile fehlen. Das gilt auch für den zur Abdichtung verwendeten Radialdichtring. Hier hilft dann nur noch eine Reparatur in der Vertragswerkstatt.

Ölstandskontrolle: Wenn durch irgendeine undichte Stelle an der Gabel Öl verlorengegangen ist und wir somit den Ölstand kontrollieren möchten, gehen wir wie folgt vor: Ein Meßstab aus dünnem Draht wird nach dem Lösen der jeweiligen Verschlußschraube bis zur tiefsten Stelle der Gabel geführt und daran der Ölstand abgelesen. Die notwendigen Ölstandshöhen sowie Ölmengen enthält Tabelle 2-4. Einen genauen Meßwert erhält man jedoch nur, wenn die Maschine mit voll ausgefederter Gabel mindestens 1 Stunde stand, damit sich das Öl sammeln konnte. Zum Ergänzen des Ölstandes wird das übliche Stoßdämpferöl verwendet. Die danach wieder einzudrehenden Verschlußschrauben werden vor dem Eindrehen mit Chemisol bestrichen und mit einem Ringschlüssel fest angezogen.
Die Ölmengen bzw. Ölstandshöhen für die 2 Gabelvarianten enthält Tabelle 2-4.

Führungsrohre: Nach einem Sturz ohne sichtbare Verformung der Teleskopgabel – bei Verformung muß die Maschine in die Werkstatt – kann derjenige, der Prisma und Meßuhr besitzt, die Holme ausbauen und die Führungsrohre auf Rundlauf prüfen.
Wir beginnen mit dem Ausbau des Vorderrades und des Vorderradkotflügels. Danach werden die Verschlußschrauben herausgedreht, die Führungsrohre am unteren Klemmkopf markiert (zur Erleichterung des späteren Einbaus), die Klemmschrauben am unteren Klemmkopf entfernt und die Holme komplett herausgedrückt. Ist das geschehen, werden die Verschlußschrauben zur Vermeidung von Ölverlust wieder eingesetzt. Nun wird das Gleitrohr voll ausgefedert und das Führungsrohr am oberen Ende in ein Prisma gelegt. Mit dem Fühler einer Meßuhr wird durch Drehen des Rohres (volle Umdrehung) der Rundlauf geprüft. Im Neuzustand beträgt der zulässige Rundlauffehler 0,05 mm. Ergibt sich beim Prüfen ein Fehler von über 0,1 mm, ist das Führungsrohr nicht mehr verwendbar und muß erneuert werden. Ein Nachrichten ist nicht statthaft.
Lenker, Scheinwerfer und Instrumentenhalter werden von der Montage nicht berührt und können am Platz bleiben. Auch das Bremssystem der Scheibenbremse wird nicht demontiert. Lediglich beim rechten Holm muß der Bremssattel vom Gleitrohr abgenommen werden.
Voraussetzung für eine einwandfreie Funktion der Teleskopgabel ist das Parallelstehen von Führungs- und Gleitrohr. Bei der Montage der Gabel, die in umgekehrter Reihenfolge ausgeführt wird, ist deshalb darauf zu achten, daß durch falsches Anziehen der Verschraubungen nicht etwa Verspannungen auftreten, die eine Klemmneigung an der Gabel hervorrufen. Abschließend wird die Mutter der Steckachse aufgeschraubt, die Gabel mehrmals durchgefedert und die Klemmschraube fest angezogen.
Die gleichen Arbeitsgänge sind erforderlich, wenn es gilt, defekte Schutzbälge zu wechseln.

Schmutzschutz: Zur Schmierung und Reinhaltung der Gleitflächen ist an den Führungsrohren über dem Dichtring ein in Öl getränkter Filzring montiert. Dennoch lagern sich infolge der Gleitbewegungen immer etwas Öl und Schmutz auf den Gleitflächen ab. Um daraus keine feste Kruste entstehen zu lassen, die zur Zerstörung der Abdichtung führen könnte, empfehlen wir die wöchentliche Reinigung der Rohre mit einem ölgetränkten Wollappen.
Interessant ist, daß die Führungsrohre der Teleskopgabeln der Fahrzeuge, die ständig im Einsatz sind, kaum verkrusteten Schmutz aufweisen. Die ständigen Gleitbewegungen und der leichte Ölfilm reinigen die Oberflächen. Bei längerem Stillstand der Maschine ohne Reinigung der Führungsrohre besteht Gefahr für die Dichtringe.
Die Führungsrohre sind auf der Oberfläche hartverchromt. Steinschlagschäden und sonstige Unebenheiten beseitigt man mit einem feinkörnigen Ölstein. Eine gelöste Chromschicht macht die Holme übrigens unbrauchbar.
In letzter Zeit wurden MZ-Motorräder wieder

verstärkt mit Teleskopgabeln mit Schutzbalg (Gummifaltenbalg) ausgeliefert. Diese Gummibälge schützen die Führungsrohre sehr zuverlässig.

Verschleißprüfung: Ein einigermaßen zuverlässiges Mittel zur Überprüfung des Zustandes (Verschleißes) der Teleskopgabel ist die Methode, bei vollausgefederten Holmen (Vorderrad ausgebaut) in Achsmitte und Fahrtrichtung das Spiel der Holme zu messen. Kann ein Holm mehr als 3,5 mm bei einem Führungsrohr mit 32 mm Ø und von 2,2 mm bei einem Führungsrohr mit 35 mm Ø hin- und herbewegt werden, ist die Verschleißgrenze mit Sicherheit erreicht. Beim Überschreiten dieser Werte kann die Gabel zwar noch genutzt werden, es muß jedoch eine Verringerung der Fahrstabilität bei schnellem Fahren auf unebenen Straßen in Kauf genommen werden. Besser ist somit die schnellstmögliche Instandsetzung oder Erneuerung der Gabel.

Demontage/Montage: Gilt es, die Teleskopgabel komplett zu erneuern – Teleskopgabeln werden als Ersatzteil im Fachhandel angeboten –, sind folgende Arbeitsschritte zu gehen:

1. Handbremsbowdenzug am Lenker aushängen bzw. Bremsschlauch vom Klemmkopf ziehen, nachdem zuvor die Öffnung mit einem Stopfen verschlossen worden ist. Danach den Bremsschlauch mit einem dünnen Draht am Lenker befestigen.
2. Abdeckkappe von der Steuerrohrbefestigungsmutter abnehmen und die Mutter lösen. Danach Verschlußschrauben der Führungsrohre mit einem Steck- oder Ringschlüssel lockern.
3. Am Scheinwerfer vom Ausleger des unteren Klemmkopfes die Mutter abnehmen, den Scheinwerfer aus der Halterung herausziehen und seitlich herabhängen lassen.
4. Instrumentenhalter (Innensechskantschraube) demontieren und auf dem Kraftstoffbehälter ablegen.
5. Vorderrad, Bremssattel und Vorderradkotflügel ausbauen.
6. Blinkleuchten und Halterungen vorn komplett abbauen. Mutter vom Steuerrohr abnehmen und die beiden Verschlußschrauben vollständig herausdrehen.
7. Oberen Klemmkopf mit den Holmen mit etwas Gefühl nach unten aus dem Führungsrohr herausschlagen.
8. Abschließend die herabhängenden Teile wie Instrumentenhalter, Blinkleuchten und Scheinwerfer mittels Putzlappen und Draht oder Bindfaden so sichern, daß sie nicht beschädigt und ihre Anschlußkabel nicht herausgezogen werden.

Bild 2-52 Reihenfolge des Anziehens der Schraubverbindungen nach Montage der neuen Teleskopgabel; 1 – Mutter am Steuerrohr, 2 – Verschlußschrauben der Führungsrohre, 3 – Klemmschrauben am unteren Klemmkopf, 4 – Mutter für Steckachse, 5 – Klemmschraube für Steckachse

Die Montage der neuen Teleskopgabel erfolgt in umgekehrter Reihenfolge. Dabei achtet man insbesondere darauf, daß die Kabelstränge wieder funktionsgerecht verlegt werden. Ferner ist die Scheibenbremse nach dem Aufschrauben des Bremsschlauches auf den Bremssattel zu entlüften. Im Abschnitt „Scheibenbremse/Bremsflüssigkeit" ist dargelegt, wie das gemacht wird. Nach Montage der neuen Teleskopgabel werden die Schraubverbindungen in der in Bild 2–52 gezeigten Reihenfolge festgezogen. Das Einhalten dieser Reihenfolge garantiert ein einwandfreies Arbeiten der neuen Teleskopgabel, und Verspannungen sind weitestgehend ausgeschlossen.

Schwingen: Seit 1975 besitzen alle MZ-Motorräder Hinterradschwingen mit wartungsfreien Lagerungen. Äußerlich am fehlenden Schmiernippel erkennbar, bringen sie dem Maschinenbesitzer eine Menge Vorteile. Der Grund: Die früher verwendeten Gleitlager wurden durch Gummibüchsen ersetzt, welche die durch das Ein- und Ausfedern des Hinterrades entstehende Drehbewegung elastisch aufnehmen. Eine Gleitreibung zwischen Gummi und Stahl findet somit nicht statt, und die Schmierung ist nicht mehr erforderlich. Die Lebensdauer dieser Lagerung beträgt etwa 30 000 km, dann müssen die Gummibüchsen und der Lagerbolzen erneuert werden.

Die Schraubverbindungen an der Schwinge müssen ständig auf festen Sitz kontrolliert werden, da sie wesentlichen Einfluß auf die ansonsten wartungsfreie Schwingenlagerung haben. Ein zu festes Anziehen, indem eine Rohrverlängerung auf den Mutterschlüssel aufgesteckt wird, ist nicht ratsam. Das Anziehen der Muttern erfolgt bei voll ausgefederter Schwinge. Eine einwandfrei arbeitende Schwinge hat wesentlichen Einfluß auf die Straßenlage der Maschine!

Schwingen sind Regenerierungsteile. Sie werden in speziellen Vertragswerkstätten aufgearbeitet, wenn die Lagerung verschlissen ist. Die Vermittlung erfolgt nur über die Vertragswerkstätten. Unfallteile sind von der Regenerierung ausgeschlossen!

Hinterradantrieb

Zwischen den beiden Schwingarmen der Hinterradschwinge ist der aus Dämpfungsgummi, Kettenabdeckung, Kugellager und Kettenspannern bestehende Hinterradantrieb mittels Flanschbolzen und Hinterradachse fixiert. Er ist bei allen MZ-Motorrädern prinzipiell gleich aufgebaut, lediglich bei der ETZ (Bild 2–53) gibt es geringe Abweichungen (ein zweites Kugellager aufgrund der höheren Antriebsleistung und eine Metallbuchse zwischen Flanschbolzen und Kettenabdeckung, um eine bessere Befestigung des Flanschbolzens zu gewährleisten). Der Hinterradantrieb hat die Aufgabe, die vom Motor erzeugte und über die Sekundärkette übertragene Antriebsleistung auf das Hinterrad zu übertragen.

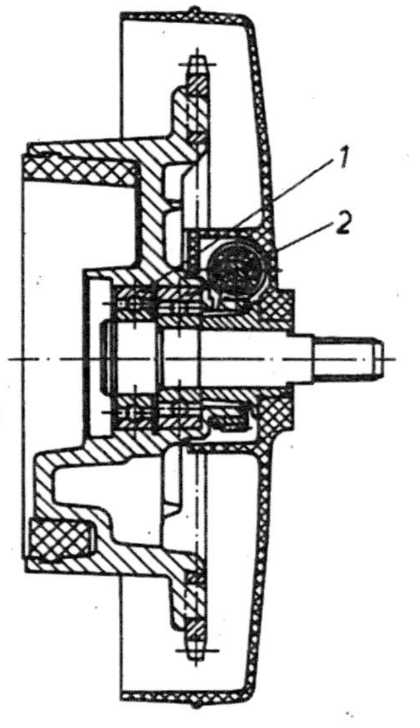

Bild 2-53
Hinterradantrieb der ETZ im Schnitt;
1 – Lager 6204,
2 – Lager 6005

Demontage: Um an die „Innereien" des Hinterradantriebes heranzukommen, z. B. beim Wechseln eines Kugellagers, ist eine Montage unumgänglich. Wir beginnen mit dem Ausbau des Hinterrades, demontieren Überwurfmutter der Tachospirale, Kettenschutzschläuche und Kette, lösen die Flanschbolzenmutter und schlagen den Antrieb aus der Führungsnut der Hinterradschwinge heraus. Danach kann die Kettenabdeckung (Plaste) abgenommen werden. Muß eine defekte Kettenabdeckung ersetzt werden, endet die Demontage hier. Die Montage wird in umgekehrter Reihenfolge durchgeführt.

Bei den TS-Typen wird nun der Dämpfungsgummi herausgehoben und der Sicherungsring für das Kugellager im Dämpfungskörper mit einer Spitzzange oder 2 Schraubendrehern entfernt. Um das Gewinde am Flanschbolzen nicht zu zerstören, wird die Mutter bündig aufgeschraubt und der Bolzen mit

leichten Schlägen herausgeschlagen. Das Kugellager 6004 wird mit dem Bolzen gleichzeitig nach außen befördert. Ein Anwärmen des Antriebs vor der Demontage und der Montage erleichtert die Arbeit (ca. 100 °C).
Bei der ETZ wird ebenfalls der Dämpfungsgummi herausgehoben und der Flanschbolzen nach Aufschrauben der Mutter herausgeschlagen. Danach den Hinterradantrieb gleichfalls auf etwa 100 °C erwärmen und das Kugellager 6005 mit einem Winkelschraubendreher oder einem ähnlichen selbstgefertigten Hilfsgerät herausdrücken. Der zwischen den Kugellagern befindliche Sicherungsring wird herausgenommen (darf bei der Montage nicht vergessen werden!) und das Kugellager 6204 mit Dorn und leichten Schlägen nach außen befördert. Die Montage erfolgt nach erneutem Erwärmen in umgekehrter Reihenfolge.

Verschleißprüfung: Verschleiß kann sich am Innengewinde des Flanschbolzens (Zerstörung durch Schmutz oder unsachgemäße Behandlung), an der Kettenabdeckung (Plaste), an den Kugellagern und am Mitnehmergummi einstellen (starke Verformung der Aufnahme der Einrisse, die harte Schläge beim Anfahren und Schalten hervorrufen). Dämpfungskörper und Kettenrad sind miteinander vergossen und können immer nur komplett gewechselt werden.

Funktionsprüfung: Ist der Antrieb wieder montiert und das Hinterrad mit den Mitnehmern in den Dämpfungsgummi eingelegt, werden durch Anziehen der Steckachse folgende Teile axial gegen den Flanschbolzen angezogen: Schwingarm links, Kettenspanner, Distanzstück, Bremsgegenhalter, Abstandshülse und Kugellager. Dreht sich nach dem Anziehen der Steckachse das Hinterrad nur unwillig, ist die Abstandshülse zwischen den Kugellagern im Radkörper zu kurz und muß erneuert werden.

Tachoantrieb

Nach Lösen der Senkschraube, die sich in der Nähe der Flanschbolzenmutter in der Kettenabdeckung befindet, und der Überwurfmutter an der Tachospirale kann bei allen MZ-Motorrädern der Tachometerantrieb, bestehend aus Lagerbuchse und Ritzel, in Fahrtrichtung herausgezogen werden. Das dazugehörige Schraubenrad ist mit einem Hakensprengring auf dem Dämpfungskörper mit Zahnkranz befestigt.
Bei Montagearbeiten am Antrieb sind das Ritzel, der Schaft und das Schraubenrad mit Wälzlagerfett zu versehen. Nach der Montage ist die Überwurfmutter gefühlvoll mit der Hand anzuziehen.

Federbeine/Stoßdämpfer

Die Federbeine (Bild 2-54) nehmen bei der MZ in Verbindung mit der Hinterradschwinge die Fahrbahnunebenheiten auf und gewährleisten so den ständigen Kontakt der Räder mit der Fahrbahn. Sie sind bei allen behandelten MZ-Typen nahezu identisch. Auf kleine Unterschiede ist hier eingegangen.

Federbeine: Die Federbeine sind mit je einer Sechskantschraube im unteren Befestigungsauge an der Schwinge und im oberen Befestigungsauge am Rahmen befestigt. Zwischen der oberen Aufnahme und dem Auge sitzt eine lose eingelegte Gummibuchse, während im unteren Auge eine in Gummi eingesetzte Gelenkbuchse eingepreßt ist. Diese Konstruktion ist nahezu wartungsfrei.
Instandsetzungen beschränken sich bei den Federbeinen auf das Auswechseln defekter Teile wie Federn, Verstellmuffen, Stoßdämpfer oder Gummimuffen. Ursachen dafür können Korrosion oder normaler Verschleiß sein.

Demontage: Das ausgebaute Federbein wird am unteren Auge in den Schraubstock gespannt und Feder und Schutzhülse (Plaste) werden kurz nach unten gedrückt. Dabei werden die beiden Stützringhälften (Plaste) frei und können herausgenommen werden. Danach lassen sich Feder, Schutzhülse und Verstellmuffe über den Stoßdämpfer streifen. „Klebt" die Verstellmuffe durch

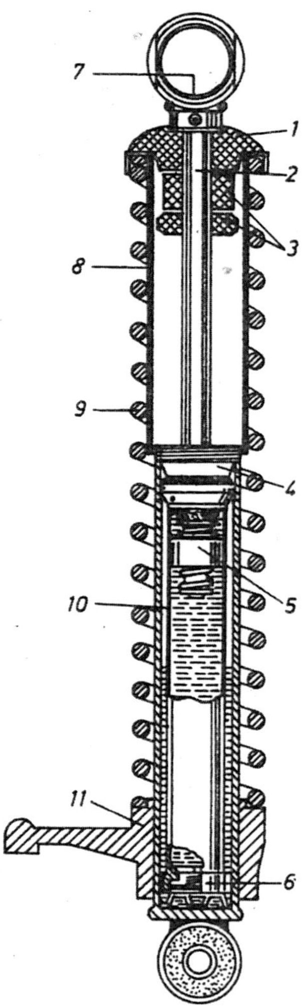

Bild 2-54
Federbein im Schnitt;
1 – Stützringhälften,
2 – Kolbenstange,
3 – Anschlaggummis,
4 – Gewindestück mit Radialdichtring,
5 – Kolben mit Rückschlag- und Dämpfungsventil,
6 – Bodenventil,
7 – obere Aufnahme,
8 – Schutzhülle,
9 – Druckfeder,
10 – Kolbenrohr,
11 – Verstellmuffe

Korrosion am Stoßdämpfer, wird mit Öl oder Petroleum nachgeholfen. Danach läßt sie sich mit Sicherheit lösen.

Soll der Stoßdämpfer aufgrund von Beschädigung (Ölverlust, Dämpfung ausgefallen) ausgetauscht werden, ist zu beachten, daß die beiden Stoßdämpfer einer Achse immer die gleichen Dämpfungswerte aufweisen. Die entsprechende Kennzeichnung befindet sich an der oberen Stirnseite der Kolbenstange bzw. an der Außenseite des angeschweißten Auges.

Montage: Die Komplettierung des Federbeines erfolgt in umgekehrter Reihenfolge. Schutzhülse und Bewegungsteil der Verstellmuffe sind gut einzufetten.

Bei der Beschaffung neuer Federbeine bzw. Stoßdämpfer achten wir auf die Kennzeichnung oberhalb des unteren Befestigungsauges. Die Signierung muß lauten: A 22-100-88/8 M. Andere Signierungen deuten auf veraltete Ausführungen hin. Sie sind für uns nicht verwendbar.

Die Federbeine von zur Seitenwagenbenutzung vorbereiteten ETZ-Motorrädern haben grundsätzlich über den Federn verchromte Schutzhülsen.

Beim Austausch der Federn – dies wird hauptsächlich bei starker Korrosion erforderlich sein – sind die Windungsanzahlen der Federn zu beachten. Tabelle 2-5 gibt darüber Auskunft.

Tabelle 2-5: Kennwerte für die Federn der Federbeine

Fahrzeugtyp	Anzahl der Windungen
TS 125/150	18,5
TS 250	18,5
TS 250/1	18,5
ETZ 250	16,5
ETZ 250 (SW vorber.)	17,5

Gummilagerungen: Während die Gummibuchsen in den oberen Augen der Federbeine, wenn sie beschädigt sind, problemlos ausgetauscht werden können, bedarf es für die Gelenkbuchsen in den unteren Augen einiger Hilfsmittel. Man benutzt beispielsweise einen abgesetzten Dorn, der in die Stahlbuchse hineinreicht und gleichzeitig auf die Außenwandung der Buchse drückt, und ein Rohrstück mit ∅ 32 × 2 × 25. Ausdrückdorn und Rohrstück kommen nun in den Schraubstock und dazwischen das untere Auge des Federbeines. Durch das Zusammendrehen des Schraubstocks wird die Stahlbuchse aus dem Gummi herausgepreßt. Der Gummi ist danach herauszuschneiden.

Bei der Montage wird zuerst die Gummibuchse eingepreßt, dann ihre Innenwand mit Seifenlauge angefeuchtet und jetzt die Stahlbuchse beiderseits bündig eingedrückt. Danach kann das Federbein wieder montiert werden.

Fußrasten/Kippständer

Die Fußrasten werden meist schon bei kleineren Rutschern oder gar schon beim Umfallen des Motorrades auf weichem Untergrund beschädigt. Passiert einem das unterwegs, hilft meist kräftiges Treten mit dem Stiefelabsatz (ein großer Stein tut's auch), die Rasten wieder in die richtige Stellung zu bringen. Besser ist es jedoch, die Fußrastenrohre auszubauen und im Schraubstock in den alten Zustand zurückzuversetzen. Bei den MZ-Typen TS 125/150 sind dazu die Klemmschellen links bzw. rechts zu lösen und ist das Rohr herauszuziehen. Bei der Montage ist darauf zu achten, daß die Aussparung im Fußrastenrohr in die Nase am Rahmen eingreift. Bei den Typen TS 250, TS 250/1 und ETZ 250 ist an einem Rahmenausleger mittels 2 Sechskantschrauben M 8 das Fußrastenrohr (es besteht aus einem Stück) angeschraubt. Es ist stets sinnvoll, vor dem Richten des Rohres die Schraubverbindung zu lösen und das Rohr im Schraubstock zu bearbeiten.

Der Anbau von klappbaren Fußrasten ist in der Regel für Bastler kein großes Problem. Man kann dazu die klappbaren Soziusfußrasten verwenden.

Bei den Kippständern der TS 125/150 geht erfahrungsgemäß nichts kaputt (Gußteil). Die Gelenke sollten jedoch ab und zu mit etwas Öl geschmiert werden. Im Winter ist der gesamte Unterbau durch Auftragen einer dicken Ölschicht oder durch Elaskon vor Salz, Lauge und Schneematsch zu schützen.

Die Demontage des Kippständers erfolgt nach dem Lösen der beiden Schrauben in den Klemmschellen links und rechts und Herausziehen der Fußrastenrohre. Dazu ist das Motorrad auf den Boden zu legen oder seitlich gegen eine Wand zu stellen. Bei den großen MZ ist der Kippständer ein Schweißteil und mittels Sprengring auf dem Rahmenausleger arretiert. Bei seiner Demontage ist zuerst der Sprengring zu entfernen, die Feder auszuhängen und der Kippständer in ausgeklapptem Zustand in Richtung Auspuff zu entfernen. Der Sprengring ist aufgrund seiner Lage besonders von Korrosion bedroht und sollte deshalb öfters etwas Fett bekommen.

Seilzüge

Die Seilzüge an Motorrädern sind in starkem Maße äußeren Einflüssen ausgesetzt, da die Räder auch bei Regen und Schnee bewegt und größtenteils ungeschützt im Freien abgestellt werden. Die Folge: Bei ungenügender Pflege wird der Kraftaufwand zur Betätigung der Seilzüge wesentlich erhöht und kann vor allem bei längeren Fahrten erhebliche Schmerzen in den Handgelenken hervorrufen. Außerdem begünstigt die ausbleibende Schmierung die Zerstörung (Reißen) des Seilzuges kurz nach dem angelöteten Nippel. Wird an einem Seilzug auch nur das Abreißen eines Seildrahtes festgestellt, ist der Austausch sofort unumgänglich. Tabelle 2–6 gibt einen Überblick über die jeweils benötigten Seilzüge.

Einmal im Jahr oder alle 10 000 km – so gibt es der Fahrzeughersteller vor – werden die Seilzüge nach dem Aushängen am Lenker bzw. Fußbremshebel (TS 125/150) vollständig durchgeölt. Es gibt viele Möglichkeiten, das Öl in den Seilzug hineinzubekommen. Eine ganz einfache Methode ist ein kleiner Trichter aus Zeichenkarton oder sonstigem festen, aber elastischen Material, der um die Hülle gelegt und hier kurz unterhalb der Einfüllöffnung von einem festen Faden gehalten und somit gleichzeitig abgedichtet wird. Nunmehr wird der Seilzug senkrecht gehalten und das Öl eingefüllt. Ein leichtes Anwärmen des Öls begünstigt das Eindringen in die Seilhülle.

Bevor die Seilzüge wieder eingehängt werden, werden die freien Enden, die Schlitze der Einstellschrauben und die Öffnungen der Hülle mit wasserabweisendem Fett abgedichtet. Eine solche Wartung gewährleistet für längere Zeit gut funktionierende Seilzüge.

Tabelle 2-6: Seilzugarten für die einzelnen MZ-Typen

Fahrzeugtyp	Kupplung	Handbremse	Gasbetätig.	Luft- bzw. Startbetätig.	Fußbremse
TS 125/150 (FL)	A 1 167 × 1 022 × 127,5	A 1 105 × 937 × 150,5	D 946 × 841 × 95	E/D 884 × 810 × 60	B 802 × 570 × 197,5
TS 125/150 (HL)	A 1 267 × 1 112 × 127,5	A 1 235 × 1 067 × 150,5	D 1 002 × 888 × 101	E/D 974 × 900 × 60	B 802 × 570 × 197,5
TS 250, 250/1 (FL)	A 860 × 760 × 82	A 1 105 × 937 × 150,5	D 910 × 780 × 120	E/D 974 × 900 × 60	–
TS 250, 250/1 (HL)	A 1 063 × 963 × 82	A 1 235 × 1 067 × 150,5	D 1 000 × 870 × 120	E/D 1 004 × 930 × 63	–
ETZ 250	A 1 010 × 910 × 82	A 1 235 × 1 067 × 150,5	D 1 000 × 870 × 120	E/D 974 × 900 × 60	–

FL = Flachlenker, HL = Hochlenker

Wer auf der jährlichen großen Urlaubsreise ganz sichergehen will, verlegt parallel zu den meist beanspruchten Seilzügen – das sind die Seilzüge für Kupplung, Bremse und Gas – Reserveseilzüge, die mit etwas Isolierband jeweils aneinandergeheftet werden. Bei einem Defekt wird der betreffende Seilzug dann nur umgeklemmt.

Handhebel

Um die Leichtgängigkeit der Handhebel zu gewährleisten, werden die Gleitflächen von Zeit zu Zeit dünn mit Fett eingestrichen. Einige Tropfen Öl zwischen dem Bund des Gasdrehgriffes und der Seilzugaufnahme verbessern die Leichtgängigkeit enorm.

Elektrische Anlage

Im Abschnitt „Zündanlage" wurden bereits Zündkerze, Zündkerzenstecker, Zündkabel, Zündspule sowie Einstellung von Unterbrecher-Kontaktabstand und Zündzeitpunkt abgehandelt. Sie stehen in engem Bezug zum Motor und sind deshalb dort sinnvoller untergebracht. In den nachfolgenden Abschnitten befassen wir uns schwerpunktmäßig mit Stromlaufplan, Lichtmaschine, Batterie, Schaltern, Beleuchtungs- und Signalanlagen sowie den kleineren Elektrikbauteilen, die im Stromkreis integriert sind.

Allgemeines

Jedermann weiß, daß Strom nur dann fließen kann, wenn der Stromkreis geschlossen ist. Betrachtet man den MZ-Schaltplan in der Betriebsanleitung, so sieht es auf den ersten Blick nicht so aus; im wesentlichen scheinen nur Plusleitungen verlegt zu sein. Dieser Eindruck täuscht. Wir haben es bei der MZ mit einem gemeinsamen Minuspol (Masse) zu tun. Das heißt, der Minuspol der Batterie ist an den Rahmen gelegt. Betrachten wir unter diesem Gesichtspunkt die Reglerbefestigung und das vom Sicherungsbrett kommende braune Massekabel etwas genauer. Praktisch könnte man Masse überall abnehmen, wenn nicht einige nichtleitende Bauteile sowie nicht ganz sichere Verbindungen vorhanden wären. Deshalb sind auch vom Masseanschluß an der Reglerbefestigung noch einige Kabel mit brauner Isolation (Schlußlicht, Lichtmaschine, Scheinwerferanschluß) verlegt. Braune Kabel sind also Massekabel!

Stromlauf- und Schaltplan

Wir unterscheiden zwischen Schaltplan (liegt jeder MZ-Betriebsanleitung bei) und dem Stromlaufplan, der diesem Buch als Beilage angefügt ist. Schalt- bzw. Stromlaufpläne können immer nur zum zugehörigen Motorradtyp verwendet werden.
Nun zum besseren Verständnis einige Erläu-

terungen zum 12-V-Stromlaufplan. Sie sind sinngemäß auch für die 6-V-Anlage verwendbar.
Im Stromlaufplan ablesbar sind die montierten Verbraucher (numeriert von 1–30a), andere notwendige elektrische Bauelemente sowie Kabelverlauf, Kabelfarben und Kabelquerschnitte. Kabel, die als gestrichelte Linien gezeichnet sind, gibt es bei der ETZ nur an der Luxusausführung. Strichpunktierte Kabel sind nur bei der Standardausführung verlegt. Im Bild 2-55 sind die elektrischen Symbole dargestellt, in Bild 2-56 die 3 Leitungsverbinder mit ihren Kurzzeichen. Die Leitungsverbinder sind nach ihrer Lage bezeichnet und die Anschlüsse numeriert.
Die im Stromlaufplan häufig zu findenden Massepunkte bedeuten:

MA = Masse Scheinwerfer
MB = Masse Brems-Schluß-Kennzeichenleuchte
ML = Masse Lampe für Scheinwerfer
MC = Masse Fahrzeug am LVF
MD = Masse Lichtmaschine
MT = Masse Tachometer

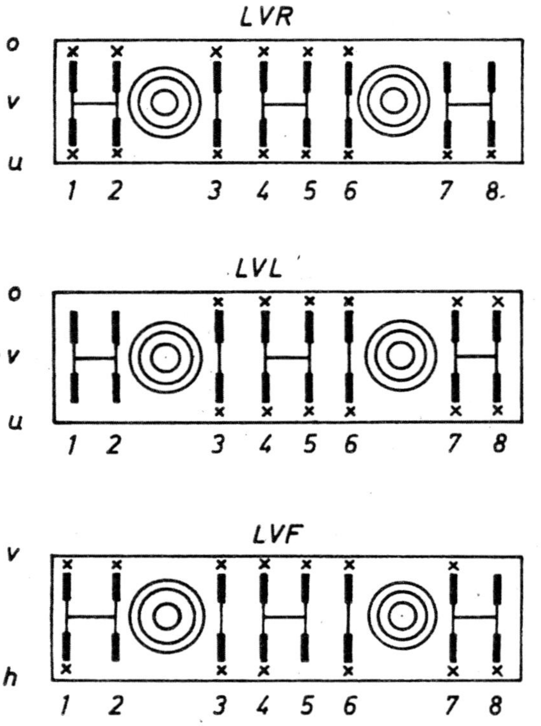

Bild 2-56 Leitungsverbinder im Stromlaufplan; LVR – im Scheinwerfer rechts, LVL – im Scheinwerfer links, LVF – am Fahrgestell

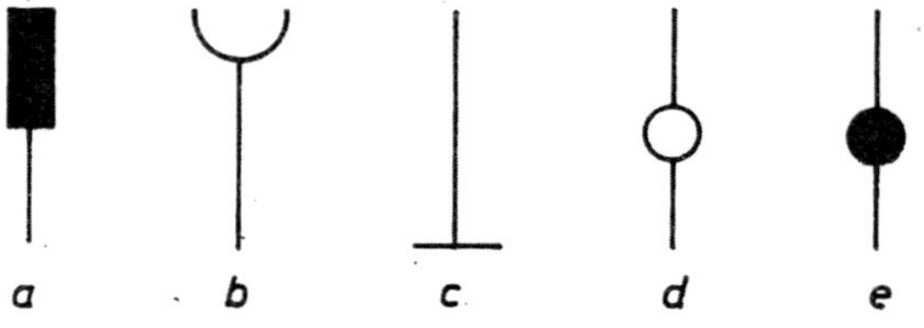

Bild 2-55 Elektrische Symbole im Stromlaufplan; a – Flachstecker, b – Flachsteckerhülse, c – Masse, d – lösbare Verbindung, e – feste Verbindung

Anwendungsbeispiele: Nach Erläuterung der wichtigsten Zusammenhänge des Stromlaufplanes nun einige Anwendungsbeispiele. Von der Batterie aus verfolgen wir zuerst den Weg der Plusleitung. Er beginnt mit einer lösbaren Verbindung an der Batterieklemme (Verschraubung). Das Kabel ist rot, hat 1,5 mm Querschnitt und erreicht mittels Flachsteckverbindung die Sicherungsdose rechts, Sicherung 1, 16 A und verläuft nach links (Ausgang) mit gleicher Farbe und Stärke an den Zündlichtschalter, Klemme 30 (Flachsteckverbindung).
Das Minuskabel (Masse) hat braune Isolierung, einen Querschnitt von 1,5 mm und an der Batterie ebenfalls eine lösbare Verbindung. Es wird mittels Flachstecker an die Sicherungsdose (rechts) angesteckt. Über eine 16-A-Sicherung verläuft der Stromfluß an den Massepunkt MC (Fahrgestell/Filtergehäuse).
Hat man z. B. keinen Strom am Horn, kann man relativ einfach vom Horn aus rückwärts den Stromverlauf kontrollieren. Während die Plusleitung über LVL 8, LVL 7 an Klemme 15/54 Zündlichtschalter zu verfolgen ist, geht die Minusleitung über LVR 3 an Schalterkombination (Verbraucher Nr. 8) an Massepunkt MA (Massepunkt Scheinwerfer).

Dies sind Beispiele in einfacher Form, um Anfängern das Zurechtfinden im Stromlaufplan zu erleichtern. Es ist ratsam, den Stromlauf zuerst auf dem Papier zu üben und erst danach an das Fahrzeug heranzugehen. Unerläßlich für die praktische Arbeit ist eine Prüflampe von 6 bzw. 12 V.
Das Herausfinden einer Störung an der Elektrik setzt immer die Kontrolle der Funktion der einzelnen Verbraucher sowie der dazugehörigen Leitungen und Schalter mit der Prüflampe voraus. Man geht so vor: Eine Klemme der Prüflampe wird bei eingeschalteter Zündung an Masse (Zylinder, Motorgehäuse, Rahmen) gelegt und mit der anderen Klemme der Prüflampe tastet man wie in o. g. Beispielen von der Batterie aus die einzelnen Stationen gemäß Stromlaufplan ab. Die Lampe leuchtet an den Spannung führenden Bauteilen auf, während sie an den spannungslosen dunkel bleibt. Beim Herausfinden des spannungslosen Teils ist der Fehler gefunden.
Wer beim Aufspüren von Schadstellen in der elektrischen Anlage schon etwas Erfahrung hat und auf die Hilfe des Stromlaufplanes verzichten kann, wird beim Überprüfen der Plusleitung von der Batterie zum Zündlichtschalter ganz praktisch wie folgt vorgehen.

1. Pluspol der Batterie; Schraubverbindung auf festen Sitz kontrollieren.
2. Prüflampe; Massekabel an Zylinder anklemmen.
3. Zündung einschalten.
4. Flachsteckhülse am Ende des Batteriekabels abtasten.
5. Kontaktfahne für Nr. 4 abtasten.
6. Sicherung 16 A auf Funktionsfähigkeit prüfen (Sichtkontrolle).
7. Kontaktfahne am Ausgang der Sicherungsdose abtasten.
8. Flachsteckhülse für Nr. 7 Ausgang Sicherungsdose abtasten.
9. Flachsteckhülse am Ende des Pluskabels prüfen.

10. Kontaktfahne Klemme 30 Zündlichtschalter auf festen Sitz kontrollieren.
11. Sollte trotzdem am Ende des Kabels keine Spannung anliegen, dann kann nur ein Schaden in der Leitung (Kabelbruch, Knick) vorliegen. Durchgangsprüfung erforderlich (s. Abschn. „Kabelbrüche").

Störungsursachen

Störungsursache ist oftmals Oxydation; sie kann an allen Kontaktstellen auftreten und ist sehr heimtückisch. Man hat festgestellt, daß z. B. durch verschmutzte Kontakte ein Spannungsabfall bis zu 50 % eintritt. Im ungünstigsten Fall wird das Fließen des elektrischen Stromes sogar gänzlich verhindert. Besonders in den Herbst- und Wintermonaten ist die elektrische Anlage durch Witterungseinflüsse stark gefährdet. Erschütterungen und Vibrationen besorgen den Rest, und schon hat man den schönsten „Kupferwurm" in der Anlage. Leider spielen hierbei auch die Flachsteckverbindungen eine negative Rolle. Man glaubt, die Verbindungen „sitzen" alle, und trotzdem mangelt es an Kontakt. Weiterhin können einem Kabelbrüche, Kabelquetschungen und Scheuerstellen, die meist durch unsachgemäße Kabelbehandlung entstehen, das Leben schwermachen. Meist benötigt man zur Feststellung von solchen Kabelschäden keine Prüflampe. Es genügt eine optische Kontrolle. Wichtig ist nicht nur die Reparatur des Kabels, sondern die Beseitigung der Ursache.

Kabelbrüche: Kabelbrüche unter der Isolation sind ganz besonders heimtückisch, da sie optisch nicht wahrgenommen werden können. Man kann den Fehler nur mittels Durchgangsprüfung orten. Verwendet wird dazu der im Handel erhältliche Prüf-Fix, der mit Glühlampe und Batterie bestückt ist. Das auf Durchgang zu prüfende Kabel muß spannungslos sein, d. h., es ist stets sinnvoll, dasselbe abzuklemmen. Leuchtet bei der Prüfung die Lampe des Prüf-Fix nicht auf, ist das Kabel tatsächlich unterbrochen. Leuchtet die Lampe auf, ist es in Ordnung.

Kurzschluß: Ein Kurzschluß entsteht, wenn Leitungen mit Pluspotential mit Masse führenden Bauteilen in Berührung kommen. Die Ursachen können ganz unterschiedlicher Art sein, zum Beispiel bei beschädigter Kabel-

Bild 2-57
Lichtmaschine 6 Volt;
1 – Anker,
2 – Regelwiderstand,
3 – Polkappe,
4 – Kohlebürsten

isolation oder bei abgefallenen oder abgerissenen Flachsteckverbindungen.
Um bei einem evtl. Kurzschluß ein paar Anhaltspunkte zu geben, werden hier die Plusleitungen aufgeführt, an denen erfahrungsgemäß am ehesten ein Kurzschluß auftritt:

- Signalhorn (Verbindung zum Tank oder Rahmen).
- Abblendschalter (herausgefallene Befestigungsschraube).
- Zündlichtschalter (Flachsteckverbindung von der Klemme 30 abgefallen oder gebrochen).

Lichtmaschine 6 Volt: Diese Lichtmaschinenart finden wir an den TS 250, TS 250/1 und an den TS 125/150. Bild 2-57 zeigt sie.
Nach Abnehmen des Lichtmaschinengehäusedeckels wird zuerst eine Sichtkontrolle der 3 Steckverbindungen DF, D+ und D– an der Lichtmaschine vorgenommen. Auch die Stromschiene vom Kondensator zum Unterbrecher wird kontrolliert. Ein Bruch kann nur durch Anfassen und Bewegen festgestellt werden.
Die Lichtmaschine ist im Normalfall optisch sauber, ohne erkennbare Schwärzung und Rußbildung. Ein durchgebrannter Regelwiderstand ist am verschmorten Isolierlack auf den Drahtwindungen zu erkennen, außerdem durch unregelmäßige Zündfolge. Bevor ein neuer Widerstand eingebaut wird, ist die Ursache der Störung zu beseitigen.
Beim Anschließen der Lichtmaschine ist zu beachten: Kurzes Kabel des Vorschaltwiderstandes (kommt von Oberkante) an Schraube DF anklemmen, langes Kabel (kommt von Unterkante) an Schraube D+, Sockel und Minuspol der Feldwicklung auf Masse schrauben.
Erzeugt die Lichtmaschine keine Spannung und deuten äußere Anzeichen auf Überlastung bzw. Windungsschluß oder Unterbrechung hin, werden Anker und Feldwicklung überprüft. Man verwendet dazu eine Prüflampe, verbindet die Steckkontakte D– und DF nach dem Lösen miteinander und klemmt die Prüflampe hier und an Masse an.

Nun wird der Motor angelassen. Die Prüflampe gibt uns folgenden Aufschluß:

1. Aufleuchten bei niedriger Drehzahl – Anker und Feldwicklung sind in Ordnung.
2. Prüflampe leuchtet nicht – Anker oder Feldwicklung sind defekt.
3. Prüflampe glimmt leicht im mittleren Drehzahlbereich – Wicklung ist unterbrochen, Schleifkohlen verbraucht oder verklemmt, Kollektor ausgelötet.

Die Überprüfung muß beschleunigt durchgeführt werden, um die Feldwicklung nicht übermäßig zu belasten.

Ladekontrolleuchte: Zur Kontrolle der Funktion der Lichtmaschine und des Reglers ist im Tachometer eine Ladekontrolleuchte installiert. Sie leuchtet beim Einschalten der Zündung auf und muß nach dem Starten des Motors verlöschen. Ist dies nicht der Fall, so können folgende Ursachen vorliegen.

1. Kabelverbindungen oder Steckkontakte (auch beides möglich) zwischen Lichtmaschine und Regler defekt (Steckkontakte und Kabelverbindungen prüfen und reparieren).
2. Bringen die vorgenannten Arbeiten keinen Erfolg, dann die Kabel auf Durchgang prüfen (s. Abschn. „Kabelbrüche").
3. Kohlebürsten sind verschlissen, defekt oder verklemmt (Bürsten erneuern bzw. Führungen und Bürsten säubern, Kohlen ersetzen, wenn sie kürzer als 10 mm sind).
4. Regelwiderstand und/oder Regler defekt (Verbindung und Kontakte überprüfen, Widerstand evtl. erneuern). Ein Reglerschaden kann nur in der Werkstatt behoben werden.
5. Feldwicklung der Lichtmaschine unterbrochen (Wicklung instandsetzen, sonst ist Austausch der Lichtmaschine unumgänglich).

In diesem Zusammenhang sei darauf hingewiesen, daß bei Arbeiten an der Batterie die Batteriekabel nicht vertauscht werden dürfen. Anderenfalls erfolgt nach Ingangsetzung des Motors eine Umpolung der Lichtmaschine, was zur Zerstörung des Reglers führt.

So ist die Batterie richtig angeschlossen:

braunes Kabel (Masse) an Minuspol der Batterie
rotes Kabel an Pluspol der Batterie

Außerdem sind die Kabel am Sicherungsbrett richtig anzuschließen: Rot zu rot, braun zu braun.

Lichtmaschine 12 Volt: Mit der ETZ 250 stellt MZ erstmals in seiner Entwicklungsgeschichte ein Motorrad mit einer elektrischen Anlage von 12 V und einer Wechselstromlichtmaschine von 14 V, 15 A vor (Bild 2-58). So erfreulich der Einsatz dieser Anlage auch ist – sie besitzt gewaltige Reserven für zusätzliche Verbraucher –, soll dennoch nicht verschwiegen werden, daß sie wesentlich komplizierter als die 6-V-Anlage geworden ist und somit mögliche Selbstreparaturen auf ein Minimum beschränkt. Fällige Reparaturen sind selbst vom Fachmann nur noch mit komplizierten Meß- und Prüfmitteln auszuführen. Außerdem werden Einzelteile im Fachhandel nicht angeboten. Somit beschränken sich unsere Möglichkeiten auf das Warten der Kabel und Anschlüsse (vielleicht die wesentlichste Aufgabe überhaupt), das Wechseln der Kohlebürsten sowie im Notfall das Austauschen kompletter Baugruppen wie Lichtmaschine und Gleichrichter.

Erfahrungen haben gezeigt, daß die Anlage sehr zuverlässig arbeitet, wenn die nachfolgenden Punkte beachtet werden und fahrlässiges Hantieren unterlassen wird.

1. Die Anschlüsse zwischen Lichtmaschine, Gleichrichter und Regler dürfen nicht getrennt werden, solange der Motor läuft.
2. Der Gleichrichter unter der Sitzbank zwischen Leitungsverbinder und Zündspule darf nicht abgedeckt werden, da entstehende Wärme sonst nicht abgeleitet werden kann. Ein Abdecken würde zur Zerstörung der Dioden führen.
3. Die Anschlüsse D+, D–, 61 und DF dürfen nicht vertauscht werden (Wenn Abbau erforderlich, dann exakt kennzeichnen). Ein Vertauschen führt unweigerlich zur Zerstörung von Gleichrichter und Regler. Beachte: braunes Kabel (Masse) an Minuspol der Batterie, rotes Kabel an Pluspol der Batterie.
4. Die Lichtmaschine arbeitet auch ohne Batterie. Aufgrund ihrer guten Selbsterre-

Bild 2-58 Lichtmaschine 12 Volt;
1 – Rotor,
2 – Kohlebürsten,
3 – Stator,
4 – Klemmenbezeichnungen

gereigenschaften wird schon bei geringen Drehzahlen ein Anspringen des Motors gewährleistet.

5. Ungewöhnliche starke Geräusche im Lichtmaschinengehäuse können vom Schleifen des Rotors am Stator herrühren. Ursache kann ein Defekt in der Lichtmaschine oder an der Kurbelwellenlagerung sein.
6. Beim Nachladen der Batterie mittels Ladegerät sind die Batterieanschlüsse an der Sicherungsdose abzuziehen.
7. Notwendige Schweißarbeiten an der Maschine dürfen nur bei abgeklemmter Batterie ausgeführt werden.
8. Sind die Kohlebürsten kürzer als 9 mm, muß ihr Austausch erfolgen. Dazu 2 Schrauben vom Kohlebürstenhalter lösen und die Halterung abnehmen. Nach Abziehen der Halteklammer beide Kohlebürsten vor dem Herausspringen (Federdruck) schützen. Neue Bürsten einlegen – sie müssen sich leichtgängig in der Führung bewegen lassen – und Demontage in umgekehrter Reihenfolge vornehmen.

Batterie

Die Lebensdauer einer Batterie können wir mit 2–3 Jahren einplanen. Durch Pflege läßt sich dieser Zeitraum verlängern.

Reinigung: Grundsätzlich müssen die Batterieanschlüsse sauber sein und fest sitzen. Die demontierte Batterie läßt sich mit Seifenwasser reinigen. Allerdings müssen die Verschlußstopfen fest eingedreht sein, damit kein Seifenwasser in die Zellen gelangt. An der gesäuberten Batterie lassen sich Gehäuse und Verschlußmasse auf Beschädigungen untersuchen. Im Zweifelsfall ist der Batteriedienst zu konsultieren. Die Kontaktflächen sind mit Schmirgelpapier zu reinigen und anschließend mit Polfett gegen Korrosion zu schützen.

Flüssigkeitskontrolle: Die Flüssigkeit in der Batterie ist besonders in der wärmeren Jahreszeit der Verdunstung ausgesetzt. Deshalb ist der Flüssigkeitsstand alle 2–4 Wochen zu kontrollieren und gegebenenfalls zu

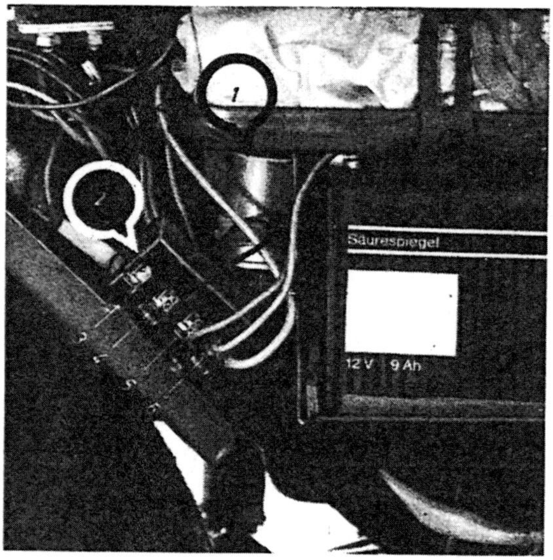

Bild 2-59 Batterie 12 Volt, montiert; 1 – Blinkgeber, 2 – Sicherungsdose, 3 – Sicherung für Lichtmaschinenerregung, 4 – Sicherung für Fahrtrichtungsanzeige (4 A), 5 – Sicherung für Masseleitung (16 A), 6 – Sicherung für Plusleitung (16 A)

ergänzen. Es ist soviel destilliertes Wasser nachzufüllen, daß die Platten gerade mit Flüssigkeit bedeckt sind. Die Batterie nimmt Schaden, wenn Luft an die Platten gelangt (Bild 2-59).

Ladezustand: Der Ladezustand der Batterie wird mittels eines Säurehebers (Areometer) geprüft. Steht die Spindel nach Ansaugen von Flüssigkeit im gelben Feld, ist sie voll geladen. Steht die Spindel im blauen Feld, ist sie zur Hälfte geladen. Sollte sich die Spindel ins rote Feld begeben, ist sie entladen. In einem solchen Fall muß die Batterie nachgeladen werden. Bringt das Laden keinen Erfolg, ist die Batterie mit Sicherheit defekt (Plattenschluß).
Bei längerer Stillstandszeit der Maschine oder Kurzstreckenbetrieb nimmt der Ladezustand der Batterie ab. Um ihn zu erhalten, sollten etwa 50 km pro Woche gefahren werden. Werden mehr als 50 km gefahren, wird ein Nachladen nicht erforderlich sein. Anderenfalls sollte die Batterie monatlich nachgeladen werden.

Stillegung: Bei längerem Stillstand des Fahrzeugs, z. B. Winterpause, wird die Batterie zweckmäßigerweise ausgebaut und werden Kontakte und Gehäuse gründlich mit Wasser gesäubert. Danach wird der volle Ladezustand hergestellt und die Batterie in einem Raum mit möglichst gleichmäßiger Temperatur (Keller) aufbewahrt.
Beim Ausbauen der Batterie zum Zwecke des Nachfüllens von destilliertem Wasser sind nicht die Schraubverbindungen an den Polen zu lösen, sondern die Flachsteckverbindungen an den Batteriekabeln.
Beim Wiedereinbau der Batterie die Anschlüsse nicht verwechseln, sonst erfolgt Zerstörung elektrischer Bauteile. Stets rotes Kabel an Plus und braunes Kabel an Minus (Masse) anschließen.

Fahren ohne bzw. mit leerer Batterie: Ist man unterwegs und die Batterie leer, die Lichtmaschine aber in einwandfreiem Zustand, kann man dennoch weiterfahren. Man muß die Maschine allerdings anschieben, nachdem man den Zündschlüssel in Stellung Nr. 5 gebracht hat (bei der ETZ Stellung Nr. 2). Das Anschieben wird im 2. Gang vorgenommen und, wenn der Motor „stottert", der erste Gang ohne zu kuppeln eingelegt. Nach dem Anschieben wird der Zündschlüssel auf Fahrstellung gebracht, und die Batterie wird wieder geladen. Ist keine Batterie eingebaut, sind die Kabelanschlüsse zu isolieren oder so zu verknoten, daß ein Kurzschluß ausgeschlossen ist.

Zünd-/Lichtschalter

Der Zünd-/Lichtschalter, auch kurz Zündschloß genannt, sitzt bei allen TS-Typen im Scheinwerfer (Bild 2-60). Nach Aufbiegen der 3 Klemmen der Zündschloßabdeckung und Lösen von 3 Schrauben kann er, an den Flachsteckverbindungen hängend, bis ins Vorderteil des Scheinwerfergehäuses gezogen werden. Es ist dabei sinnvoll die Tachowelle vom Tacho zu lösen. Man erhält so etwas mehr Bewegungsfreiheit für Kontrolle und Reparatur.
Bei den ETZ befindet sich der Zünd-/Lichtschalter in einer Gummiabdeckkappe unter

Bild 2-60
Zünd-/Lichtschalter 6 Volt mit Klemmenbezeichnungen

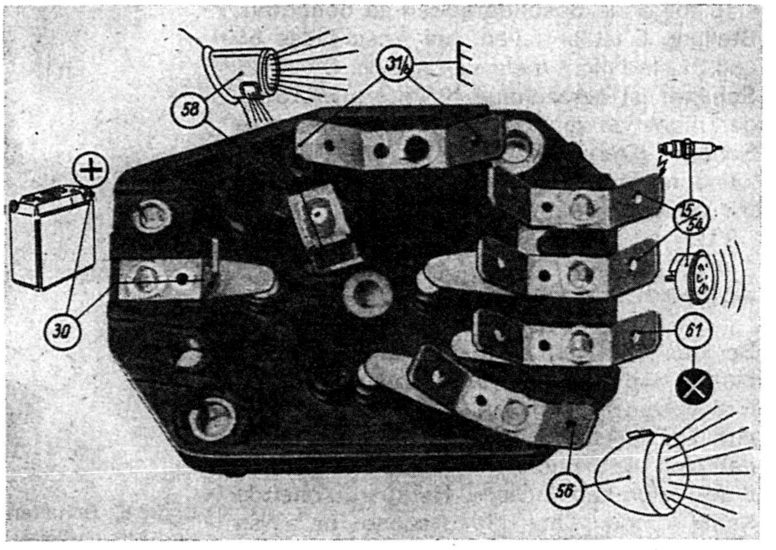

dem Instrumentenhalter (Luxusaufführung) und bei der Standard-Variante an Stelle des Drehzahlmessers. Während bei der Standard-Variante der Schalter nach Abnahme der Gummiabdeckung zugängig ist, muß bei der Luxusausführung der Instrumentenhalter demontiert werden. Nach Herausdrücken der 4 Plastabdeckkappen sind 4 Innensechskantschrauben zu entfernen. Erst danach kann die Gummiabdeckkappe abgenommen werden. Der Ausbau des Zündschlosses wird aber erst nach Entfernen der Zündschloßabdeckung (2 Senkkopfschrauben) und den unter der Abdeckung sichtbar werdenden 3 weiteren Senkkopfschrauben möglich. Die Arbeit um Zünd-/Lichtschalter ist angenehmer und auch leichter zu überblikken, wenn er vorher von der Halterung gelöst wurde.

Bei der Kontrolle des Zünd-/Lichtschalters sind grundsätzlich Flachstecker und Verbindungen zwischen den Kontaktblechen und den federbelasteten Kontaktstiften auf festen Sitz zu prüfen. Bei einem größeren Defekt innerhalb des Schalters hilft nur der Austausch.

Defekte im Zünd-/Lichtschalter kündigen sich etwa so an: Beim Drehen des Schlüssels in Startstellung leuchten Ladekontrollleuchte und Leerlaufanzeigeleuchte nicht auf. Drückt man etwas am Zündschlüssel, kann es passieren, daß kurzzeitig ein Kontakt zustande kommt, der aber meist gleich wieder unterbrochen wird. In diesem Falle hilft nur noch der Austausch des Schlosses. Der Einbau des neuen Schlosses ist kein Problem, wenn man die Verbindungen vom alten Schloß löst und sofort auf das neue aufsteckt. Gegebenenfalls gibt der Schaltplan Auskunft über den richtigen Anschluß. Das gilt auch, wenn sich Flachsteckverbindungen von den Anschlüssen des Schalters gelöst haben und herabgefallen sind.

Am Zünd-/Lichtschalter der ETZ (Bild 2-61)

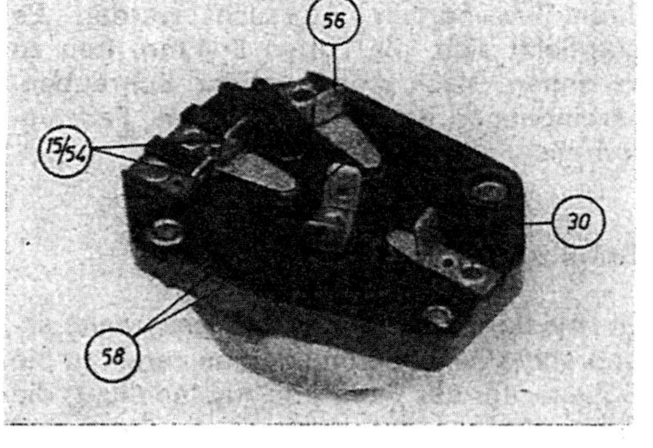

Bild 2-61 Zünd-/Lichtschalter 12 Volt mit Klemmenbezeichnungen

sind folgende Besonderheiten zu beachten: Stellung 5 ist entfallen, die Anschlüsse 61 und 31 sind nicht mehr vorhanden. Der ETZ-Schalter ist demzufolge für ältere Motorräder nicht verwendbar. Allerdings kann ein Schalter älterer MZ-Typen für die ETZ Verwendung finden, wenn kein Originalschalter zur Verfügung steht.

Abblend- und Blinkschalter

Bei den TS-Typen sind die Kabel zum Abblend- und Blinkschalter – bedingt durch ihre Verlegung (Knicke) – für Brüche recht anfällig. Außerdem besteht die Möglicheit, daß sich die kleinen Schrauben am Schalter durch Vibration lockern. Herausrutschende Kabel können dann die Ursache für einen Kurzschluß sein. Empfehlenswert ist, die Schrauben mit Farbtupfer gegen Lockern zu sichern.
Beim Montieren des Schalters ist die Gummidichtung nicht zu vergessen; sonst gibt es Masseschluß. Ferner sind die Klemmverbindungen nicht zu fest anzuziehen; sonst werden die Kabel abgequetscht.
Die Kontaktbleche von Signalhorn und Lichthupe sind regelmäßig zu säubern und leicht zu fetten (Kontaktfett). Ferner wirkt sich hin und wieder ein Tropfen Öl günstig auf die Leichtgängigkeit des Schalters aus.
Die Montage eines Abblend- bzw. Blinkschalters ist unkompliziert, wenn sofortiger Austausch erfolgt. Die Kabelenden sollten allerdings, bevor sie befestigt werden, auf ihren Zustand hin untersucht werden. Es empfiehlt sich, die Enden 3–4 mm neu zu verzinnen. Nach Anziehen der Schraubenverbindungen ist das Sichern mit Farbtupfern nicht zu vergessen.

Schalterkombination

Die bei der ETZ an der linken Lenkerseite angebrachte Schalterkombination vereinigt die Schalter für das Fern- und Abblendlicht, die Fahrtrichtungsanzeige, das Signalhorn und die Lichthupe (Bild 2-62). Die Einzelschalter befinden sich in einem Gehäuse, welches

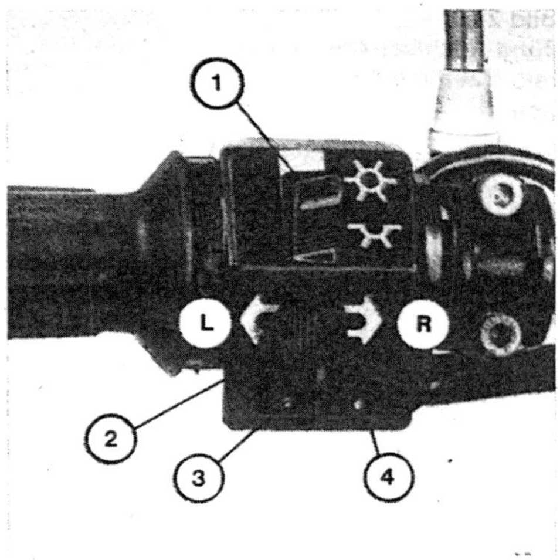

Bild 2-62 Schalterkombination der ETZ; 1 – Fern- und Abblendlicht, 2 – Blinker (links und rechts), 3 – Signalhorn, 4 – Lichthupe

aus zwei Teilen besteht und verschraubt ist. Sie können bei einem Defekt nach Demontage des Gehäuses ausgebaut werden. Zuvor sind die Betätigungsknöpfe für das Abblendlicht und die Fahrtrichtungsanzeige zu entfernen. Danach läßt sich die Befestigungsschraube an der Vorderseite herausdrehen. Die Kabelenden sind an den Einzelschaltern jeweils angelötet.
Die Schalterkombination funktioniert störungsfrei, wenn die beiden aus dem Scheinwerfer kommenden Kabelstränge so in den dafür vorgesehenen Kabelausschnitt der Bodenplatte liegen, daß ein Abquetschen ausgeschlossen ist. Dieser Ausschnitt ist so angelegt, daß das Isolationsrohr der beiden Kabel geklemmt wird und Bewegungen der Kabel im Schalterinneren nicht möglich sind. Dadurch werden auch die Lötstellen (Kabelende/Schalter) nicht beschädigt. Diese Lötstellen sind mit Polfett und die Schalter hin und wieder mit einem Tropfen Öl zu versehen.
Sollte ein Schalter einmal ausgetauscht werden müssen, wird zuerst das Gehäuse demontiert. Danach wird der Schalter herausgelöst, der neue Schalter angelötet und das Gehäuse wieder montiert. Die Anschlüsse werden vorher markiert, damit ein Vertau-

schen unmöglich ist. Vor dem Anziehen der beiden Schrauben wird nochmals der Eingang des Kabels am Schalter kontrolliert.

Bremsleuchtenschalter

Um den nachfolgenden Verkehr rechtzeitig auf einen Bremsvorgang aufmerkam zu machen, muß das Brems- oder Stopplicht exakt eingestellt sein. Bemerkt man bei der Überprüfung, daß die Glühlampe nicht oder nicht rechtzeitig aufleuchtet, wird bei eingeschalteter Zündung und niedergedrücktem Fußbremshebel die Kontaktschraube nach Lösen der Kontermutter entspechend verstellt. Bringt das keinen Erfolg, liegt die Vermutung nahe, daß die Glühlampe defekt ist. Um dies genau zu ermitteln, wird der Flachstecker am Bremsschalter abgezogen und gegen Masse (Bremsgegenhalter) gehalten. Leuchtet die Glühlampe nicht auf, ist sie defekt und wird erneuert.
Gelingt es durch Verstellen der Kontaktschraube nicht, die intakte Glühlampe zum Leuchten zu bringen, hilft nur noch das Ausbauen des Hinterrades und das Nachrichten des Messingkontaktes am Bremsschlüssel.
Neuerdings findet man an der ETZ auch einen Schalter für das Bremslicht im Vorderrad. Sein Einstellen erfolgt wie beim Hinterrad, nur muß der Handbremshebel betätigt werden.
Beide Schaltereinstellungen verändern sich im Laufe der Zeit infolge Verschleißes der Bremsbacken. Deshalb sollte ihre Einstellung in Abhängigkeit von den zurückgelegten Kilometern von Zeit zu Zeit nachreguliert werden. Eine Erneuerung der Schalter ist nicht erforderlich, sie sind unbegrenzt haltbar.

Scheinwerfer

In den Wintermonaten wundert man sich oft über die schlechte Ausleuchtung der Fahrbahn. Ursache ist meist Oxydation. Im Scheinwerfer sind davon besonders die Zuleitungen zur Biluxlampe betroffen (31, 56a, 56b). Wir reinigen diese Anschlüsse gegebenenfalls gründlich. Die verschmutzte Streuscheibe wird gewaschen. Ist der Reflektor „blind" geworden, wird derselbe ausgetauscht. Die Kontaktzungen an der Klemmleiste und die drei Kontakte an der Lampe werden gleichfalls gesäubert.

Glühlampen: Eine neue Glühlampe fassen wir nicht mit den Händen an, sondern legen ein Tuch oder Papier um den Glaskolben und drücken ihn damit in die Fassung. Ein Kurzschluß am Sockel der Glühlampe kann die Ursache für einen Kurzschluß im Netz sein.
Die Scheinwerfer sind mit folgenden Glühlampen bestückt: TS 125/150, TS 250, TS 250/1

Fern-/Abblendlicht	6 V	45/40 W
Standlicht	6 V	4 W
ETZ 250		
Fern-/Abblendlicht	12 V	45/40 W
Standlicht	12 V	4 W

Scheinwerfer einstellen: Die richtige Einstellung des Scheinwerfers (Hell-Dunkel-Grenze des Abblendlichtes) hat ganz wesentlichen Einfluß auf die Verkehrssicherheit bei Nachtfahrt. Eine Überprüfung der Einstellung muß u. a. immer dann vorgenommen werden, wenn am Scheinwerfer oder am Vorderbau der Maschine „geschraubt" worden ist. Natürlich empfehlen wir, die günstigen Einstellmöglichkeiten bei den Verkehrssicherheitsaktivs oder in den Betrieben zu nutzen. Da die Einstellmöglichkeiten jedoch terminabhängig sind, andererseits aber solche Dinge wie Belastung bzw. Beladung eine wesentliche Rolle bei der Einstellung spielen, z. B. mit oder ohne Soziusfahrer, Seitengepäckträger mit Urlaubsgepäck beladen, wird schnell deutlich, daß ein Selbsteinstellen u. U. notwendig ist, denn eine Ausleuchtung der Baumkronen bei Fernlicht und eine Gefährdung des Gegenverkehrs bei Abblendlicht durch Blendung sind ein Verstoß gegen bestehende Verkehrsvorschriften.

Einstellschema: Das im Bild 2-63 gezeigte Einstellschema ist so angelegt, daß es den überwiegenden normalen Betriebsverhältnissen gerecht wird, eine gute Fahrbahn-

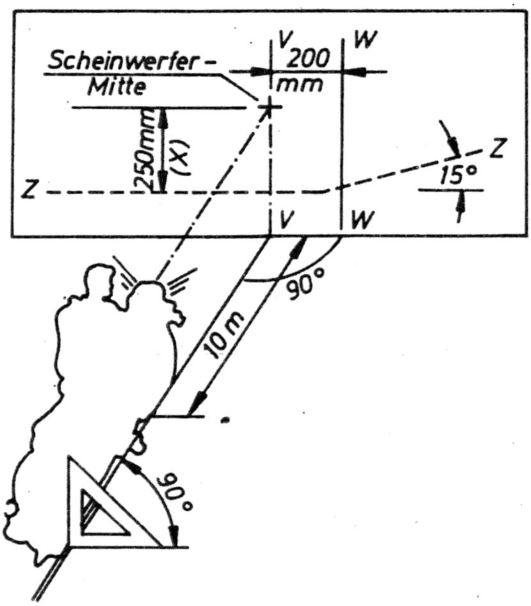

Bild 2-63 Schema für das Einstellen des Scheinwerfers

ausleuchtung gewährt und ein Blenden des Gegenverkehrs vermeidet.
Zum Einstellen des Scheinwerfers wird das Motorrad nach dem Schema aufgestellt und entsprechend den überwiegenden Betriebsverhältnissen belastet (Federbeine auf „hart" oder „weich" einstellen). Die Hell-Dunkel-Grenze des Lichtes muß genau an der Z-Linie liegen und der Knick zwischen den Linien V-V sowie W-W verlaufen. Ist das der Fall, stimmt die Einstellung. Anderenfalls wird nachreguliert. Dabei ist zu beachten, daß die Verstellmöglichkeiten der Scheinwerfer an den TS- und ETZ-Typen unterschiedlich sind.
Bei den TS-Typen lassen sich die Halteschrauben bzw. die Aufnahmen für die vorderen Blinkleuchten lockern und der Scheinwerfer vertikal bzw. horizontal verstellen.
Bei der ETZ kann der Scheinwerfer nach dem Lösen der Befestigungsmutter, die unter der Scheinwerferbefestigung an einem Ausleger am unteren Klemmknopf zu finden ist, verstellt werden.

Brems-, Schluß-, Kennzeichenleuchte

Die Brems-, Schluß-, Kennzeichenleuchte, kurz BSKL genannt, ist ein ganz wesentliches Sicherheitselement für den Motorradfahrer und den nachfolgenden Verkehr. Ihr Funktionieren ist unbedingt vor jeder Fahrt zu kontrollieren.
Die Halterung der BSKL ist am Hinterradkotflügel unter der Sitzbank befestigt, und die Halterung für die hinteren Blinkleuchten ist mit dem Gehäuse der BSKL verschraubt. Alle Schraubverbindungen werden von Zeit zu Zeit auf festen Sitz kontrolliert. Das gilt auch für die Verschraubung Massepunkt MB unter der Halterung der BSKL.
Nach dem Lösen der 3 Senkkopfschrauben kann die Lichtaustrittsscheibe der BSKL problemlos abgenommen und gereinigt werden. Sollten die Glühlampen locker in den Fassungen sitzen, werden die beiden seitlichen Führungsflächen der Fassung leicht angedrückt.
Bei einem Defekt der Glühlampe für das Bremslicht kann, wenn keine Ersatzglühlampe mehr vorrätig ist, die Kugellampe vom rechten Blinker für das Bremslicht verwendet werden, da die BSKL in jedem Fall funktionstüchtig sein muß. Das Abbiegen nach rechts kann notfalls mit der Hand angezeigt werden.
Unter der Halterung führen 2 Kabelstränge in die BSKL bzw. zu den Blinkleuchten.

Plusleitung
schwarz/grün = Blinkleuchte rechts
grau/grün = Blinkleuchte links

Masse
je ein Kabel braun vom Massepunkt MB (Schraube unter der Halterung BSKL)
Die Kabel werden in den Blinkleuchten von Federklemmen absolut sicher aufgenommen. Diese Kontakte bedürfen keiner Wartung.
Zu den Fassungen der Kugellampen führen folgende Kabel:

Bremslicht (oben)
Plusleitung schwarz/rot
(kommend vom Sicherungsklemmbrett Klemme 2, Zündspule, Zündlichtschalter Klemme 15/54)

Masse braun/schwarz
(Bremslichtschalter Vorderrad/Hinterrad je 1 Kabel, ab LVF nur noch 1 Kabel)

Rücklicht (unten)
Plusleitung grau
(kommend von LVF_1 Zünd-Licht-Schalter Klemme 58)

Masse braun
(2 Leitungen, je 1 Kabel von Massepunkt MC LVF-Filtergehäuse bzw. vom Massepunkt MB-BSKL).

Über das richtige Anklemmen der Flachstekker innerhalb der BSKL gibt gegebenenfalls der Stromlaufplan Auskunft. Zusätzlich sind alle Klemmen gut markiert. Die Flachstecker müssen stets fest sitzen und frei von Korrosion sein.
Bei der Montage der Lichtaustrittsscheibe ist zu beachten, daß der Gummi-Runddichtring in die richtige Lage gebracht wurde. Die Scheibe ist dann richtig aufgesetzt, wenn der helle durchsichtige Teil nach unten zeigt und die Bohrungen auf die 3 Ausleger der BSKL zum Aufliegen kommen.
Mögliche Störungen an der BSKL sind Ausfall von Glühlampen, Korrosion an Fassungen und Flachsteckverbindungen, Verschmutzung der Lichtaustrittsscheibe durch eindringendes Schmutzwasser vor allem als Folge schlecht montierter oder fehlender Abdichtung. Letzteres ist jedoch ausgeschlossen, wenn der Gummidichtring richtig eingesetzt ist. Die Flachsteckverbindungen werden mit Polfett geschützt.

Blinkanlage

Der Ausfall einer Glühlampe der Blinkanlage – es sind hier 4 Kugellampen zu je 21 W eingesetzt – wird durch erhöhte Blinkfrequenz signalisiert. Eingesetzt werden darf nur eine 21-W-Glühlampe. Andere Glühlampen würden eine veränderte Blinkfrequenz nach sich ziehen.
Die Streuscheiben werden gelegentlich innen gesäubert. Bei der Montage ist die Dichtung nicht zu vergessen. Auch in die Kabelzuführungen gehören kreisrunde Gummidichtungen zum Schutz gegen eindringendes Wasser.
Die Blinkanlage ist separat abgesichert. Die Sicherung liegt bei den TS-Typen in einer Plasthülse im Scheinwerfer und kann nach Zurückschieben des weichen Teils der Hülse ausgetauscht werden. Bei der ETZ ist eine separate Sicherung von 4 A an der Sicherungsdose zu finden.
Bei Ausfall der Blinkanlage ist immer zuerst die Sicherung zu kontrollieren. Ist diese noch in Ordnung, ist gewöhnlich der Blinkgeber defekt. Eine Reparatur ist nicht möglich. Es hilft nur der Austausch. Auf dem Blinkgeber ist ein Anschlußschema aufgedruckt. Der Austausch ist daher ganz einfach. Man löst die Flachsteckverbindungen des defekten Gebers und steckt sie sofort auf den neuen Geber auf. Der neue Blinkgeber muß wieder in die für ihn vorgesehene, vor Stoß und Schlag geschützte Lage kommen.

Signalhorn

Das Signalhorn ist bei allen behandelten MZ-Typen mittels mehrerer Lagen genieteten Federstahls an einem Rahmenausleger unter dem Kraftstoffbehälter elastisch befestigt. Die Anschlüsse (Flachsteckverbindungen) und die Verstellschraube dürfen nicht mit der Halterung in Berührung kommen; es würde ein Kurzschluß entstehen.
Bringt das Signalhorn nicht mehr die volle Lautstärke, werden die beiden Anschlüsse auf festen Sitz und Korrosion untersucht. Die beiden Kabel gehen gemäß Schaltplan 12 V an die Leitungsverbinder LVL Klemme 8 (Plus) und LVR Klemme 3 (Minus). Beide Leistungsverbinder sind im Scheinwerfer befestigt. Bei der 6-V-Anlage sind die Kabel an den Zündlichtschalter Klemme 31 (Minus) und Klemme 15/54 (Plus) verlegt.
Weitere Mängelursachen können nicht gelöste Kontakte oder eine „hängende" Membran sein. Ein leichter Schlag oder Stoß mit dem Hammerstiel gegen das Gehäuse bzw. gegen die Membran behebt gewöhnlich den Mangel.
Letzte Störungsursache am Signalhorn kann der Schalter sein. Hierbei handelt man nach

den Hinweisen im Abschnitt „Schalterkombination".

Flachsteckverbindungen

Flachsteckverbindungen bieten den Vorteil, daß sie schnell geschlossen und gelöst werden können. Zur Gewährleistung eines guten Kontaktes müssen sie jedoch einen einwandfreien Kabelanschluß, saubere Kontaktflächen (leicht mit Polfett einfetten) und straffe Klemmverbindungen an Fahne und Hülse besitzen. Einmal im Jahr sollten sie diesbezüglich kontrolliert werden. Bei gelokkerten Verbindungen werden die Hülsen mit einer Flachzange leicht nachgebogen. Verschmorte und/oder korrodierte Hülsen werden vom Kabel getrennt und erneuert. Die Befestigung der Hülsen am Kabel erfolgt mit einer Spezialzange. Wer diese Zange nicht besitzt, drückt die Lasche mit einer Flachzange über das Kabel und verlötet zusätzlich.

Sicherungsdose und Sicherungen

An der Sicherungsdose werden die Steckverbindungen, die Sicherungshalterungen und die Schraubverbindung auf festen Sitz bzw. auf Sauberkeit überprüft. Bei Notwendigkeit wird die Korrosion mit feinem Schmirgelleinen oder einem Messer entfernt. Vor dem Neueinsetzen der Sicherungen werden die Halter etwas zusammengedrückt. Das gewährleistet ihren festen Sitz.
Produziert man beim Montieren an der Maschine versehentlich einmal einen Kurzschluß, so kann man ohne Bedenken eine neue Sicherung einsetzen. Passiert einem dieses Mißgeschick unterwegs und man hat keine Ersatzsicherung zur Hand, so kann man eine Münze als Sicherung verwenden. Das gilt jedoch nur für den Notfall, um nach Hause zu kommen. Ansonsten ist bei einem Kurzschluß immer die Ursache zu beseitigen.
Störungen an der Sicherungsdose sind vordergründig von den Flachsteckverbindungen zu erwarten (Korrosion, gelockerte Verbindungen, mangelhafter Kabelanschluß), aber auch die Sicherungshalterungen können nach mehrfachem Biegen abbrechen. Die Sicherungsdose läßt sich nach Lösen der Schraubverbindungen jedoch problemlos auswechseln. Nach Montage der neuen Sicherungsdose werden alle Kontaktstellen wieder mit Polfett geschützt.
Defekte Sicherungen dürfen übrigens nur gegen gleichartige ausgetauscht werden.

Leitungsverbinder

TS 250/1 und TS 250 besitzen unter der Sitzbank einen Leitungsverbinder, während sich bei der ETZ zwei Leitungsverbinder im Scheinwerfer befinden. Die Wartung erstreckt sich auf die Flachsteckverbindungen (Einfetten mit Polfett) und die Kontrolle der Klemmverbindungen Fahne/Hülse (Festsitz, Korrosionsfreiheit).
Störungen sind zu erwarten, wenn die beiden Halteschrauben der Leitungsverbinder zu fest angezogen wurden; der Plastekörper bricht auseinander. Mit Isolierband kann eine Notreparatur vorgenommen werden. Die Montage eines Neuteiles sollte jedoch schnellstens erfolgen. Bei der Montage sind die Kabel vom beschädigten Verbinder sofort auf den neuen Verbinder seitenrichtig aufzustecken.
Zur Vermeidung des Auseinanderbrechens des Plastekörpers sind zwei Gummiringe, etwa 8 mm ∅ und 0,5 mm dick, unter die Senkkopfschrauben zu legen.

Störungssuche und -beseitigung

Auch bei bester Maschinenpflege bleibt es nicht aus, daß Störungen eintreten, die in Selbsthilfe zu beheben sind. Nachfolgend deshalb die markantesten Störungen, die erfahrungsgemäß an einer MZ auftreten können, und die entsprechenden Hinweise zu ihrer Beseitigung.

Erscheinung/Ursache	Abhilfe
Motor springt nicht an	
Kraftstoffzulauf	Kraftstoffilter, -hahn und Zuleitung reinigen; s. Abschn. „Kraftstoffanlage“
Zündanlage gestört	Bestandteile der Zündanlage kontrollieren; s. Abschn. „Zündanlage“
Kraftstoff-Luft-Gemisch überfettet	Vergasereinstellung kontrollieren; s. Abschn. „Vergaser“
Kaltstarteinrichtung beschädigt	Drehgriff völlig schließen, Hebel für Startvergaser bis zum Anschlag öffnen; s. Abschn. „Kaltstarteinrichtung“
Motor hat schlechte Leistung	
Einstellung des Vergasers stimmt nicht	Einstellung überprüfen, ggf. korrigieren; s. Abschn. „Vergaser“
Einstellung der Zündung stimmt nicht	Zündzeitpunkt und Unterbrecher-Kontaktabstand kontrollieren und ggf. korrigieren; s. Abschn. „Zündanlage“
Fehler in der Ansauganlage	Luftfilter sowie Dichtheit des Ansaugsystems überprüfen; s. Abschn. „Ansauganlage“
Mangel an der Abgasanlage	Schalldämpfer kurzzeitig demontieren, Rückstände durch Vollgas-Fahrt entfernen; s. Abschn. „Abgasanlage“
Kolbenringe defekt	Zylinder demontieren, Ringe kontrollieren; s. Abschn. „Zylinder und Kolben“
Zylinderdeckel undicht	Deckel demontieren, Dichtung austauschen, Deckel ggf. nacharbeiten; s. Abschn. „Zylinder und Kolben“
Spaltmaß zu groß (gr. Typenreihe)	Spaltmaß kontrollieren; s. Abschn. „Zylinder und Kolben“

Erscheinung/Ursache	Abhilfe
Motor „klingelt" bei Belastung	
Einstellung der Zündung stimmt nicht (Frühzündung)	Zündzeitpunkt überprüfen; s. Abschn. „Zündanlage"
Mängel in der Ansauganlage (Nebenluft)	Ansaugsystem auf Dichtheit kontrollieren; s. Abschn. „Ansauganlage"
Spaltmaß zu klein (gr. Typenreihe)	Spaltmaß kontrollieren; s. Abschn. „Zylinder und Kolben"
Motor macht abnormale Geräusche	
Zylinder, Kolben, Pleuellagerung beschädigt	Zylinder demontieren, Bauteile kontrollieren; s. Abschn. „Motor"
Kolbenringe gebrochen	Zylinder demontieren, Ringe kontrollieren; s. Abschn. „Zylinder und Kolben"
Motor-Halteschrauben gelockert	Schraubverbindungen nachziehen; s. Abschn. „Motor"
Motoraufhängung defekt (gr. Typenreihe)	Gummielemente demontieren, ggf. erneuern; s. Abschn. „Motor"
Primärkette beschädigt	Kette kontrollieren; s. Abschn. „Kraftübertragung"
Kettenräder fluchten nicht	Fluchten kontrollieren, ggf. ausgleichen; s. Abschn. „Kette"
Zähne der Antriebsräder ausgebrochen	Primärtrieb kontrollieren; s. Abschn. „Kraftübertragung"
Kickstarter rastet nicht aus	Primärtrieb und Starteinrichtung kontrollieren; s. Abschn. „Starteinrichtung"
Drehzahlmesserantrieb defekt (kl. Typenreihe)	Primärtrieb demontieren u. Antrieb überprüfen; s. Abschn. „Drehzahlmesserantrieb"
Motor wird zu heiß	
Kraftstoff-Luft-Gemisch zu mager; erkennbar an: 1. starkem Abbrand an der Zündkerze, 2. Schmelzperlen an der Zündkerze, 3. Neigung des Motors zum Festgehen, 4. mangelnder Motorleistung bei Halb- und Vollgas	Luftfilter verbraucht, Undichtheit im Ansaugsystem; s. Abschn. „Ansauganlage" Schwimmereinstellung kontrollieren und ggf. korrigieren, Teillastnadel hängt zu tief; s. Abschn. „Vergaser"
Motor hat zu hohen Kraftstoffverbrauch	
Kraftstoff-Luft-Gemisch zu fett; erkennbar an: 1. Motor läßt sich schwer starten, 2. starker Abgasfahne, 3. Zündkerze verölt, 4. sinkender Motorleistung mit zunehmender Erwärmung	Luftfilter verbraucht oder naß geworden, ggf. austauschen; s. Abschn. „Ansauganlage" Schwimmerstand kontrollieren und ggf. korrigieren, Schwimmerventil undicht, Schmutz im Schwimmergehäuse; s. Abschn. „Vergaser" Teillastnadel hängt zu hoch, Dichtung des Startkolbens beschädigt; s. Abschn. „Kaltstarteinrichtung"

Erscheinung/Ursache	Abhilfe
Geräusche im Sekundärtrieb	
Kette schlägt am Kettenkasten an	Kettenspannung korrigieren; s. Abschn. „Kette"
Kette springt beim Beschleunigen über	Kettenspannung korrigieren; s. Abschn. „Kette"
Rollen der Kette gebrochen	Kette kontrollieren, ggf. erneuern; s. Abschn. „Kette"
Kupplung rutscht oder funktioniert nicht	
Lamellen verschlissen	Kupplung demontieren, Dicke der Lamellen kontrollieren, Lamellen ggf. austauschen; s. Abschn. „Kupplung"
Mitnehmer defekt	Kupplung demontieren, provisorisch zusammenstecken und Mitnehmer auf Spiel überprüfen; s. Abschn. „Kupplung"
Betätigung hängt	Druckhebel, Lagerbuchse bzw. Druckspindel demontieren, auf Leichtgängigkeit kontrollieren, ggf. nacharbeiten; s. Abschn. „Kupplung"
Kupplung dreht sich auf dem Konus	Gehäusedeckel demontieren und Kupplung auf Festsitz kontrollieren; s. Abschn. „Kupplung"
Einstellung stimmt nicht	Einstellung am Handhebel bzw. an der Kupplung kontrollieren; s. Abschn. „Kupplung"
Vollnabenbremse – Bremswirkung schlecht dosierbar	
Bremsbacken- und Bremsnockenlagerung korrodiert	Backen und Nocken demontieren, Leichtgängigkeit herstellen; s. Abschn. „Bremsen"
Bremsbetätigung schwergängig	Seilzüge leichtgängig machen; s. Abschn. „Bremsen"
Bremswirkung unbefriedigend	Bremsbacken und -naben säubern; s. Abschn. „Bremsen"
Bremse nicht nachstellbar	Bremsbacken demontieren, auf Zustand untersuchen, ggf. austauschen; s. Abschn. „Bremsen"
Scheibenbremse – Bremswirkung unbefriedigend	
Bremsbacken verölt oder verbraucht	Verschleißmarkierung kontrollieren u. Backen ggf. austauschen, bei Verölung sofort; s. Abschn. „Bremsen"
Bremsscheibe beschädigt oder verschlissen	Zustand kontrollieren, Scheibe ggf. austauschen; s. Abschn. „Bremsen"
Fehlender Gegendruck am Handbremshebel	Stand der Bremsflüssigkeit kontrollieren, Bremse entlüften; s Abschn. „Bremsen"
Nachlassen des Druckpunktes am Handhebel bei Erwärmung der Bremse	Hermetikbalg nicht eingelegt oder defekt, Kontrolle des Standes der Bremsflüssigkeit im Vorratsbehälter; s. Abschn. „Bremsen"
Teleskopgabel arbeitet schwergängig	
Gabel durch falsches Anziehen der Schrauben verspannt	Alle Verbindungen lockern und nach vorgegebener Reihenfolge anziehen; s. Abschn. „Schwingen und Teleskopgabeln"

Erscheinung/Ursache	Abhilfe
Führungsrohre verbogen	Rohre auf Rundlauf prüfen, ggf. austauschen; s. Abschn. „Schwingen und Teleskopgabeln"
Teleskopgabel verliert Öl am oberen Klemmkopf	
Verschlußschrauben nicht abgedichtet	Abdichtung kontrollieren, ggf. neu abdichten; s. Abschn. „Schwingen und Teleskopgabeln"
Verschlußschrauben nicht fest angezogen	Schrauben festziehen; s. Abschn. „Schwingen und Teleskopgabeln"
Dämpfung der Teleskopgabel unbefriedigend	
Falsches oder zu viel Öl eingefüllt	Ölstand kontrollieren, Öl ggf. austauschen; s. Abschn. „Betriebsmittel"
Ölverlust oder zu wenig Öl eingefüllt	Ölstand kontrollieren, ggf. Öl hinzugeben; s. Abschn. „Betriebsmittel"
Teleskopgabel flattert bei schneller Fahrt	
Spiel zwischen Führungs- und Gleitrohr zu groß	Spiel überprüfen, ggf. Austausch von Gleit- und Führungsrohr; s. Abschn. „Schwingen und Teleskopgabeln"
Verschleißgrenze der Paarung Gleitrohr/Führungsrohr überschritten	Spiel überprüfen, Führungs- und Gleitrohr erneuern; s. Abschn. „Schwingen und Teleskopgabeln"
Unwucht im Vorderrad	Vorderrad ggf. auswuchten; s. Abschn. „Räder und Reifen"
Teleskopgabel beschädigt	
Gleitrohr gebrochen, Führungsrohr verbogen	Gabel demontieren, Montage eines neuen Teiles; s. Abschn. „Schwingen und Teleskopgabeln"
Gummischutzbalg verschlissen	Balg austauschen; s. Abschn. „Schwingen und Teleskopgabeln"
Fahrzeug hat schlechte Straßenlage	
Reifeninnendruck stimmt nicht	Innendruck kontrollieren, ggf. Luft nachfüllen bzw. ablassen; s. Abschn. „Räder und Reifen"
Schraubverbindung Lagerbolzen/Hinterradschwinge hat sich gelockert	Schraubverbindungen beiderseitig nachziehen; s. Abschn. „Schwingen und Teleskopgabeln"
Stoßdämpfer im Federbein defekt	Federbein demontieren, Stoßdämpfer erneuern; s. Abschn. „Federbeine/Stoßdämpfer"
Aufhängung der Federbeine defekt	Obere und untere Aufhängung kontrollieren, ggf. austauschen; s. Abschn. „Federbeine/Stoßdämpfer"
Radlager haben merkliches Spiel	Spiel kontrollieren, evtl. Kugellager austauschen; s. Abschn. „Radlager"
Kugellager im Hinterradantrieb defekt	Hinterradantrieb demontieren, ggf. Lager austauschen; s. Abschn. „Hinterradantrieb"
Felge vorn oder hinten deformiert	Rad auf Rundlauf kontrollieren, Felge ggf. ausbeulen oder austauschen; s. Abschn. „Räder und Reifen"

Erscheinung/Ursache	Abhilfe
An Zünd-/Lichtschalter bzw. Verbrauchern liegt keine Spannung an	
Batterie entladen	Ladezustand überprüfen, ggf. nachladen; s. Abschn. „Batterie"
Batterie defekt	Funktion überprüfen, bei Negativ-Ergebnis Batterie austauschen; s. Abschn. „Batterie"
Batterieanschlüsse gelockert oder korrodiert	Anschlüsse säubern und festziehen; s. Abschn. „Batterie"
Steckverbindungen an der Sicherungsdose defekt oder korrodiert	Steckverbindungen in Ordnung bringen; s. Abschn. „Flachsteckverbindungen"
Sicherung durchgebrannt	Sicherung auswechseln, brennt sie erneut durch, dann Kurzschlußherd mit Prüflampe und Stromlaufplan aufspüren; s. Abschn. „Stromlauf- und Schaltplan"
Kabel Sicherungsdose/Zünd-/Lichtschalter gebrochen (Plusleitung)	Sichtkontrolle, Kabel ggf. auf Durchgang prüfen; s. Abschn. „Störungsursachen"
Scheuerstelle am Kabel Sicherungsdose/Zünd-/Lichtschalter	Sichtkontrolle, Scheuerstelle abisolieren; s. Abschn. „Störungsursachen"
Flachsteckverbindungen am Zünd-/Lichtschalter defekt oder lose	Steckverbindungen in Ordnung bringen; s. Abschn. „Flachsteckverbindungen"
Zündschloß defekt	Schloß auf Funktion prüfen, ggf. austauschen; s. Abschn. „Zünd-/Lichtschalter"
Massekabel gelockert	Befestigung nach Stromlaufplan kontrollieren und festziehen; s. Abschn. „Stromlauf- und Schaltplan"
Ladekontrolleuchte geht bei laufendem Motor nicht aus	
Kabelverbindung zwischen Lichtmaschine und Regler defekt	Anschlüsse überprüfen, Kabel ggf. auf Durchgang kontrollieren; s. Abschn. „Flachsteckverbindungen"
Kabelverbindung zwischen Regler (61) und Gleichrichter (61) defekt – nur bei 12 Volt	Anschlüsse überprüfen, Kabel ggf. auf Durchgang kontrollieren; s. Abschn. „Flachsteckverbindungen"
Kabelverbindung zwischen Regler (D+) und Gleichrichter (D+) defekt – nur bei 12 Volt	Anschlüsse überprüfen, Kabel ggf. auf Durchgang kontrollieren; s. Abschn. „Flachsteckverbindungen"
Kabelverbindung zwischen Regler (51) und Batterie defekt – nur bei 12 Volt	Anschlüsse überprüfen, Kabel ggf. auf Durchgang kontrollieren; s. Abschn. „Flachsteckverbindungen"
Feldwicklung der Lichtmaschine defekt	Anker und Feldwicklung prüfen: s. Abschn. „Lichtmaschine 6 V"
Anker der Lichtmaschine defekt	Anker und Feldwicklung prüfen; s. Abschn. „Lichtmaschine 6 V"
Regelwiderstand oder Regler defekt	Regelwiderstand – Sichtkontrolle, ggf. austauschen, Regler – nur in der Werkstatt reparierbar; s. Abschn. „Lichtmaschine 6 V"

Erscheinung/Ursache	Abhilfe
Anschlüsse der Kohlebürsten defekt	Anschlüsse in Ordnung bringen; s. Abschn. „Lichtmaschine 6 V, 12 V"
Kohlebürsten verschlissen oder defekt	Bürsten demontieren, ggf. austauschen; s. Abschn. „Lichtmaschine 6 V, 12 V"
Kohlebürsten verklemmt	Bürsten und Führung leichtgängig machen; s. Abschn. „Lichtmaschine 6 V, 12 V"
Kabel oder Stecker der Anschlüsse U, V, W zwischen Drehstromlichtmaschine und Gleichrichter oder Masseverbindung beschädigt – nur bei 12 Volt	Anschlüsse in Ordnung bringen, Kabel ggf. auf Durchgang prüfen; s. Abschn. „Flachsteckverbindungen"
Ladekontrolleuchte leuchtet bei Stillstand des Motors nicht auf	
Batterie entladen	Ladezustand kontrollieren, ggf. nachladen; s. Abschn. „Batterie"
Sicherung durchgebrannt	Sicherung auswechseln, brennt sie erneut durch, dann mit Prüflampe und Stromlaufplan Ursache aufspüren; s. Abschn. „Stromlauf- und Schaltplan"
Kabelverbindung von Lichtmaschine (D+) zum Regler (D+) bzw. vom Regler (61) zum Zünd-/Lichtschalter (61) bzw. Kontrolleuchte defekt	Anschlüsse in Ordnung bringen, Glühlampe austauschen, Kabel ggf. auf Durchgang prüfen; s. Abschn. „Flachsteckverbindungen"
Kabel (30) von Batterie (Pluspol) zum Zünd-/Lichtschalter (30) unterbrochen	Anschlüsse in Ordnung bringen, Kabel ggf. auf Durchgang prüfen; s. Abschn. „Flachsteckverbindungen"
Kabel (31) von Battiere (Minuspol) zum Massepunkt unterbrochen	Anschlüsse in Ordnung bringen, Kabel ggf. auf Durchgang prüfen; s. Abschn. „Flachsteckverbindungen"
Glühlampe der Kontrolleuchte durchgebrannt	Glühlampe auf Funktion prüfen, ggf. austauschen
Scheinwerfer ausgefallen	
Glühlampe defekt	Sichtkontrolle, Glühlampe austauschen
Durchgebrannte Glühlampe verursachte Kurzschluß am Sockel; Sicherung durchgebrannt	Glühlampe und Sicherung austauschen; s. Abschn. „Sicherungsdose und Sicherungen"
Ungenügender Kontakt zwischen Glühlampe und Fassung oder an den Anschlüssen zur Klemmleiste 31, 56a, 56b	Kontakt bzw. Anschlüsse in Ordnung bringen; s. Abschn. „Scheinwerfer"
Unterbrechung in Abblendschalter bzw. Schalterkombination	Schalter demontieren, Anschlüsse in Ordnung bringen; s. Abschn. „Abblend- und Blinkschalter" sowie „Schalterkombination"
Massekabel beschädigt	Sichtkontrolle bzw. Durchgangsprüfung des Kabels zum Scheinwerfer; s. Abschn. „Störungsursachen"
Masseanschluß gelockert, Verbindung ausgefallen	Anschlüsse (je nach Typenreihe unterschiedlich) nach Stromlaufplan kontrollieren und in Ordnung bringen; s. Abschn. „Stromlauf- und Schaltplan"
Kabel Zünd-/Lichtschalter/Leitungsverbinder LVR	Anschlüsse kontrollieren, Kabel ggf. auf Durch-

Erscheinung/Ursache	Abhilfe
und LVL bzw. Flachsteckverbindung defekt – 12-V-Anlage – ETZ	gang prüfen; s. Abschn. „Flachsteckverbindungen"
Kabel Abblendschalter bzw. Schalterkombination/Leitungsverbinder LVR bzw. Tachometer- und Drehzahlmesserbeleuchtung defekt – 12-V-Anlage – ETZ	Anschlüsse in Ordnung bringen, defekte Sicherung austauschen, Kabel ggf. auf Durchgang prüfen; s. Abschn. „Flachsteckverbindungen"
Kabel Abblendschalter/Scheinwerfer oder Zünd-/Lichtschalter/Abblendschalter bzw. Flachsteckverbindungen defekt – 6-V-Anlage – TS	Anschlüsse in Ordnung bringen, Kabel ggf. auf Durchgang prüfen; s. Abschn. „Flachsteckverbindungen"
Kabel Zünd-/Lichtschalter, Tachometer- und Drehzahlmesserbeleuchtung bzw. Flachsteckverbindungen defekt – 6-V-Anlage – TS	Anschlüsse in Ordnung bringen, Kabel ggf. auf Durchgang prüfen; s. Abschn. „Flachsteckverbindungen"
Scheinwerferlicht unbefriedigend	
Streuscheibe verschmutzt	Streuscheibe säubern; s. Abschn. „Scheinwerfer"
Reflektor blind geworden	ggf. komplett mit Streuscheibe austauschen; s. Abschn. „Scheinwerfer"
Oxydation an den Kabelanschlüssen zur Klemmleiste (31, 56a, 56b)	Sichtkontrolle, Korrosion entfernen; s. Abschn. „Scheinwerfer"
Einstellung stimmt nicht	Einstellung korrigieren; s. Abschn. „Schweinwerfer"
Brems-, Schluß-, Kennzeichenleuchte ausgefallen	
Glühlampe defekt	Sichtkontrolle, Glühlampe ggf. austauschen, bei Bremsleuchte Einstellung Bremslichtschalter überprüfen; s. Abschn. „Brems-, Schluß-, Kennzeichenleuchte"
Ungenügender Kontakt zwischen Glühlampe und Fassung	Oxide beseitigen, Fassung nachrichten; s. Abschn. „Brems-, Schluß-, Kennzeichenleuchte"
Kabelverbindung vom Zünd-/Lichtschalter (15/54) zur Zündspule/Sicherungsdose/BSKL defekt – 12-V-Anlage – ETZ	Sichtkontrolle, Kabel ggf. auf Durchgang prüfen; s. Abschn. „Flachsteckverbindungen"
Kabelverbindung vom Zünd-/Lichtschalter (58) zum Leitungsverbinder (LVF) bzw. BSKL defekt – 12-V-Anlage – ETZ	Sichtkontrolle, Kabel ggf. auf Durchgang prüfen; s. Abschn. „Flachsteckverbindungen"
Kabelverbindung vom Bremslichtschalter (ETZ auch im Vorderrad) zum LVF bzw. BSKL defekt	Sichtkontrolle, Kabel ggf. auf Durchgang prüfen; s. Abschn. „Flachsteckverbindungen"
Kabelverbindung vom Zünd-/Lichtschalter (15/54) zur Zündspule bzw. BSKL defekt – 6-V-Anlage – TS	Sichtkontrolle, Kabel ggf. auf Durchgang prüfen; s. Abschn. „Flachsteckverbindungen"
Kabelverbindung vom Zünd-/Lichtschalter (58) zur BSKL defekt – 6-V-Anlage – TS	Sichtkontrolle, Kabel ggf. auf Durchgang prüfen; s. Abschn. „Flachsteckverbindungen"
Masseanschluß MC oder MB locker bzw. Kabel beschädigt	Sichtkontrolle, Kabel ggf. auf Durchgang prüfen; s. Abschn. „Stromlauf- und Schaltplan"
Zünd-/Lichtschalter defekt	Funktionsprüfung an Ein- u. Ausgang mit Prüflampe, Schalter ggf. austauschen; s. Abschn. „Zünd-/Lichtschalter"

Erscheinung/Ursache	Abhilfe
Blinkanlage ausgefallen	
Blinkgeber defekt oder Stecker abgefallen	Anschlüsse kontrollieren, Blinkgeber ggf. austauschen; s. Abschn. „Blinkanlage"
Sicherung der Blinkanlage durchgebrannt	Sicherung überprüfen (bei 6 V Plastehülse im Scheinwerfer, bei 12 V Sicherungsdose); brennt Sicherung erneut durch, dann Pluspotential führende Kabel auf Knick-/Scheuerstellen untersuchen; s. Abschn. „Blinkanlage"
Unterbrechung im Blinkschalter bzw. in der Schalterkombination	Schalter demontieren, Anschlüsse kontrollieren, Schalter ggf. austauschen; s. Abschn. „Blinkanlage" sowie „Schalterkombination"
Signalhorn ausgefallen	
Steckverbindung vom Zünd-/Lichtschalter (15/54) abgefallen – Kurzschluß	Steckverbindung schließen, ggf. nachbiegen, Sicherung austauschen; s. Abschn. „Flachsteckverbindungen"
Unterbrechung im Abblendschalter (Hornknopf) bzw. in der Schalterkombination	Schalter demontieren, Anschlüsse kontrollieren, Kabel ggf. befestigen; s. Abschn. „Abblend- und Blinkschalter"
Membran oder Kontakte im Horn hängen	Schlag mit Hammerstiel auf das Gehäuse, Verstellschraube mehrmals verdrehen, stellen sich erste Geräusche ein, dann durch längere Betätigung Ton stabilisieren; s. Abschn. „Signalhorn"
Kabelverbindung vom Horn zum LVR bzw. LVL sowie Zünd-/Lichtschalter bzw. Massepunkt (MA) defekt – 12-V-Anlage – ETZ	Verbindungen kontrollieren, Kabel ggf. auf Durchgang prüfen; s. Abschn. „Flachsteckverbindungen"
Kabelverbindung vom Horn zum Zünd-/Lichtschalter (15/54) und Masse (31) defekt – 6-V-Anlage – TS	Verbindungen kontrollieren, Kabel ggf. auf Durchgang prüfen; s. Abschn. „Flachsteckverbindungen"
Kabelverbindung vom Abblendschalter (Hornknopf) bzw. Schalterkombination zum Zünd-/Lichtschalter bzw. Massepunkt defekt	Verbindungen kontrollieren, Kabel ggf. auf Durchgang prüfen; s. Abschn. „Flachsteckverbindungen"

Anlage 1 Schnellhilfetips

1. Versagt die MZ trotz gewissenhafter Wartungsarbeiten doch einmal den Dienst, so prüft man zuerst, ob an der Kerze ein Funke vorhanden ist oder ob die Panne durch Kraftstoffmangel bzw. Kraftstoffüberschuß verursacht wurde. Ist Kraftstoff vorhanden und liegt auch am Zündlichtschalter Spannung an (rote Kontrollampe leuchtet, Hupe funktioniert) und läßt sich dennoch der Motor nicht in Gang setzen, so liegt der Fehler meist in der Zündanlage. Darum ziehen wir jetzt auch das grüne Kabel vom Kondensator ab und halten es an Masse. Es muß ein kleiner Funke sichtbar sein. Ist dies der Fall, ist keine elektrische Verbindung unterbrochen. Wird kein Funke sichtbar, ist ein Stromkreis unterbrochen. Nunmehr werden die Anschlüsse 1 und 15 der Zündspule und der Anschluß 15 des Zündschlosses überprüft. Tritt auch hier kein Funke auf, greifen wir zu folgender Notlösung: Vom Pluspol der Batterie wird ein zusätzliches Kabel zum Anschluß 15 – Zündspule – und bei Erfolglosigkeit ein weiteres zusätzliches Kabel vom Kondensator zum Anschluß 1 – Zündspule – verlegt. Diese Notlösung muß nach Anspringen des Motors schnellstens beseitigt werden.

2. Steht der Zündschlüssel auf Schalterstellung 1 und brennt dabei die Sicherung durch, werden zunächst alle vier Kabelanschlüsse 30/51 und 15/54 vom Zündlichtschalter abgezogen, eine neue Sicherung eingesteckt und dann die Kabel einzeln und nacheinander wieder angesteckt. Die Sicherung wird beim Anstecken des defekten Kabels wieder durchbrennen; notfalls legen wir eine Hilfsverbindung. Bei den anderen drei Schalterstellungen gehen wir analog vor.

3. Verlischt bei einer Nachtfahrt urplötzlich der Scheinwerfer, suchen wir einen Orientierungspunkt und bremsen schnellstens. Liegt der Defekt an der Glühlampe, so sollte man wissen, daß im Scheinwerfer ein Sortiment Ersatzglühlampen untergebracht ist. Wir vervollständigen es schnellstens wieder, damit ggf. eine erneute Hilfe möglich ist. Allerdings sollte man das Wechseln einer Glühlampe schon einmal bei Tageslicht probiert haben.

4. Entdecken wir bei der Fehlersuche eine gebrochene Flachsteckverbindung, so ist das Kabel abzuisolieren und in der Bohrung der Fahne zu befestigen.

5. Ein Tankriß, den man unterwegs entdeckt, läßt sich mit etwas Kaugummi vorübergehend schließen.

6. Bricht bei einer Nachtfahrt die Stromversorgung plötzlich zusammen, so kann eine kleine Schraube von der Befestigung der Kabel im Abblendschalter herausgefallen sein und Kurzschluß verursacht haben. Wir entnehmen die kleine Schraube der Schalterblende und befestigen sie wieder. Danach wechseln wir die Sicherung. Sichert man die Schraube später mit einem Tropfen Farbe, so löst sie sich nicht wieder.

7. Man darf nie vergessen, die Zündung auszuschalten. Neben einer entleerten Batterie kann unter Umständen sogar die Zündspule durchbrennen.

8. Motorstörungen können als Ursache auch eine defekte Kerze haben. Diese gibt beim Prüfen zwar noch einen Funken ab, hält den Belastungen des Verbrennungsdruckes jedoch nicht mehr stand.

9. Läßt sich der Bremshebel nur noch mit Mühe betätigen, so ist mit Sicherheit die Bremsankerwelle korrodiert und sitzt in ihrer Führung fest. Abhilfe kann durch Säubern, Abschmirgeln und leichtes Einfetten geschaffen werden.

10. Eine zu knappe Einstellung der Hinterradbremse kann die Bremse so stark aufheizen, daß es zum Blockieren des Rades kommt. Abhilfe: Rücknahme der Verstellung um einige Umdrehungen.

11. Nach starker Belastung des Motors an einem Berg auf der Kuppe niemals sofort das Gas völlig wegnehmen; der Motor kann festgehen (Kolbenklemmer). Besser: Auskuppeln und das Rad rollen lassen.

12. Beim Anbauen des Lichtmaschinendekkels Vorsicht wegen der herunterhängenden Kabel der Lichtmaschine. Ihre Quetschung bringt mit Sicherheit einen Kurzschluß. Deshalb immer von unten her die Kabel im Deckel aufnehmen.

13. Der Bruch eines Kolbenringes während der Fahrt kündigt sich durch ein kurzes lautes Klicken an. Es ist ratsam, den Zylinder abzunehmen und die Reste des Ringes zu entfernen. Die Fahrt kann danach bei entsprechender Vorsicht mit leichtem Leistungsverlust fortgesetzt werden.

14. Zerstört man beim Hantieren am Motor eine Papierdichtung, so fertigt man sich eine neue Dichtung an. Am Gehäuse ist immer soviel „Farbstoff" vorhanden, daß sich ein Abdruck machen läßt.

15. Auf Reserve schaltet man rechtzeitig um; andernfalls bringt einen der stotternde Motor, insbesondere beim Überholen, arg in Verlegenheit. Bei Dauerbelastung des Motors auf der Autobahn kann der vorübergehende Kraftstoffmangel zu einem Kolbenklemmer führen.

16. Eine sich lockernde Tankblende erzeugt bei einer bestimmten Drehzahl das Geräusch eines festgehenden Motors. Nach Anziehen der zwei Befestigungsschrauben ist das Übel behoben.

17. Wer ein paar dünne Folienbeutel sowie Stücke eines alten Schlauches im Scheinwerfer oder unter der Sitzbank mitführt, kann diese Dinge bei plötzlichem Regen als Handschuhe oder auch als „Gummistiefel" verwenden. Die Folienbeutel lassen sich ferner verwenden, wenn man mit leerem Tank liegengeblieben ist und von einem hilfsbereiten Kraftfahrer Kraftstoff zum Nachfüllen bekommt.

18. Muß man unterwegs die Sitzbank demontieren, so sollte man bei der Montage sehr sorgfältig vorgehen, um die Kabel nicht zwischen Sitzbank und Rahmen einzuklemmen. Die nächste Reparatur infolge eines Kurzschlusses würde nicht lange auf sich warten lassen.

19. Lockere Speichen gefährden den Rundlauf des Rades und können in das Radinnere fallen (Sturzgefahr). Ein sicheres Mittel zur Kontrolle der Speichen ist die Klangprobe (Rad durchdrehen und Hammerstiel oder ähnlichen Gegenstand gegen die Speichen halten; helle Töne = feste Speichen, dunkle Töne = lockere Speichen).

20. Gummiteile (Formteile am Zylinder, Reifen, Fußrastengummis) benetzt man mit Seifenlauge; dann kann man sie besser in die gewünschte Lage bringen.

21. Mängel in der Kraftstoffzufuhr haben oft eine ganz einfache Ursache: verstopfte Entlüftungsbohrung im Tankdeckel durch Eis, Schmutz, Schnee.

22. Bei einem Plattfuß am hinteren Reifen setzt man sich möglichst weit vor auf den Kraftstofftank und kann so in langsamer Fahrt noch ein paar Kilometer zurücklegen.

23. Die Gefahr, mit einem Plattfuß zu fahren, kann man verringern, wenn man das Hinterrad des öfteren einmal langsam durchdreht und den Reifen nach eingefahrenen Gegenständen absucht. Bei großen Fahrten sollte man das bei jeder Rast tun.

24. Wurde durch ein Schlagloch die Felge eingebeult, so kann man diese mit einem Stück Hartholz und einem schweren Hammer wieder ausbeulen.

Anlage 2 Spezialwerkzeuge

Teil	Stück	Bennung	Werkstoff	Rohmaße	Bemerkungen
SW 1	**Kolbenanschlag zur Ermittlung des OT**				
	1	alte Zündkerze (abgesägt)			Innengew. anbr.
	1	Sechskantschraube M 10 × 80			Entlüftungsfl. anbr.
SW 2	**Hilfsmittel zur Zündeinstellung**				
	1	Blechscheibe (Sektor)			Maße s. Bild 2-14
	1	Zwischenstück			
	1	Befestigungsschraube			
SW 3	**Ausdrückvorrichtung für Kolbenbolzen**				
1	1	–	St 38 b-2	30 × 10 × 72	
2	1	Federbandstahl	Ck 67	245 × 45	
3	1	Druckstück	C 45	Ø 20 × 20	
4	1	Knebel	St 38 K	Ø 8 × 100	
5	1	Stift	St 38 K	Ø 5 × 30	
6	1	Sechskantschraube M 12 × 100			
7	4	Scheibe Ø 5,3			
8	4	Zylinderschraube M 5 × 16			
SW 4	**Kolbenunterlage** (für kleine Typenreihe)				
	1		Hartholz	36 × 18 × 175	
SW 5	**Kolbenunterlage** (für große Typenreihe)				
	1		Hartholz	35 × 18 × 175	
SW 6	**Führungsdorne für Kolbenbolzen**				
	1		MSt 3	18 Ø × 135	
SW 7	**Druckbolzen für Kupplungsdruckfedern**				
1	1	Rändelschraube			
2	1	Druckbolzen	St 50	15 Ø × 135 (15 Ø × 145)	
SW 8	**Gegenhalter für Kupplungswelle**				
1	1	Lamelle			
		Schweißteil	MSt 3	10 × 10 × 30	
2	2	Stollen			
SW 9	**Abzieher für Antriebskettenrad** (mit Gewindeansatz)				
1	1	Abzieher	St 38 b-2	36 Ø × 45	
2	1	Sechskantschraube M 16 × 60			Zapfen gehärtet
SW 10	**Kupplungsabzieher**				
	1	Abzieher	C 45	45 Ø × 112	vergütet
	2	Druckspindel	C 60 K	15,4 Ø × 169,5	
	3	Druckstück	C 45 K	22 Ø × 18	

Teil	Stück	Benennung	Werkstoff	Rohmaße	Bemerkungen
SW 11	**Abzieher für Getriebeketten- und Antriebsrad**				
1	1	Platte	MSt 3	30 × 20 × 118	
2	1	Abziehbolzen	C 45	18 Ø × 62	
3	1	Abziehbolzen	C 45	18 Ø × 70	evtl. Sechskantschraube umarbeiten
4	1	Spannschraube	Schweißteil – 4 D	M 12 × 60	
5	2	Griffstück	MSt 3		
6	2	Sechskantmutter M 10	– 5 D	8 Ø ×70	
SW 12	**Hilfswerkzeug zum Einstellen der Kupplung**				
	1	Rohr		30 Ø × 100	
	1	Dorn		8 Ø	

Anlage 3 MZ-Wartungsprogramm

Zeitraum/Aufgabe	Arbeitshinweise s. Abschn.:
Wöchentlich	
Teleskopgabel; Führungsrohre reinigen	Schwingen u. Teleskopgabeln – Schmutzschutz
Alle 2 bis 4 Wochen	
Batterie; Säurestand kontrollieren	Batterie – Flüssigkeitskontrolle
Alle 500 km	
Abgaskrümmer auf Festsitz kontrollieren	Abgasanlage – Abgaskrümmer
Alle 2 500 km/monatlich	
Sekundärkette auf Durchhang prüfen, ggf. nachspannen	Sekundärtriebe – Kette spannen
Alle 5 000 km/halbjährlich	
Kraftstoffhahn und Filter reinigen;	Kraftstoffanlage/Kraftstoffhahn
Vergaser reinigen, Einstellung kontrollieren;	Vergaser – Reinigung, Einstellung
Luftfilter reinigen;	Ansauganlage/Luftfilter
Lichtmaschine; Kabelanschlüsse und Kohlebürsten überprüfen;	Lichtmaschine
Unterbrecher; Kontaktabstand überprüfen;	Zündanlage – Unterbrecherkontaktabstand
Zündkerze und Stecker säubern, Abdichtung u. Elektrodenabstand überprüfen	Zündkerze, Kerzenstecker
Motorschrauben auf Festsitz kontrollieren;	Motor – Zylinder, Kolben
Sekundär-Kette; Rollen auf Vollständigkeit überprüfen;	Sekundärtrieb – Kette wechseln
Motoraufhängung auf Festsitz kontrollieren;	Fahrwerk – Motoraufhängungen
Bremsgegenhalter; Zugstrebe auf Festsitz kontrollieren;	Fahrwerk – Vorderrad
Bremsflüssigkeit kontrollieren, ggf. ergänzen;	Scheibenbremse – Bremsflüssigkeit

Bremsbacken auf Verschleiß prüfen, ggf. erneuern;	Vollnabenbremsen – Bremsbacken
Speichen auf Festsitz prüfen;	Fahrwerk – Reifenmontage
Räder auf Zustand kontrollieren;	Fahrwerk – Vorderrad, Hinterrad
Fahrgestell; Schrauben auf Festsitz kontrollieren;	Fahrwerk
Batterie; Anschlüsse reinigen, einfetten;	Batterie – Reinigung
Scheinwerfer; Einstellung überprüfen;	Elektrische Anlage – Scheinwerfereinstellung
Kabelbaum; auf Knick- bzw. Scheuerstellen untersuchen;	Elektrische Anlage – Kabelbrüche, Kurzschluß
Leitungsverbinder; auf Festsitz kontrollieren;	Elektrische Anlage – Leitungsverbinder
Schalterkombination; auf Funktion überprüfen;	Elektrische Anlage – Schalterkombination
Flachsteckverbindung; auf einwandfreien Kabelanschluß, saubere Kontaktflächen (Polfett) und straffe Klemmverbindung untersuchen;	Elektrische Anlage – Flachsteckverbindungen
Sicherungsdose; Halterungen für Sicherungen u. Flachsteckverbindungen auf Oxidation u. festen Sitz überprüfen;	Elektrische Anlage – Sicherungsdose
Biluxlampe; Anschlüsse reinigen;	Elektrische Anlage – Beleuchtung
Alle 10 000 km/jährlich	
Ansauganlage auf Dichtheit kontrollieren;	Ansauganlage – Dichtheitskontrolle
Luftfilter erneuern;	Ansauganlage – Luftfilter
Zündung; Zündzeitpunkt überprüfen;	Zündanlage
Zündkerze erneuern;	Zündanlage – Zündzeitpunkt einstellen
Zylinder; Kanäle säubern	Motor – Kanäle säubern
Kolben; Tragbild kontrollieren, Rückstände entfernen, Kolbenbolzen	Motor – Kolben demontieren, säubern
und Pleuellagerung überprüfen, Kolbenringe auf Leichtgängigkeit kontrollieren;	Kolbenringe, Pleuellagerung
Primärkette auf Zustand überprüfen;	Kraftübertragung – Primärkette
Kupplung; Lamellen, Druckhebel, Druckspindel u. Kupplungsspiel überprüfen;	Kraftübertragung – Kupplung
Kickstarter; Segment, Rad, Mitnehmer u. Nockenblech überprüfen;	Kraftübertragung – Starteinrichtung
Bremsankerwelle auf Leichtgängigkeit kontrollieren;	Bremsen – Vollnabenbremse
Bremsbeläge auf Verschleiß kontrollieren;	Scheibenbremse – Bremsbacken austauschen
Bremsscheibe auf Verschleiß kontrollieren;	Scheibenbremse – Bremsscheibe austauschen
Radlager auf Spiel kontrollieren;	Fahrwerk – Radlager
Rahmen auf Risse untersuchen;	Fahrwerk – Rahmen
Teleskopgabel; Ölstandskontrolle, Verschlußschrauben u. Schutzbälge auf Dichtheit kontrollieren;	Teleskopgabel – Ölstandskontrolle, Dichtheitskontrolle
Seilzüge auf Intaktheit kontrollieren, insbesondere an den Nippeln;	Fahrwerk – Seilzüge
Alle 15 000 km/2 Jahre	
Kupplung; Antrieb u. Lager auf Spiel kontrollieren;	Motor – Kupplung, Verschleißkontrolle
Alle 20 000 km/2 Jahre	
Teleskopgabel: Führungsrohre auf Rundlauf u. Gabelholme auf Verschleiß kontrollieren;	Teleskopgabel – Führungsrohre, Verschleißprüfung
Nach jedem Radwechsel	
Vorderrad auswuchten;	Fahrwerk – Auswuchten Vorderrad
Räder; Spurhaltigkeit überprüfen;	Kraftübertragung – Fluchten der Räder

Anlage 4 MZ-Schmierplan

Zeitraum/Aufgabe	Arbeitshinweise s. Abschn.:
Alle 1000 km/monatlich	
Handhebel schmieren	Handhebel
Gasdrehgriff schmieren	Handhebel
Alle 2500 km/monatlich	
Getriebeölstand kontrollieren, ggf. ergänzen	Betriebsmittel
Sekundärkette schmieren	Kette
Alle 5000 km/halbjährlich	
Seilzüge schmieren	Seilzüge
Tachometer- u. Drehzahlmesserantrieb schmieren	Tachoantrieb
Bremsschlüssel schmieren	Bremsen
Unterbrecher, Schmierfilz ölen	Zündanlage
Kupplungsschnecke schmieren	Kupplung
Alle 10 000 km/jährlich	
Radlager schmieren	Radlager
Alle 20 000 km/2 Jahre	
Getriebeöl wechseln	Betriebsmittel

Bildquellenverzeichnis

O. Escher, Limbach-Oberfrohna
Bild 1-18

K.-H. Kühn, Karl-Marx-Stadt
Bild 1-20, 1-25

Motorradwerk Zschopau
Bild 1-1, 1-2, 1-3, 1-4, 1-5, 1-10, 1-22, 1-28, 2-34, 2-44, 2-48, 2-52, 2-57, 2-58, 2-59, 2-62

W. Riedel, Petershagen
Bild 1-9, 1-11, 1-12, 1-13, 1-14, 1-15, 1-17, 1-19, 1-21, 1-23, 1-24, 1-26, 1-27, 1-29, 1-30, 1-31, 1-32, 1-33, 1-34, 1-35, 1-36, 1-37, 1-38, 1-39, 1-40, 1-41, 1-42, 1-43, 1-44, 1-45

Chr. Steiner, Waldkirchen
Bild 2-1, 2-2, 2-3, 2-4, 2-5, 2-9, 2-11, 2-15, 2-16, 2-18, 2-19, 2-20, 2-23, 2-25, 2-28, 2-29, 2-30, 2-31, 2-32, 2-36, 2-38, 2-39, 2-40, 2-41, 2-45, 2-46, 2-47, 2-49, 2-50, 2-60, 2-61

Verzeichnis der MZ-Vertragswerkstätten in der DDR (Stand vom 01. 02. 1984)

PLZ/Ort	Straße	Name	Ruf
1034 Berlin	Kreutzigerstr. 9	Bodo Klein	5 88 79 11
1035 Berlin	Dolzigerstr. 3–5	Werner Bock	5 89 31 42
1040 Berlin	Marienstr. 1	Wolfgang Dürre	2 29 77 21
1110 Berlin-Nieder-schönhausen	Dietzgenstr. 14	Eberhard Jung	4 82 82 04
1120 Berlin-Weißensee	Streustr. 102	PGH Kfz. Weißensee	5 56 18 71
1170 Berlin-Köpenick	Wendenschloßstr. 108	Lothar Nicolai	6 56 35 85
1185 Berlin	Korkedamm 4	Peter Mücke	6 77 04 62
7902 Annaburg	Karl-Marx-Platz 20	Otto Roedler	4 00
7901 Axien	Dorfstr. 2	Reiner Richter	Prettin 8 30
7702 Bernsdorf	Sandweg 8	Gerd Petschke	4 43
7540 Calau	J.-Gottschalk-Str. 31	Horst Conrad	22 46
7500 Cottbus	Forster Str. 107	Fritz Konzack	71 44 78
7500 Cottbus-Ströbitz	Kolkwitzer Str. 24–26	Alfred Bromm	2 24 09
7962 Dahme	Wilh.-Pieck-Str. 3	Wolfgang Käthner	3 52
7970 Doberlug-Kirchhain	Herzberger Str.	Hermann Hain	23 74
7904 Elsterwerda-Biehla	Berliner Str. 64	Ernst Wißgott	
7900 Falkenberg	Friedrichstr. 39	Günther Bärtich	4 86
7901 Frankenhain	Dorfstr. 1	Uwe Leitlauf	Schlieben 7 43
7980 Finsterwalde	Schacksdorferstr. 2	PGH „Frieden" d. Kfz.- u. Galvanohandwerks	22 86
7570 Forst/Lausitz	Inselstr. 13	Peter Schulz	75 96
7551 Groß-Leine		Hans Liebsch	Birkenhainichen 2 27
7560 Guben	Str. der Jugend 21	Rolf Haigold	5 27 64
7801 Hohenbocka	Dresdenerstr. 13	Willi Mulka	Hosena 8 17
7905 Hohenleipisch	Bahnhofstr. 34	Lothar Hesse	
7901 Holzdorf	Str. Nr. 4	Frank Däumichen	4 42
7700 Hoyerswerda	Industriegelände	PGH „Gute Fahrt"	7 81 92
7812 Lauchhammer/West	Rietschelstr. 17	Klaus Kleinichen	71 83
7705 Lautawerk	Senftenbergerstr. 2	Kurt Förster	2 22
7981 Lieskau	Dorfstr. 13	Kurt Lehmann	
7706 Lohsa/OL	Str. der Jugend 17	Max Leinert	Cottbus 2 33
7550 Lübben	Lieberoser Str. 31	Ernst Schenker	24 65
7960 Luckau/NL	Dresdner Str. 1	VEB Hauswirtschaftsl. Dienstleistg. Cottbus Betriebsteil Luckau	20 26
7901 Merzdorf	Hauptstr. 3	Dieter Tenner	32 78
7800 Ruhland	Berliner Str. 21	Hermann Krumbholz	23 65
7840 Senftenberg	Mittelstr. 3	Harry Hölzel	28 79
7590 Spremberg	Georgenstr. 5	Lutz May	
7961 Walddrehna	Hauptstr. 23	Horst Großmann	2 50
7580 Weißwasser	Hegelpromenade 1	PGH „Motor" Abt. MZ	22 38
8320 Bad Schandau	Marktstr. 9	Werner Köhler	20 60
8301 Bahratal/Ortst. Hellendorf	Grenzlandstr. 11 b	Gerhard Adam	Gottl. 7 06
8601 Baruth	Str. Nr. 30 b	Guntram Wiesner	Guttau 3 97
8600 Bautzen	Paul-Neck-Str. 2	Günter Noack	23 32
8600 Bautzen-Seidau	Welkaer Str. 26	Herbert Wolf	25 05
8401 Boritz/ Ortst. Schönitz	Str. Nr. 14 b	M. Primus	
8251 Burkhardtswalde, Munzig	Str. Nr. 25	Karl Ritter	2 16
8252 Coswig	Neucoswiger Str. 10	Klaus Haase	7 34 42
8704 Cunewalde	Hauptstr. 90	Otto Raffe	2 44
8313 Dohna	Karl-Marx-Str. 24	Günter Gärtner	Heidenau 27 74
8019 Dresden	Käthe-Kollwitz-Ufer	G. Wellmann	69 12 24
8020 Dresden	Wilh.-Franke-Str. 25	Bernd Hinkel	47 35 52
8029 Dresden	Lübecker Str. 107	Claus Kretzschmar	82 68 61
8052 Dresden	Bautzner Landstr. 86	Uwe Schönherr	3 65 64
8029 Dresden	Gottfr.-Keller-Str. 97	Eberhard Posselt	82 69 53
8021 Dresden	Schandauer Str. 29	Wolfgang Richter	3 02 79
8090 Dresden	Ludwig-Kossuth-Str. 27	Erich Krause	58 45 41
8060 Dresden	Togliattistr. 6	Hans Kallich	5 59 82

PLZ/Ort	Straße	Name	Ruf
8038 Dresden	Kesseldorfer Str. 179	Gerhard Dreßler	80 13 60
8101 Fischbach über Dresden	Str. Nr. 17	W. Sachmann	Arnsdorf 42 21
8210 Freital	Turnerstr. 10	Hans Forke	Dresden 88 28 05
8501 Goldbach	Dresdner Str. 4	Helmut Marschner	Bischofsw. 34 92
8900 Görlitz	Rothenburger Str. 8	Oskar Kausche	
8900 Görlitz	An der Frauenkirche 10/11	PGH Kfz.-Instandsetzung	46 68
8280 Großenhain	Radeburger Str. 84b	W. Scheibe	76 45
8708 Großschweidnitz	Sachenfreund Nr. 8	Jürgen Thomas	
8312 Heidenau	Ringstr. 23	Erich Kobel	23 92
8290 Kamenz	Pulsnitzer Str. 14	Jürgen Block	52 32
8921 Kodersdorf II	Straße der Einheit 17	Klaus Klemt	2 17
8293 Königsbrück	Weststr. 6	PGH d. Kfz.-Handwerks	74 86
8217 Kurort Hartha	Karl-Marx-Str. 3	Hans Schubert	Tharandt 7 78
8261 Leuben	Lommatzscher Str. 3	Walter Feige	Lomm. 4 44
8101 Lomnitz	Aug.-Bebel-Str. 22	Gottfried Hommel	Ottend. 46 20
8250 Meißen	Angerweg Nr. 1	Eckhard Hertwig	20 48/35 33
8250 Meißen	Leipziger Str. 27	Alfred Reimann	21 59
8801 Mittelherwigsdorf	Hauptstr. 47a	Jochen Klötzer	
8505 Neukirch	Hauptstr. 56a	Hans-J. Werner	4 16
8921 Niederseifersdf.	Str. Nr. 71	Fritz Strehle	2 63
8920 Niesky	Str. d. 2. Poln. Armee 56	PGH „Kfz. Instandsetzung"	6 56
8717 Oppach	Dresdner Str. 7	Martin Hennig	Neus. Spremb. 21 34
8300 Pirna	Clara-Zetkin-Str. 14	Wolfgang Bieberstein	34 43
8401 Pochra	Str. Nr. 12b	Max Günther, Inh. Steffen Hering	Riesa 40 55
8351 Polenz	Str. Nr. 166g	Erich Gierth	Neust. 31 76
8210 Possendorf	Poisenthal Str. 2	Christian Bernhardt	Kreischa 55 11
8514 Pulsnitz	Goethestr. 8	Axel Teuber	25 82
8142 Radeberg	Pillnitzer Str. 18	Willy Gierth	22 74
8122 Radebeul	Wilh.-Pieck-Str. 438	Gottfried Aehlig	7 44 33
8351 Rathewalde	Str. Nr. 41e	Christoph Schober	Hohenst. 4 08
8239 Schmiedeberg	E.-Thälmann-Str. 159	Bruno Wolf	
8360 Sebnitz	Hertwigswalde 96	Erhard Zirnstein	45 08
8812 Seifhennersdf.	Leutersdorfer Str. 64	Wilfried Förster	Neugersd. 48 31
8401 Stauchitz	Alte Forststr. 1	Manfred Hölzel	2 26
8256 Weinböhla	Dresdner Str. 64	Hans Herklotz	22 83
8800 Zittau	Albertstr. 14	Gunter Glaubitz	36 75
8800 Zittau	Goldbachstr. 35	Peter Goldhammer	48 68

5320 Apolda	Jenaer Str. 99	Heinz Langner	22 42
5210 Arnstadt	Ichterhäuser Str. 18	Manfred Kiesewalter	36 94
5601 Ascherode	Breitenworbiser Str. 3	Heinrich Pfeifenbring	
5302 Bad Berka	Weimarische Str. 20	PGH Kfz.-Dienst	2 10 12
5820 Bad Langensalza	Tonnaer Str. 24	Günter Wolf	27 58
5601 Berlingerode über Worbis	Friedhofstr.	Richard Kruse	3 28
5211 Bösleben	Str. Nr. 38	Karl Künzel	Elxleben 3 55
5401 Clingen	Lange Str. 15	Gustav Dießl	Greußen 6 39
5212 Crawinkel	Ohrdruffer Str. 3	Otto Böhm	Gräfenroda 6 59
5603 Dingelstädt	Plan 12	Karl Meinhardt	25 23
5900 Eisenach	Rennbahn 37	Günter Schlagenhoff	49 15
5503 Ellrich	Nikolaiplatz 24	Norbert Schulze	4 40
5020 Erfurt	Josef Riesstr. 73a	Jörg Bartholomäus	2 53 05
5000 Erfurt	Waidmühlenweg 16	PGH „Kfz.-Dienst"	2 41 45
5904 Gerstungen	Bahnhofstr. 4	Jürgen Herbach	7 47
5501 Görsbach	Beethovenstr. 239	Jürgen Schäfer	
5801 Ernstroda	Friedrichsrodaerstr.	PGH „Matthias Berger"	49 96
5800 Gotha	Kindleber Str. 34	PGH „Matthias Berger"	35 27/28
5214 Gräfenroda	Bahnhofstr. 104	Alfred Abendroth	4 49
5403 Greußen	Neustadt 37	PGH „Fama"	3 80
5321 Großheringen	Kösnerstr. 8	Jörg Thill	Bad Sulza 5 87
5231 Großneuhausen	Mittelstr. 76	Horst Nichterlein	Kölleda 5 82
5821 Haussömmern	Hauptstr. 49	Martin Wartmann	Bad Tennst. 3 89

PLZ/Ort	Straße	Name	Ruf
5630 Heiligenstadt	Rengelröder Weg	PGH Kfz. u. Maschinenbau	23 92, 23 93
5700 Mühlhausen	Bad Langensalzaer Landstr. 17	PGH „Autoflott"	7 00 67
5500 Nordhausen	Freiherr-v.-Stein-Str. 21	PGH „Gute Fahrt"	35 55
5211 Osthausen	Str. Nr. 20	Günter Kolodzej	Elxleben 6 48
5400 Sondershausen	Kirchstr. 11	Gebr. Weidensee	23 14
5321 Oberroßla	Clara-Zetkin-Str. 13	Klaus Heintze	
5701 Struth	Lange Str. 17	Eduard Richardt	2 38
5300 Weimar	E.-Thälmann-Str. 39	Kurt Apel Inh. H. J. Apel	22 54
5300 Weimar	Hofmann-v.-Fallersleben-Str. 4	PGH „Motor"	25 71
1320 Angermünde	Berliner Tor 2	PGH d. Kfz.-Handwerks	25 69
1310 Bad Freienwalde	Str. der DSF 8	Günter Müller	
1230 Beeskow	Raßmannsdorfer Str. 13	Wolf-Dieter Busse	64 16
1280 Bernau	Börnicker Chaussee 74	Heinz Mehlitz	20 54
1202 Brieskow-Finkenheerd	Bergstr. 8	Eckhard Gebert	
1278 Buckow	Clara-Zetkin-Str. 71/72	Manfred Riedel	2 25
1300 Eberswalde-Finow 1	Philipp-Zopf-Str. 22	Axel Stegemann	Ebersw. 2 44 26
1220 Eisenhüttenstadt 4	E.-Thälmann-Str. 193	Werner Löwenberg	31 68
1200 Frankfurt (Oder)	Karl-Liebknecht-Str.62	Fritz Berfelde	2 28 52
1240 Fürstenwalde	E.-Thälmann-Str. 52	PGH Kfz. Fürstenwalde	2 31 12
1240 Fürstenwalde	Puschkinstr. 7	Klaus Peter Krause	
1321 Greiffenberg	Breite Str. 50	Reinhard Darge	2 35
1294 Groß Schönebeck	E.-Thälmann-Str. 41	Hans-Jürgen Bergk	3 84
1262 Hennickendorf	Bahnhofstr. 41	Klaus Beyer	Herzf. 72 68
1311 Hohenwutzen		Fritz Lutter	Hohensaat. 2 72
1212 Letschin	Bahnhofstr. 266 a	Dietrich Hacker	2 41
1311 Neuenhagen	Oderberger Str. 46	Gerhard Haase	4 90
1273 Petershagen	Waldstr. 48	Peter Raedel	61 67
1330 Schwedt	Ehm-Welk-Str.	PGH Kfz.- u. Mechaniker handwerk „Odertal"	3 21 61
1313 Wriezen	Frankfurter Str. 4	Günter Senf	32 10
6520 Eisenberg	Wächtergasse 8 a	Frieder Peterlein	23 15
6500 Gera	Tobias-Hoppe-Str. 8	Werner Voigt	2 42 77
6600 Greiz	Reichenbacher Str. 12	Karl Rödel	21 38
6600 Greiz	August-Bebel-Str. 3	Hans Seidemann	28 36
6902 Jena-Lobeda	Marktstr. 16	Arno Unglaub	3 21 91
6900 Jena	Saalbahnhofstr. 21	VEB Kfz.-Instandsetzungswerk Gera, Betriebst. Jena	2 72 05
6906 Kahla	Bergstr. 5 b	Klaus Seifert	3 87
6824 Königsee	Am Mühlenberg 2	Georg Täuscher	Königs. 5 46
6501 Kraftsdorf/Harpersdorf	Str. Nr. 96	Edgar Peter	Kraftsdorf 4 56
6850 Lobenstein	Poststr. 3	VEB Kfz.-Instandsetzung	2 62/2 63
6841 Pößneck-Rehmen		A. Schmidt	Pößn. 21 69
6506 Ronneburg	K.-Liebknecht-Str. 46	Norbert Gottschalk	33 05
6820 Rudolstadt	Mitschurinstr. 6	Edmund Böttner	26 34
6800 Saalfeld	E.-Thälmann-Str. 18	Christian Koch	4 10 12
6712 Triptis	Neustädter Str. 5	Arthur Haupt	3 88
6550 Schleiz	Bahnhofstr. 20	Burkhard Kästner	28 53
9901 Waldfrieden Post Schöneberg		Rudolf Spranger	Mühltroff 3 36
6531 Weißenborn	Straße der Einheit	Helmut Spindler	
6570 Zeulenroda	Dr.-Stemler-Str. 17	Michael Hadlich	36 65
6557 Ziegenrück	Pößnecker Str. 9	Linke & Saubert Inh. W. Linke	2 57

PLZ/Ort	Straße	Name	Ruf
4730 Artern/a. U.	Mühlwerder Nr. 5	Karl-Heinz Hellwig	25 80
4320 Aschersleben	Vogelgesang 24	PGH „Metall"	24 21
4802 Bad Bibra	Bahnhofstr. 1	Manfred Strohbach	3 11
4203 Bad Dürrenberg	Oebleser Str. 2	Peter Grunert	73 78
4732 Bad Frankenhausen	Andreas Str. 3	VEB (K) Kfz.-Instandsetzung	3 04
4204 Bad Lauchstädt	Mittelstr. 2	Frank Walther	4 11
4303 Ballenstedt	Marienstr. 15	Gustav Möbes	4 89
4350 Bernburg	Hohe Str. 17a	KIW Halle, Zweigbetr. Bernb.	3292
4400 Bitterfeld	Ratswall 2	Dieter Kricheldorf	2428
4522 Coswig	E.-Thälmann-Str. 9	VEB Kfz.-Instandsetzung Wittenberg, Außenst.	4 18
4500 Dessau	Thälmannallee 79	1. PGH d. Kfz.-Handwerks Bereich III	63 25
4804 Eckartsberga	Buttstedter Str. 208	Manfred Adam	3 70
4272 Gerbstedt	Am Stadtbad Nr. 2	Walter Andreä	4 47
4305 Gernrode	Häuschenstr. 7	Johannes Vorwerk	5 36
4601 Globig	Dorfstr. 28b	PGH d. Kfz.-Handwerks Wittenberg	3 33
4851 Granschütz	Weißenfelserstr. 27	Gerd Baumann	
4450 Gräfenhainichen	R.-Breitscheid-Str. 13	PGH. d. Kfz.-Handwerks	24 64
4801 Großjena		Alfred Becker	61 47
4000 Halle	Ludwig-Wucherer-Str. 30	K. J. Schneider	3 63 46
4020 Halle	Rich.-Schatz-Str. 27	Werner Przybylski	
4014 Halle	Käthe-Kollwitz-Str. 53	E. Baier	
4306 Harzgerode	E.-Thälmann-Str. 87	Wilhelm Bamberg	27 01
4101 Holleben	E.-Thälmann-Str. 34	Dieter Bänsch	Halle 61 33 29
4901 Kayna	Leninstr. 19	Dieter Köhler	2 27
4370 Köthen	Maxim-Gorki-Str. 7	Wolfgang Take	
4370 Köthen	Augustenstr. 94	Otto Reichert	27 86
4106 Löbejün	Anhalter Str. 14	Alois Illner	Nauend. 7 75
4250 Lutherst. Eisleben	Str. d. ODF 84	Horst Quasdorff	47 95
4600 Lutherst. Wittenberg	An der Lünette 4–5	VEB Kfz.-Instandsetzung Halle Betriebst. VIII	34 57
4854 Lützen	Beethovenstr. 11	PGH Kfz. Weißenfels	2 07
4371 Maasdorf	Str. Nr. 17	Max Schäfer	Görzig 2 33
4731 Oberheldrungen	Heldrunger Str. 31	Detlef Bock	6 44
4408 Pouch	Dübenerstr. 16	Bruno Dietrich	Bitterfeld 52 77
4300 Quedlinburg	Zwergkuhle 8	PGH Kfz. u. Fahrzeugelektrik	29 60
4240 Querfurt	Nebraer Tor 3	Gerhard Sturm	23 69
4256 Röblingen	Bahnhofstr. 29	Willy Lafeld	3 59
4251 Schwittersd.	Hauptstr. 1	Hans Erich Zander	
4851 Stößen	Naumburger Str. 9/10	Otto Löschigk	2 74
4101 Teicha	Wallwitzer Str. 1	Horst Goerlitz	3 80
4855 Teuchern	Oberstr. 13	Hans-Joachim Böttger	3 33
4907 Theißen	Zeitzer Str. 52	Fritz Flemming	30 40
4700 Sangerhausen	Riestedter Str. 7	Otto Liebe	22 97
4711 Uftrungen	Hauptstr. 1b	Kurt Siebold	Rottleberode 2 45
4850 Weißenfels	Zeitzer-Str. 107	Fritz Pfannschmidt	27 12
4301 Westerhausen	In der Steggel 408a	Erhard Körner	Quedlinburg 63 01
4720 Wippra	Bottenbach 24	VEB (K) Hettstedt Kfz.-Instandsetzung	3 22
4600 Wittenberg	Am Rosenhag 49	Fa. Schumann	
4414 Wörlitz	Neue Gasse 171	Eberhard Dietrich	3 56
4900 Zeitz-Aue	Dr.-Flörsheim-Str. 38	PGH „Autrak" Zeitz	24 86

9930 Adorf/Remtengrün	Str. Nr. 55	Rudolf Bloß	22 38
9300 Annaberg	Sehmatalstr. 37b	Richard Schreiter & Co.	37 78
9400 Aue	Str. d. Befreiung 8	PGH „Kraftfahrzeuge"	23 92
9434 Breitenbrunn	Karl-Marx-Str. 135	Hans Sieber	2 37
9341 Dörnthal	Str. Nr. 2	Werner Kempe	Großhartm. 2 91
9132 Einsiedel	Uferstr. 21	Günter Schwebe	
9101 Euba	Augustusburger Str. 1	Rolf Röder	

PLZ/Ort	Straße	Name	Ruf
9262 Frankenberg	Mittelstr. 2	Benno Brandstädter	28 95
9292 Geringswalde	Markt 18	Günther Vogel	2 00
9610 Glauchau	Waldenburgerstr. 115	PGH Krafthand „V. Parteitag"	20 82
9291 Göritzhain	Str. Nr. 45b	Auto-Huth	Lunzenau 5 43
9342 Großrückerswalde	Str. Nr. 161c	Albrecht Hermann	Marienb. 26 74
9392 Grünhainichen	Karl-Marx-Str. 17	Klaus Lobe	4 82
9431 Grünstädtel	Schwarzenbergerstr. 3	Emil Merkel	Schwarzenb. 8 12 23
9509 Hartenstein	Zwickauer Str. 81	Fritz Sonntag	40 77
9116 Hartmannsdorf	Leipziger Str. 9	PGH „Mechanik"	Limbach 37 58
9260 Hainichen	Dr.-W.-Külz-Str. 1	Hanno Herfter	29 64
9438 Johanngeorgenstadt	Schwarzenberger Str. 28	Alfred Scherber	26 17
9000 Karl-Marx-Stadt	Zeißstr. 92	Manfred Kempe	4 55 96
9000 Karl-Marx-Stadt	Zwickauer Str. 49	Martin Kreisig	3 07 49
9075 Karl-Marx-Stadt	Florastr. 14	Roland Andrä	
9000 Karl-Marx-Stadt	Zwickauer Str. 406	Peter Zinnert	85 19 97
9027 Karl-Marx-Stadt	Chemnitztalstr. 157	Horst Mette	4 84 62
9512 Kirchberg II	Dorfstr. 51	Hans-Joachim Schütt	61 27
9207 Langenau		Herbert Keller	Brand-E. 29 44
9623 Langenbernsdorf	Str. Nr. 169b	H. Röhnert	Werdau 29 02
9251 Lauenhain	Str. Nr. 54	Hans Winkler	Mittw. 23 33
9208 Lichtenberg	Hauptstr. 12c	Thomas Walther	3 25
9103 Limbach-Oberfrohna	Hauptstr. 31	Heinz Neumann	23 08
9201 Naundorf	Str. Nr. 44c	Konrad Heber	Niederbobr. 4 34
9804 Netzschkau	Mylauer Str.	H. Neumann	Reichenb. 42 92
9336 Neuhausen	E.-Thälmann-Str. 15	PGH „Start"	3 11
9201 Neukirchen	Str. Nr. 22	Erich Leuschner	Reinsb. 5 65
9124 Neukirchen	E.-Thälmann-Str. 101 u. 105	Gerhard Wetzel	K.-M.-St. 3 73 33
9632 Neukirchen	Rudelswalder Str. 16/18	Gerhard Spikowski	27 78
9154 Niederdorf	Karl-Marx-Str. 48	Friedrich Oertel	Stollb. 32 88
9273 Oberlungwitz	Hoferstr. 76/78	Auto-Bürger	Hohenst. 33 32
9273 Oberlungwitz	Wirkerweg 28	PGH „Motor" Elektrik	22 33
9156 Oelsnitz	Obere Hauptstr. 134A	Hein Ebersbach	20 02
9330 Olbernhau	Zollstr. 21	U. Kreher	24 66
9330 Olbernhau	Freiberger Str. 106	Erhard Lichtenberger	31 29
9900 Plauen	Hoferstr. 16–30	1. PGH d. Kfz.-Handwerks	2 72 68
9800 Reichenbach	Friedensstr. 20	Dietmar Reuter	28 27
9800 Reichenbach	Bahnhofstr. 32	Wolfgang Oertel	29 34
9706 Rodewisch	Lengenfelder Str. 12	Michael Gruschwitz	Auerb. 4 84 14
9251 Rossau	Hauptstr. 121	Hans Dieter Friedrich	Mittw. 36 78
9413 Schönheide	Stützengrünerstr. 390B	PGH d. Kfz.-Handwerks	Stützengr. 2 07
9414 Sosa	Str. d. DSF 35	Siegfried Georgi	Eibenst. 81 16
9301 Steinbach		Dietmar Fiedler	Reitzenh. 3 57
9708 Treuen	Nordstr. 2	Bernd Herrmann	
9921 Triebel	Str. Nr. 80	PGH Kfz.-Instandsetzung Oelsnitz	Bobenneuk. 2 84
9620 Werdau	Uferstr. 33	Herbert Freund	28 43
9322 Wiesa	Annaberger Str. 65c	Fritz Reuter	Annaberg 27 55
9533 Wilkau-Haßlau	Kirchberger Str. 112	Klaus Herrmann	7 13 04
9360 Zschopau	Gerbergasse 2	PGH Kfz.-Dienst	22 18
9416 Zschorlau	Schneeberger Str. 19	Dietmar Zimpel	Aue 4 81 95
9500 Zwickau	Scheffelstr. 2	Golf Rudert	7 44 25
9657 Zwota	Klingenthaler Str. 31	PGH „Gute Fahrt"	Klingent. 27 22

7400 Altenburg	Alb.-Einstein-Str. 32	Willy Seyfarth	32 55
7232 Bad Lausick	Str. d. Einheit 46	PGH „Paul Greifzu"	22 91
7293 Belgern	Bergstr.	PGH „Gute Fahrt"	2 31
7202 Böhlen	Leipziger Str. 59	Thomas Männig	Rötha 27 56
7200 Borna	Geschw.-Scholl-Str. 12/14	Kfz.-PGh	21 14/21 01
7262 Dahlen	Bahnhofstr. 94	PGH Oschatz, Außenst.	4 20
7270 Dehlitzsch	Dübener Str. 133	PGH d. Kfz.-Handwerks	47 78
7300 Döbeln	Zwingerstr. 41	Roland Falz	38 67

PLZ/Ort	Straße	Name	Ruf
7281 Doberschütz	Eilenburger Str. 22	Karl-Heinz Rudolph	Mockr. 3 78
7294 Dommitzsch	Leipziger Str. 72	PGH Kfz.-Dienst	2 07
7280 Eilenburg	Leipziger Str. 22–24	PGH Kraftfahrz.	23 72
7123 Engelsdorf	Otto-Oehmichen-Str. 5	Matthias Klas	
7231 Greifenhain	Gottfried-Eisner-Str. 32	Lutz Pufahl	
7240 Grimma	Leipziger Str. 93	PGH Kfz.-Instandsetzung	8 11 13
7243 Großbothen	R.-Breitscheid-Str. 14	Hans-Dieter Zschunke	2 55
7105 Großpösna	Hermann-Löns-Str. 12	Frank Richter	
7251 Großzschepa	Karl-Marx-Str. 30	Erhart Döbler	Großzsch. 2 35
7231 Langenleuba-Oberh.	Str. Nr. 48	Andreas Winkler	
7401 Lehndorf		Horst Geyer	Altenb. 36 21
7010 Leipzig	Paul-Gruner-Str. 26b	PGH „Zentrum"	6 61 67/6 51 49 3 74 97/MZ 3 30 35
7030 Leipzig	Hermannstr. 10	Hubert Himmelreich	
7010 Leipzig	Leibnitzstr. 8	Albrecht Reißmann	29 13 90
7010 Leipzig	Theresienstr. 14	Gerhard Horn	5 22 14
7050 Leipzig	Riesaer Str. 27	Fritz Wendt	6 16 09
7010 Leipzig	Fr.-Ludwig-Jahn-Allee 38	Dietmar Haaser	20 82 93
7320 Leisnig	G.-Fr.-Händel-Str. 34	Hermann Kirsten	27 63
7125 Lieberwolkwitz	Str. d. Friedens	Hans Wulff	80 20
7251 Lübschütz	Str. Nr. 50	Horst Bernhardt	Wurzen 37 31
7261 Naundorf	Str. Nr. 21	Reinhard Heide	Oschatz 27 10
7401 Nobitz	Schulstr. 10	Rudolf List	Altenb. 6 11 60
7101 Quesitz	Str. Nr. 84	PGH „Vorwärts"	Markranst. 3 05/4 22
7101 Rückmarsdorf	Sandberg 5	Hannes Müller	Leipzig 49 61 57
7420 Schmölln	Am Bahnhof	PGH Fahrzeugdienst 7. Okt.	77 01
7290 Torgau	Fischerdörfchen 5	PGH Kfz. u. Schweißtechnik	24 86
7247 Trebsen	Wurzner Str. 12	Frank Greutzmann	5 70
7305 Waldheim	Oststr. 3	Fritz Jehmlich	28 21
7145 Wiederitzsch	Str. der DSF 58	Peter Kahnt	5 36 88
7250 Wurzen	Crostigall 17/19	Florian Miltner	26 97
7114 Zwenkau	Leipziger Str. 77	Heinz Schubert	22 36
7114 Zwenkau-Löbschütz	Auenstr. 2	Bernd Scharf	Zwenkau 25 66
3581 Apenburg	Altes Tor 1	Jürgen Steffens	
3502 Arneburg	Bahnhofstr. 1	Heinz Buchholz	
3270 Burg	Magdeburger Chaussee 47	Willy Nauendorf	36 66
3301 Eggersdorf	Karl-Marx-Str. 9a	Willi Rudloff	Schöneb. 50 50
3220 Eilsleben	Fabrikstr. 2	PGH „Motor"	3 57
3241 Erxleben	Eimersleber Str.	Dieter Drewes	Erxleben 5 70
3570 Gardelegen	Feldstr. 8	VEB KIK „Altmark"	50 61
3280 Genthin	W.-Külz-Str. 27	Erhard Seidlitz	
3280 Genthin	W.-Külz-Str. 21	Klaus Bolle	24 51
3503 Goldbeck	Bertkower Str. 12	Heinz Beust	2 73
3256 Güsten	Bahnhofstr. 17	Eitel Bartikowski	
3600 Halberstadt	W.-Rahenau-Str. 56	KIK Magdeburg	31 81
3240 Haldensleben	Thälmannstr. 54	Hermann Myrrhe	23 14
3530 Havelberg	Genthiner Str. 18	PGH „Guter Start"	2 92
3704 Heudeber	Schulstr. 1	Hans-Rudolf-Mehner	2 35
3211 Hohenwarsleben	Kirchstr. 1	Jürgen Heuer	
3241 Ivenrode	Haldenslebener Str. 24	Wilhelm Rölecke	Erxleben 3 48
3404 Loburg	August-Bebel-Str. 26	PGH-Rep.-Dienst	3 95/3 94
3010 Magdeburg	Insleberstr. 17	Hans-Georg Aigmüller	22 20 23
3010 Magdeburg-Buckau	Alt-Fermersleben 106	Jürgen Baucz	4 83 61
3022 Magdeburg	Hannoversche Str. 20	Günter Lerchner	39 27 31
3230 Oschersleben	Hornhäuser Str. 45	Werner Kratzat	
3540 Osterburg	Bergstr. 10	Horst-Günter Weingart	
3606 Osterwieck	Vor dem Kapellentor 5	PGH d. Klempner- u. Kfz.-Handwerks	5 09
3560 Salzwedel	Karl-Marx-Str. 3	VEB KI „Altmark"	31 16
3550 Seehausen	Mühlenstr. 10	Karl-Heinz Günther	24 15
3251 Schneidlingen	Oststr. 6	Harry Kunze	2 57
3300 Schönebeck/E.	Chausseestr. 13	Hans-Otto Kuhne	26 48

PLZ/Ort	Straße	Name	Ruf
3500 Stendal	Petrikirchstr. 28	PGH „Autodienst"	30 11
3504 Tangermünde	Arneburger Str. 53	PGH Kfz.-Instandsetzung	9 68
3510 Tangerhütte	Leninstr. 1	VEB KI „Altmark"	
3011 Magdeburg	Straße der DSF 106	Heinz Schubinski	
3700 Wernigerode	Halberstädter Str. 80	Wolfgang Otto	29 15
3210 Wolmirstedt	August-Bebel-Str. 26	KIK Magdeburg	4 69
3400 Zerbst	Pulspforaerstr.	PGH „Kraftfahrzeuge"	23 64
3243 Weferlingen	Magdeburger Str. 9	PGH „7. Oktober"	2 73
2140 Anklam	Industriegelände	VEB Verkehrskomb. Neubrandenburg	22 53
2030 Demmin	Am Nonnensteig	VEB Verkehrskomb. Neubrandenburg	24 65
2003 Friedland	Anklamer Str. 4	VEB Kfz.-Reparaturwerkstatt	2 04
2052 Gnoien	Friedensstr. 82	PGH „Bergring Teterow"	21 42
2132 Gramzow	Prenzlauer Str. 124	Willi Knepel	3 48
2032 Jarmen	Clara-Zetkin-Str. 7	VEB (K) Instandsetzungsbetrieb Jarmen	3 44
2021 Klatzow		Friedhelm Saß	84 35
2093 Lychen	Wilhelm-Pieck-Str. 46	Joachim Jentho	2 03
2033 Loitz	Schwinge 2	Andreas Frische	558
2040 Malchin	Finkensteig 10	Bernd Gültzow	33 97
2063 Malchow	Güstrower Str. 70	Manfred Harmann	601
2000 Neubrandenburg	E.-Thälmann-Str. 39	PGH Kfz.-Handwerk	28 39
2080 Neustrelitz	Fürstenberger Str. 29	Horst Utpott	7490
2100 Pasewalk	Bahnhofstr. 4	Gerhard Mietzner	3403
2130 Prenzlau	Georg-Littmann-Str. 8	Gerd Brosinski	47 62
2070 Röbel	Fr.-Engel-Str.	PGH „1. Mai"	25 34
2101 Schwennenz		H. Georg Schmidt	Grambow 2 42/4 51
2044 Stavenhagen Reuterstadt	Neubrandenburger Str. 20	Helmut Wasmund	2 18 40
2150 Strasburg	Bahnhofstr. 23	PGH d. Kfz.-Handwerks Woldegk	2 74
2090 Templin	Schinkelstr.	VEB Kfz.-Instandsetzung	27 02
2050 Teterow	Malchiner Damm 12	PGH „Bergring Teterow"	22 88/47 26
2120 Ueckermünde	R.-Breitscheid-Str. 6	VEB Kfz.-Instandh. u. Metallverarb.	27 89
2060 Waren		VEB Kfz.-Instandsetzung	28 66
2084 Wesenberg	Mittelstr. 64	Dienstleistungskomb., Abt. Kradwerkst.	2 77
2111 Wilhemsburg		Siegfried Danz	Ferdinandhof 376
1632 Baruth	R.-Breitscheid-Str. 79	Rudolf Wenzke	5 05
1504 Beelitz	Virchowstr. 8	Hans Jeschke	3 41
1820 Belzig	Niemgker Str. 1	Karl-Heinz Gerner	5 91
1602 Bestensee	Zeesener Str. 1	Bernd Steffens	2 12
1800 Brandenburg	Berliner Str. 1 C	Herbert Holz	2 50 00
1800 Brandenburg	Brielower Str. 16	PGH „Autokühler u. Motorenbau	2 37 67
1543 Dallgow	Thälmannstr. 110	PGH d. Kfz.-Handwerks	32 29/34 03
1932 Freyenstein	Predigerstr. 16	Horst Finke	1 21
1553 Friesack	Hamburger Str. 8	Georg Zimmermann	12 19
1432 Fürstenberg	Schliemannstr. 8 a	Karl-Heinz Kuhlow	
1422 Hennigsdorf	Wilh.-Pieck-Str. 28	VE-Dienstleistungskomb.	2 40 82
1700 Jüterbog	Luckenwalder Str. 21	PGH „Gute Fahrt"	25 42
1532 Kleinmachnow	Karl-Marx-Str. 182	KIB „Max Reimann"	2 24 48
1910 Kyritz	Straße der DSF 10	VEB Kfz.-Instandsetzung	23 90/21 98

PLZ/Ort	Straße	Name	Ruf
1710 Luckenwalde	Brandenburger Str. 36	PGH d. Kfz.-Handwerks	29 36
1720 Ludwigsfelde	W.-Rathenau-Str. 42	Werner Musiol	20 62
1605 Märkisch-Buchholz	Alte Briesener Str. 1	Hans-Dietrich Krause	2 84
1509 Michendorf	Ahornallee 8	Udo Pigorsch	
1550 Nauen	Schützenstr. 8	Bernd Schallenberg	22 19
1950 Neuruppin	Virchowstr. 40	Helmut Schüler	33 95
1900 Neustadt	Karl-Marx-Str. 12	Helmut Platen	2 98
1502 Potsdam-Babelsberg	E.-Thälmann-Str. 63	Manfred Rompf	
1502 Potsdam-Babelsberg	Wattstr. 13	PGH Autoservice	7 73 37
1500 Potsdam-Nedlitz	Tschudistr. 5a	Lothar Uebermuth	2 65 09
1920 Pritzwalk	Burgwall 7	PGH „Gute Fahrt"	22 63
1830 Rathenow	Gr. Hagenstr. 4a	PGH d. Kfz.-Handwerks	23 53, 23 54
1821 Reetz	Belziger Str. 16	Siegfried Brüning	2 73
1833 Rhinow	Lilienthalerstr. 10	PGH d. Kfz.-Handwerks	2 33
1702 Treuenbrietzen	Grünstr. 34	Edmund Wasilewski	
1420 Velten	Verbindungsweg 2/4	Paul Richter	
1512 Werder (Havel)	E.-Thälmann-Str. 153	PGH „Krafthand"	Werder 34 66
1930 Wittstock (Dosse)	R.-Breitscheid-Str. 14	Erich Kipcke	3 69
1701 Wölmsdorf	Dorfstr. 31	Ingolf Hannemann	
1434 Zehdenick	Kirschenallee 7	Gerhard Schläfke	
1807 Ziesar	Wilh.-Pieck-Str. 16	Siegfried Schneider	4 17
1630 Zossen	Luckenwalder Str. 31	Karl Hintze	27 91
---	---	---	---
2560 Bad Doberan	Kröpeliner Str. 19	PGH d. metallverarb. Handwerks	22 26
2380 Barth	R.-Breitscheid-Str. 65	Wolfgang Marks	Zinkst 27 63
2330 Bergen	Bahnhofstr. 37a	PGH d. Kfz. Handw. „Rügen"	5 87
2337 Binz	Bahnhofstr. 33	PGH d. Kfz.-Handwerks „Rügen"	5 12
2401 Bobitz		PGH „Motor" Wismar	2 03
2551 Elmenhorst	B 2	Fritz Rosenkranz	5 25 18
2302 Franzburg	Abtshägerstr.	Rolf Krase	
2342 Garz (Rügen)	Lange Str. 33a	Erhard Boese	
2343 Gingst		PGH d. Kfz.-u. Elektrohandwerks	2 41
2200 Greifswald	Otto-Grotewohl-Allee 85	PGH „Gute Fahrt"	38 71
2420 Grevesmühlen		VEB IKN Rostock	
2320 Grimmen	Stralsunderstr. 9	Erwin Leesch	24 34
2567 Neubukow	Mühlentor 3	Horst Burmeister	
2405 Neukloster	Str. d. Freundschaft 11	PGH „Motor"	4 50
2592 Ribnitz-Damgarten	Karl-Liebknecht-Str. 23	Karl-Heinz Möller	
2500 Rostock	Petridamm 22a	Heino Niemann	2 38 52
2300 Stralsund	Krummer Weg 20	Peter Keipke	
2304 Triebsees	Goethestr. 25	VEB „Metall"	2 28
2235 Ückeritz	Hauptstr. 29	Kurt Stüben	
2250 Usedom	Anklamer Str. 19	VEB Kfz.-Instandh. „Ostseetrans"	2 87
2220 Wolgast	Wilhelmstr. 29	Dieter Meißner	20 95
2400 Wismar	E.-Thälmann-Str. 22	PGH „Motor"	32 61
---	---	---	---
2722 Brüel	Schweriner Str. 61	Heinz Kleve	3 93
2620 Bützow	Wilh.-Pieck-Str. 61	VEB Kfz.-Instands. Schwerin	2 32
2731 Carlow		PGH „Metall"	Rohna 2 77
2712 Crivitz	Trammer Str. 36	W. Meißner	2 66
2861 Dobbertin	Straße der Jugend 20	Günter Garling	62 26
2600 Güstrow	Lindenstr. 2	Heinz Meierhoff	6 24 41
2600 Güstrow	Lange Str. 49	Kurt Müller	6 40 10
2820 Hagenow	Schweriner Str. 3	PGH „Kfz.-Dienst"	21 49
2603 Laage	Bresener Str. 30	Wilhelm Arft	3 74
2800 Ludwigslust	Fr.-Naumann-Str. 4	Walter Ortmann	28 00
2860 Lübz	Feldstr. 7	Horst Fandrich	

2850	Parchim	Lübzer Chaussee 6	Kraftverkehr KIB	28 37
2910	Perleberg	Ludwigsluster Str. 58	VEB Kfz.-Instands. Wittenberge	25 86
2605	Schwaan	Doberaner Str. 10	Hans Bleeck	13 75
2700	Schwerin	E.-Thälmann-Str. 36/38	H. Fetchenheuer	
2700	Schwerin	Schloßstr. 35	VEB Kfz.-Instands.	86 46 42
2841	Tripkau	Hauptstr. 11	Adolf Schütt	Kaarssen 4 31
2824	Zarrentin	Philipp-Müller-Str. 31	Harry Groth	3 23

6200	Bad Salzungen	Am Stadion 7	Gerhard Scharfenberg	32 15
6053	Benshausen	Bahnhofstr. 4	Axel Hengelhaupt	3 93
6401	Effelder	Hauptstr. 158	Oskar Probst	Schalkau 6 76
6120	Eisfeld	Wilhelm-Pieck-Str. 32	PGH „Gute Fahrt"	21 16/20 14
6422	Ernstthal (Rstg.)	Karl-Marx-Str. 36	Günter Böhm-Schweizer	Lauscha 7 46
6305	Gehren	Langewiesener Str. 37	Hans Seeber	3 36
6401	Hasenthal	Sonneberger Str. 28	Reinhold Eckstein	Steinach 81 18
6112	Heldburg	Badergasse 57	Horst Krug	4 16
6208	Kaltennordheim	Platz der Republik	Fritz Schmidt	3 86
6427	Lichte	Sonneberger Str. 40	Harry Pröscholdt	4 27
6100	Meiningen	Bodenweg 4	PGH „Motor"	27 56
6102	Römhild	Heurichstr. 20	Rudolf Jadamowitz	5 49
6221	Schleid	Str. Nr. 52	Hermann Becker	
6056	Schleusingen	Ilmenauer Str. 21	Dieter Hofmann	5 44
6080	Schmalkalden	Hoffnung 35	VEB Kfz.-Instands. Suhl	26 24
6400	Sonneberg 2	Ackerstr.	Kreisbetrieb für Landtechnik	4 51 81
6115	Themar	Hildburghauser Str. 2	A. Hennig, Inh. D. Hommel	4 27
6089	Trusetal	Ziegengasse 10	Waldemar Krahmann	Truset. 12 42
6201	Waldfisch	Hauptstr. 41	Lothar Jäger	Bad Salzg. 83 43

Sachwortverzeichnis